Heike Schnotale
Michael Wörgötter

Bleisatz

Heike Schnotale
Michael Wörgötter

Bleisatz

E·i·n W·e·r·k s·t·a·t·t b·u·c·h

Rheinwerk
Design

Liebe Leserin, lieber Leser,

Winkelhaken? Abnudeln? Fliegenkopf? Schweizerdegen? Schon diese Begriffe ziehen mich in den Bann, machen neugierig auf diese alte Kulturtechnik. Warum versprüht Bleisatz heute immer noch seinen Charme, fasziniert Kommunikationsdesignerinnen und Typo-Liebhaber? Ganz sicher ist es der Reiz des Physischen, Haptischen, der Langsamkeit, aber auch das Bewusstsein für Tradition, gerade hier bei uns, im Land Gutenbergs.

Die Tradition also. Das war auch einer der Gründe für uns im Rheinwerk Verlag, dieses Buch von Michael Wörgötter und Heike Schnotale in unser Programm aufzunehmen. Bücher zum Thema Bleisatz gibt es noch einige, allerdings sehr alte. Gut, es hat sich wenig verändert bei der Arbeit in einer Setzerwerkstatt, aber dieses Buch fasst alle Themen rund um den Bleisatz auf moderne, ansprechende Art zusammen, bündelt das Wissen um diese alte Kunst, sodass es dauerhaft erhalten bleiben wird.

Ich mag dieses Buch sehr – mit viel Liebe wurde es von Michael Wörgötter und Heike Schnotale gestaltet. Die Fotos entstanden in der Buchdruckerei von Conny Hügelschäffer in Volkach und in den Druckgrafischen Werkstätten der Hochschule Augsburg. Dieses Buch weckt die Lust an der Schwarzen Kunst – lassen Sie sich verführen! Und wenn es dann praktisch werden soll: Eine Liste mit interessanten Adressen finden Sie am Ende des Buches.

Wenn Sie Fragen, Anregungen oder Kritik zum Buch haben, freue ich mich über Ihre E-Mail.

Ihre Ruth Lahres
Lektorat Rheinwerk Design

ruth.lahres@rheinwerk-verlag.de
www.rheinwerk-verlag.de
Rheinwerk Verlag • Rheinwerkallee 4 • 53227 Bonn

INHALT

Statt eines Vorworts **10**

In der Werkstatt

Organisation der Werkstatt **14**
In der Welt der Zwölfteilung **21**
Schriften im Bleisatz **22**
Schrift im Detail **28**
Schrift »kaufen« **34**
Linien, Rahmen, Schmuck **37**
Das Blindmaterial **40**
Rückblick
Lebenswelten in der Schwarzen Zunft **44**

Schriften über Schriften

Druckschriften damals und heute **50**
Blick in die Geschichte **52**
Die wichtigsten Schriftschöpfer **58**
Die DIN-Klassifikation **64**
Bleisatzschriften – eine Auswahl **72**
Schriftgießereien **81**
Einblick
Gebrochene Schriften – die Geschichte eines typografischen Opferbashings **86**

Setzen mit Plan

Unsere »Laborratte« 92
Wie anfangen? 94
Arbeitsvorbereitung 95
Es kann losgehen 106
Glatter Satz – die Grundlage für alles 112
Auszeichnungen 122
Komplexe Formen 126
Weitere Satzformen 134
Korrekturen 142
Ablegen will gelernt sein 144
☛ *Einblick*
Von Matern und flüssigem Blei – der Schriftguss 146
Birne, Ahorn, Maulbeerbaum – wie entstehen Holzschriften? 148

Druckformen bauen

Vom Umbruch zur fertigen Kolumne 152
Der Klebeumbruch als Arbeitshilfe 154
Mehr als Lettern: Klischees 159
Mehrfarbige Formen 164
Mehrseitige Formen 166
Von der Kolumne zur Druckform 172
☛ *Überblick*
Setzmaschinen – die eisernen Kollegen 178

Papier und mehr

Papyrus – Pergament – Papier 184
Papierherstellung 185
Papierarten 189
Papier berechnen 191
Papier für den Druck 192
Einblick
Pressendrucke, Buchkunst, artists' books – ‹usus› 194

Farbe und Hilfsstoffe

So sehen wir Farbe 200
Farben im Buchdruck 203
Einblick
Experimentelle Gestaltung – Dafi Kühne 212

Die Druckpresse

Drucken, Drücken, Pressen 218
Vier Druckprinzipien 219
Der Hochdruck im Detail 221
Tiegeldruckmaschinen 226
Tiegeldruckprinzipien 230
Zylinderdruckmaschinen 232
Die Werkzeuge des Druckers 237
Drucken – ein Zusammenspiel 241
Maschinen wollen Pflege 242
Einblick
Einmal um die Welt mit Stop in den USA –
das Hamilton Wood Type & Printing Museum 244

Es werde gedruckt!

Die Arbeit an der Druckpresse 250
Der Aufzug 253
Die Zurichtung 263
Einrichtbogen, Standbogen, Auflage 268
Der Fortdruck 272
Von Druckfehlerteufeln 275
Druckveredelungen 282
Ausblick
Bleisatz in der Pädagogik – Freinet, Akkordeon und Makulaturen 284

Weiterverarbeitung

Die Buchbinderei 290
Ein Druckprodukt »fertig machen« 295
Weitere Verarbeitungstechniken 301

Anhang

Making of – die Schriften dieses Buches 305
Bildquellen und Dank 306
Nachweise und Literatur 307
Netzwerke, Recherchen, Museen und Bezugsquellen 310
Kleines Wörterbuch Deutsch – Englisch 312
Glossar/Index 313

Statt eines Vorworts – wieso, weshalb, warum?

Das Drucken mit beweglichen Lettern begleitet uns bis heute, seit nun gut 570 Jahren, seit Mitte des 15. Jahrhunderts. Gutenbergs Erfindung war der Start einer langen Reise, einer wahren Medienrevolution. Bis heute? Hm, nun ja, nicht ganz, denn seit etwa der Mitte des 20. Jahrhunderts ist der Hochdruck, das Drucken von Blei, keine relevante industrielle Technik mehr. Der Patient liegt seitdem auf dem Sterbebett, überrannt anfangs vom Fotosatz, dann dem digitalen Satz und dem Offsetdruck.

Aber – Überraschung – es gibt das Blei noch, es gibt eine größere und stetig wachsende Zahl jüngerer Werkstätten, tätige Museen, es gibt das Blei an Hochschulen, in Schulen und noch immer taucht es aus den Kellern aufgelassener Druckereien auf. Im deutschsprachigen Raum gibt es allein gut 200 druckgrafische Werkstätten, man findet sie quer durch Europa, und darüber hinaus. Gerade in Nord- und Südamerika blüht eine fantastische Handpressenszene.

Und so wäre es naheliegend, dass es Bücher zum Thema gibt. Denkt man, aber – die nächste Überraschung – man findet so gut wie keine. Und ausgerechnet dort, wo das Drucken mit Blei seinen Ausgang nahm, in Deutschland, gibt es nicht ein einziges. Mindestens keines, das den Anspruch eines Fachbuches hätte und nicht schon 50 Jahre alt ist.

Wo kämen also die Kenntnisse um die Technik noch her, die verloren zu gehen drohen? Die letzten Setzer und Buchdrucker wurden in den späten 70er Jahren des letzten Jahrhunderts im Bleisatz und an Hochdruckmaschinen ausgebildet – ganz vereinzelt trifft man sie noch. Echte Veteranen, die ihr Wissen noch weitergeben, aber es werden weniger. Es ist also höchste Zeit, das Fachwissen nicht nur zu konservieren, sondern die Lust an dieser einmaligen Kulturtechnik zu wecken und all denen, die schon mittendrin sind, eine Hilfe an die Hand zu geben.

Also ein Buch. Mit dem gesammelten historisch gewachsenen Wissen, aber dennoch zeitgemäß gemacht. Geht das? Ein Projekt, das man nicht alleine stemmen kann. Die beiden Autoren, Heike Schnotale und Michael Wörgötter, kommen aus unterschiedlichen Richtungen zu diesem Projekt, haben aber doch die passenden Sachen im Gepäck. Heike ist Grafikerin und hat, an ihr Studium anschließend, eine vollständige Lehre zur Schriftsetzerin in Dresden durchlaufen. »Walzend« in verschiedenen Werkstätten kamen praktische Kenntnisse des Buchdrucks hinzu. Sie ist also – obwohl Next Generation – vom Fach. Michael dagegen ist eher Theoretiker, er unterrichtet Typografie in Augsburg, ist aber auch ausgebildeter Lithograf und betreuender Ratgeber im Handsatz und an den Druckpressen der Hochschule. Ja, geht!

Wir haben uns ein Anschauungsobjekt gesucht, entlang dessen wir Abläufe und Verfahren zeigen möchten. Die Wahl fiel auf eine kaum bekannte Trouvaille, die 16-seitige kleine Broschüre von Kurt Schwitters mit dem Titel »Die neue Gestaltung in der Typografie« von 1930. Diese wunderschöne und kenntnisreiche Untersuchung zur Typografie, geschrieben und gestaltet von einem Großmeister des Dada, wurde von uns immer scherzhaft »die Laborratte« genannt (ganz Dada). Denn wir wollten unsere Erklärungen so anschaulich wie möglich zeigen, am »lebenden Objekt« gewissermaßen. Mehr dazu dann auf den folgenden Seiten.

Fehlt noch das »Was«. Nun, es geht ums Gestalten, Setzen, Formenbauen, Drucken, Weiterverarbeiten – das ganze Programm eben. Und es geht um: den Mönch, die Jungfrau, das Hurenkind, die Hochzeit, den Zwiebelfisch, den Arschgesellen … Stoff also für ein ausgewachsenes Drama, in mehreren Akten.

Vorhang auf und an die Arbeit!

Heike Schnotale und Michael Wörgötter

IN DER WERKSTATT

Foto: Verena Kiss

Organisation der Werkstatt

Wir wollen uns zunächst dem Aufbau einer klassischen Setzerei zuwenden und werden uns ansehen, was an Möbeln vorhanden ist, welche Werkzeuge man für das Setzen und Drucken benötigt. Solltet ihr einen Begriff nicht gleich verstehen, könnt ihr jederzeit im Glossar am Ende des Buches nachschlagen.

Berufspoesie
Gasse – in der Setzerei der Arbeitsbereich zwischen den Setzregalen.

Die Setzerei ist mit den Regalen gefüllt, in denen sich der Satz und das Ausschlussmaterial befindet – auf ihnen wird überwiegend gearbeitet. Den Raum zwischen den Regalreihen bezeichnet man als **Gasse**, manchmal wird auch eine einzelne Regalreihe so genannt. Neben den Satzregalen befinden sich in der Werkstatt die Druckmaschinen und Maschinen für die Weiterverarbeitung. Wichtig ist, dass immer genügend Raum für alle Arbeiten bleibt.

Die Gassen waren in früheren Setzereien mit einem Abstand von 110 bis 120 cm recht schmal gehalten, um Platz zu sparen. Sie waren gerade so dimensioniert, dass die Setzkästen gut herausgezogen werden konnten und sich die Setzer bei der Arbeit nicht auf den Füßen standen. Das wäre also der Minimalabstand, ihr könnt euch aber natürlich auch mehr Bewegungsraum geben.

Regale

Berufspoesie
Quetsche – eine Buchdruckerei mit ausgesprochen ungenügender Einrichtung und alten, abgenutzten Maschinen.

Die **Setzregale** dienen als Arbeitsfläche, zum Aufstellen des Setzkastens und sie enthalten die Schriftkästen. Oft ist auch eine Schublade für den persönlichen Gebrauch des Setzers eingebaut. Sie sind entweder oben durch eine flache Platte bedeckt oder haben sogenannte **Pultaufsätze**. Für alles gibt es Normgrößen, die Höhe der Arbeitsfläche ist 102 cm, die Tiefe 68 cm. Ein klassisches Regal ist 104 cm breit, mit einer Reihe Brotschriftkästen und einer mit Steckkästen. Ein Regal fasst in der Höhe 12 bis 16 Schriftkästen, sie sind meistens aus Buchenholz, neuere Regale auch aus Stahl. Große Brotschriftkästen sind für kleine Grade gedacht, schmale Steckschriftkästen für die größeren Schriften.

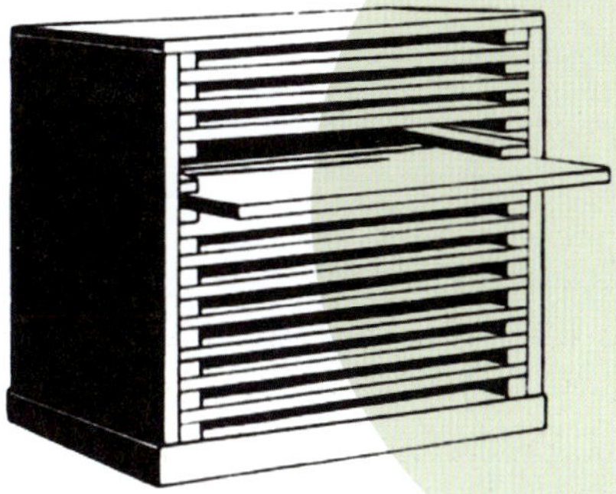

Regale, links oben ein Stehsatzregal, daneben ein Pultregal, unten eine ganze Setzgasse.
Fast alle Regalsysteme sind miteinander kombinierbar, die Höhen und auch Breiten der Elemente sind üblicherweise genormt.

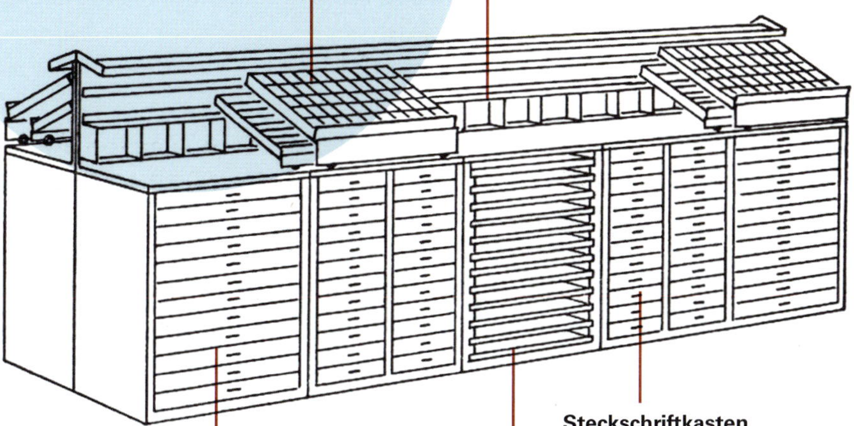

Mit unterschiedlichsten Aufbauten lassen sich die sehr kleinteiligen Ausschlussteile, Regletten und Quadraten gut organisieren.

Aufbewahrter Satz, sogenannter Stehsatz, wird in **Formenregalen** mit 10 bis 12 Brettern gelagert. Diese Satzbretter gibt es in verschiedenster Ausführung, mit seitlichen Leisten oder dünnen Metallführungsschienen, um den Stehsatz getrennt voneinander aufzubewahren. Für das Material, wie Stege, Linien, Regletten, Ausschluss, Durchschuss, Quadraten, Ziffern oder auch Bruchziffern, gibt es Aufbauten, die **Satzregalaufsätze**.

Kästen

In den **Setzkästen** liegen die Schriften, sie sind in ganze, halbe und Viertelfächer eingeteilt, je nach der Menge der Buchstaben. Die Anordnung der Fächer richtet sich nach dem Vorkommen in der jeweiligen Sprache, die häufigsten Buchstaben liegen der Hand am nächsten in den größeren Fächern. Ein großer Kasten enthält in der Regel bis zu 25 kg Schrift, ein kleiner 12 bis 15 kg. An jedem Kasten befindet sich an der Stirnleiste ein Schildchen mit Namen und Gradangabe der Schrift, oft integriert in den Griff zum Herausziehen des Kastens.

Man unterscheidet Kästen nach **Brotschriftkästen**, also Setzkästen für Brotschriften bis ca. 14 Punkt, und **Steckschriftkästen** für Schriften ab ca. 16 Punkt, in denen Schrift nicht liegt, sondern zwischen Leisten in alphabetischer Reihenfolge aufrecht eingesteckt ist. Details dazu findet ihr aber noch im Kapitel »Schriften über Schriften«. Auch Einfassungen und Ornamente sind in Kästen untergebracht.

Berufspoesie
Arschgeselle oder auch Arschgespan wurde der Hintermann eines Setzers in ein und derselben Gasse genannt, die Gassen waren eng, die Setzer arbeiteten so Arsch an Arsch.

Spannleisten verhindern in nur teilweise gefüllten Steckkästen das Umfallen der Buchstaben, oft werden Bleistege verwendet, um den Platz zu füllen.

Holzschriftkästen für Plakatgrößen haben die Größe normaler Brotschriftkästen, aber keine Unterteilungen. Für Linien gibt es spezielle **Linienkästen**. Sie sind auf systematische Linienlängen für verschiedene Liniencharaktere abgestimmt. **Ausschlusskästen** sind eine Variante, die statt der Aufbauten zur Aufnahme von Ausschluss (Spatien, Viertel-, Drittel-, Halbgevierte und Gevierte) Verwendung findet. **Ziffernkästen** sind schmale Kästen mit zehn Fächern, die nur für Ziffern gedacht sind, und **Quadratenkästen** stehen üblicherweise auf den Aufbauten, sie gehören mit genauer Einteilung für alle Grade zur Platzausrüstung des Akzidenzsetzers.

Eine ganze Reihe Fachbegriffe sind das nun schon – ihr findet Erklärungen dazu im Glossar am Schluss des Bandes.

Aus dem Lexikon
Das Wort Kasten hört man täglich wiederholt in allen erdenklichen Zusammenhängen. Zum Beispiel: am Kasten stehen, am Kasten aushelfen, einen vollen Kasten ausborgen, leersetzen, aufstellen oder aufschieben (auf einen anderen Kasten oder das Setzregal); gewöhnliche, halbfette und fette Kästen sowie griechische, russische Kästen, Antiqua-, Frakturkästen usw. vervollständigen diese Liste nur zum Teil.

Die Werkzeuge

Neben dem Mobiliar der Setzerei verwendet jeder Setzer sein eigenes Werkzeug. Das sind Winkelhaken, Setzlinien, Ahle, Pinzette, Typometer mit Zentimeter- und Ciceroeinteilung

Die Arbeit des Setzers war lange Zeit eine stehende Tätigkeit, zuletzt gab es aber auch eine Entwicklung mit Sitzmöglichkeit.

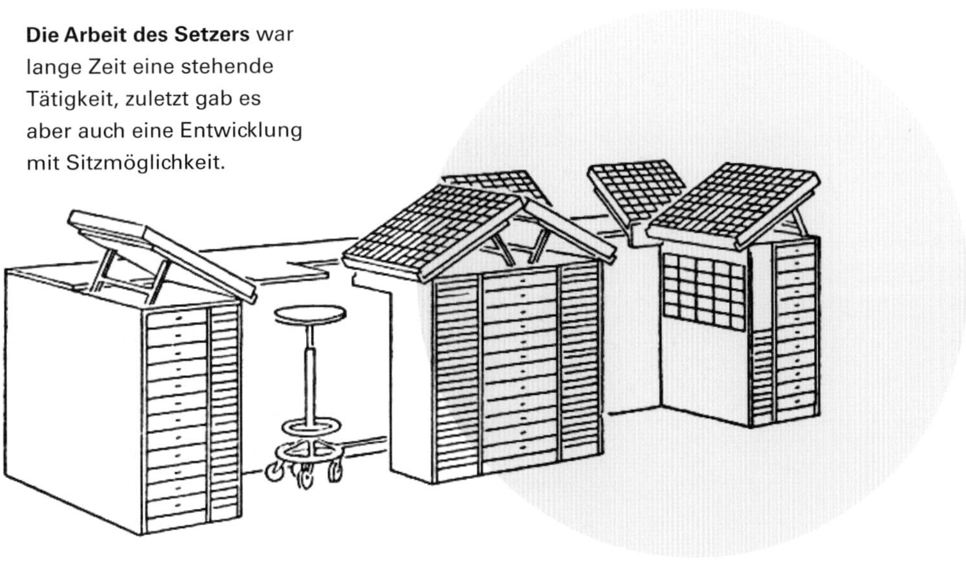

Kolumnenschnur Damit wird fertiger Satz für Transport und Lagerung zusammengeschnürt.

sowie Schneidewerkzeuge (Messer, Schere). Weitere Werkzeuge werden in der Werkstatt für alle zugänglich aufbewahrt. Dazu gehören Kolumnenschnur, Winkelmaß, Zirkel, Feile, Hammer und Zange.

Zur vollständigen Ausrüstung der Setzerei gehört auch ein Platz für die Arbeitsvorbereitung, früher war das das Pult des Faktors.

Der **Winkelhaken** ist das Hauptwerkzeug des Setzers. Auf und mit ihm werden die Einzelbuchstaben zu Zeilen gesetzt. Er kann mit einem Hebel-, Keil- oder Schraubverschluss, auch Frosch genannt, auf jede beliebige Breite eingestellt werden.

Setzlinien sind schrifthohe Messinglinien unterschiedlicher Länge mit zwei Ohren zum leichteren Anfassen. Die

Satzschiff mit Werkzeugen. Neben drei Stegen, auf die wir später eingehen werden, befinden sich Winkelhaken, Ahle und Pinzette.

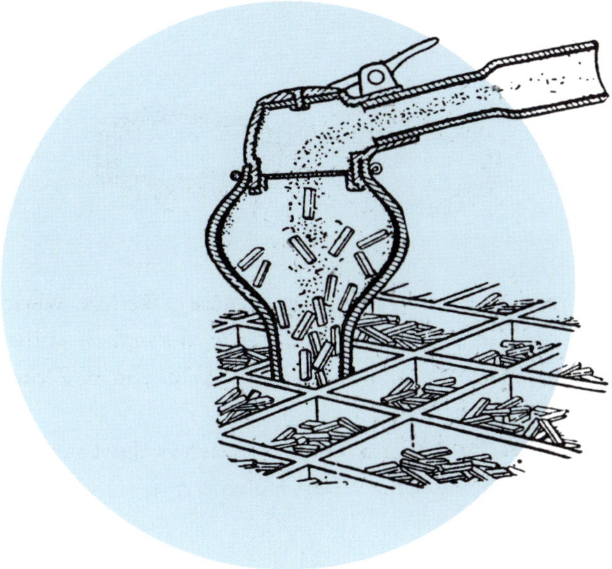

Typengreif, eine Art »Staubsauger« für Schriften. Sie lassen sich damit ansaugen und nur der Staub passiert ein Sperrgitter. Man kann damit verstaubte Schriftkästen gut reinigen oder Schrift von einem Kasten in einen anderen umsetzen.

Setzlinie wird zum Setzen und zum Ausheben des Satzes aus dem Winkelhaken benutzt, sie muss so dick sein, dass sie sich auch bei starker Beanspruchung nicht verbiegt. Außerdem sollte sie glatt, gerade und ohne Grat sein, damit die einzelnen Buchstaben leicht darauf gleiten können. Setzlinien sind etwa 1 Punkt kürzer gehalten als die Satzbreite.

Ahlen bestehen aus Heft und Spitze. Das Heft ist aus Holz und hat an seinem vorderen Teil eine Metallzwinge. Man benutzt sie zum Korrigieren des Satzes und beim Ausbinden zum Durchziehen der Kolumnenschnur. Ahlen sollten immer gelegt werden, nie hingestellt, denn man kann sich damit sehr verletzen! **Pinzetten** solltet ihr so wenig wie möglich benutzen, denn die Gefahr, am Metall der Buchstaben abzurutschen und dadurch die Schrift zu beschädigen, ist groß. Empfehlenswert sind Pinzetten mit Gummispitzen.

Zur Aufnahme des aus dem Winkelhaken ausgehobenen Satzes sind die **Satzschiffe** gedacht, auf ihnen entstehen die Seiten. Sie dienen außerdem zum Transport – sind quasi der »Traktor« der Werkstatt. Schiffe gibt es in allen Größen, man unterscheidet Spalten-, Oktav-, Quart-, Folio- und große Schiffe. Sie waren früher aus Holz, später aus Eisen und am Boden verzinkt, darüber hinaus findet man Schiffe aus Aluminium. Die überstehenden Seitenschenkel ermöglichen ein Auflegen auf der Schließplatte zum Schieben des Satzes. Wichtig ist, dass die Schiffe vollkommen plan sind und dass ihre Seitenwände genau im 90°-Winkel zueinander stehen.

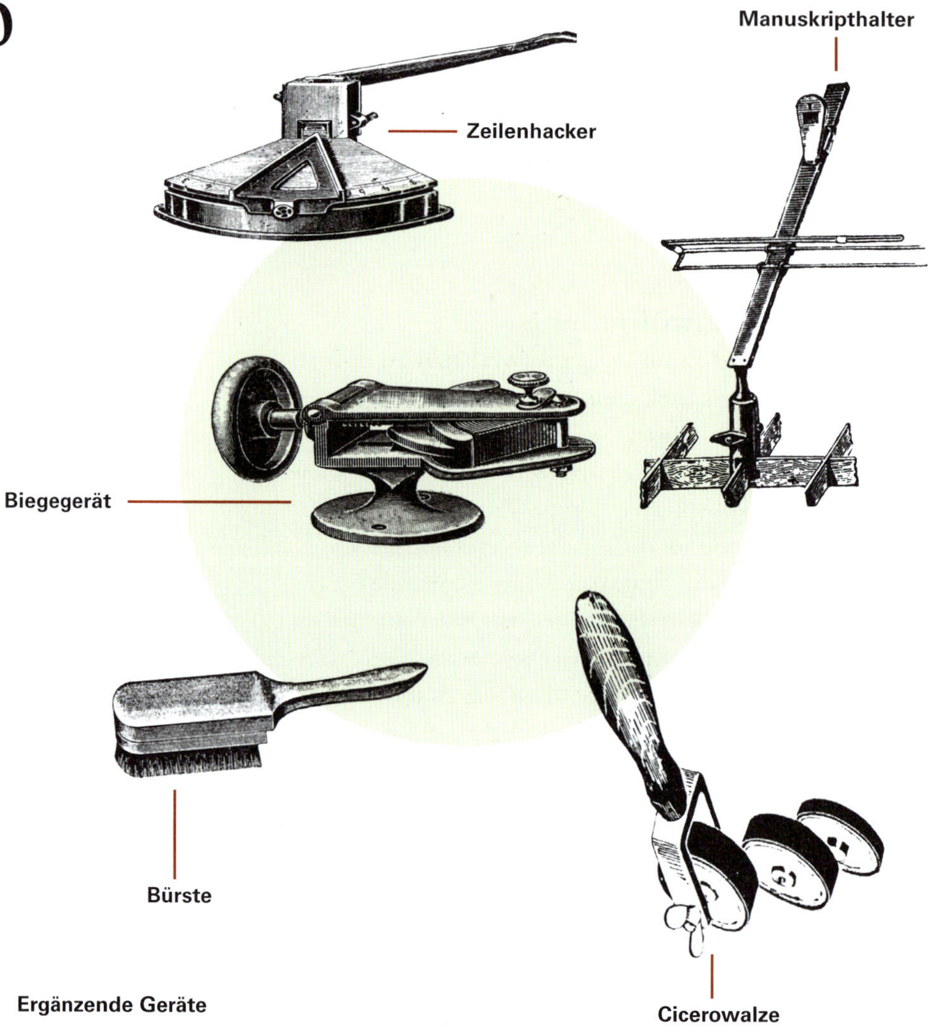

Ergänzende Geräte
Zeilenhacker zum Kürzen von Maschinensatzzeilen und Regletten; Biegegerät für das Runden von Regletten; Manuskripthalter; Bürste zum Erstellen von Bürstenabzügen und Reinigen des Satzes; Cicerowalze für das Einfärben von Akzidenzsatz.

Kolumnenschnüre nennt man feste, gedrehte Schnüre zum Ausbinden des Satzes. Sie sollten ohne Knoten, trocken und so lang sein, dass sie sich drei- bis viermal um den Satz herumführen lassen. Aufbewahrt werden sie im aufgewickelten Zustand.

Schwamm und Wassernapf (am besten ein flaches Gefäß aus Ton oder Emaille, da blecherne Behälter rosten) helfen euch bei kleinteiligen Sätzen und beim Ablegen.

Als **Ablegespan** bezeichnet man eine Art Reglette aus Holz, er dient dazu, den Satz beim Ablegen auf der Hand zu halten.

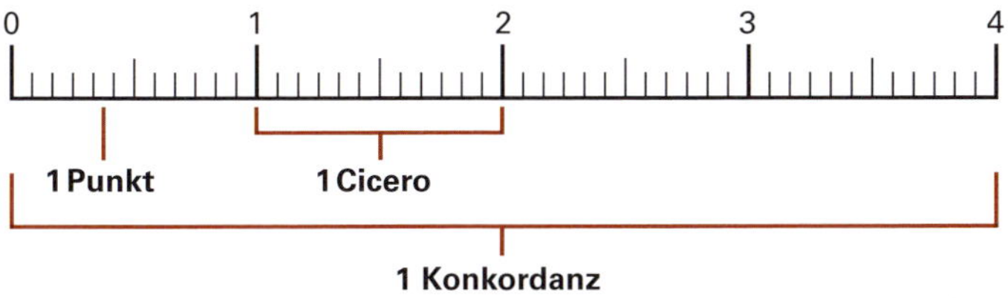

Einheiten
Unser Material wird in Punkt gemessen, 12 Punkt sind eine Cicero. 4 Cicero wiederum sind eine Konkordanz.

In der Welt der Zwölfteilung

Wenn ihr euch jetzt daranmacht, eure Werkstatt zu ordnen und das Material zu sichten, dann wird euch vermutlich der Schreck in die Glieder fahren. Denn das in den Kästen sortierte und das auf den Regalen angeordnete Material summiert sich zu einer erheblichen Menge. Zum Glück hat alles ein System, über Jahrhunderte gewachsen und normiert.

Hinter allem steckt die – fast magisch zu nennende – Zahl Zwölf. Das Dutzend, griechisch dódeka, lateinisch duodecim, mittelhochdeutsch tozen, englisch dozen, französisch douzaine ... fast alle Sprachen kennen es. Der Grund ist einfach, es ist die mit Abstand am besten teilbare und rekombinierbare Zahl, für kleinere Einheiten weit besser geeignet als z. B. die Zahl Zehn. Verwendet wurde dieses Maßsystem im deutschsprachigen Raum insbesondere im Handel. Früher gebräuchliche Mengeneinheiten mit der Basis 12 waren etwa Schock (60) oder Gros (144).

Die Zahl Zwölf lässt sich vielfach teilen, durch zwei, drei, vier und sechs, das macht sie zu einer sehr variablen Größe. Das Magische daran ist die Tatsache, dass Teilungen durch zwölf in der Natur bereits angelegt sind. »Mastermind« ist der Mond, sein Zyklus bestimmt Monate, Jahreszeiten, Tage, Stunden.

Wir wären nun beim Kern des Werkstattsystems angelangt, alles dreht sich hier um die Zahl Zwölf. Und das betrifft praktisch das gesamte Material, mit dem der Setzer arbeitet. Man unterscheidet zwei grundlegende Bereiche – druckendes und nichtdruckendes Material.

Das druckende Material setzt sich zusammen aus Schriften, Ziffern, Linien sowie Schmuck. Das sogenannte Blindmaterial, das nicht druckt, dient allen Arten von Räumen zwischen den Schriften und Zeichen oder zum Schließen des Satzes. Das wären Ausschluss und Quadraten im kleinen Bereich sowie Regletten und Stege als größtes Material.

Berufspoesie
»Brotschrift« ist die Bezeichnung für die Grundschrift. Mit ihr verdiente der Setzer auf Akkordbasis sein Brot. Als Brotschriften wurden alle Werksatzschriften kleineren Grades bezeichnet.

Schriften im Bleisatz

Das wichtigste druckende Material sind natürlich die Schriften. Bleischrift wird in zwei verschiedenen Typen von Kästen verwahrt, sie liegen in sogenannten Brotschriftkästen oder stehen in Steckschriftkästen.

Brotschriften

Alle kleinen Schriftgrade bis zum 14-Punkt-Grad liegen in den Kästen. Ein Brotschriftkasten hat ganze, halbe und Viertelfächer, je nach der Menge der Buchstaben, die gebraucht werden. Die größeren Fächer, mit zahlenmäßig größerem Inhalt, liegen in Griffweite, selten benötigte Buchstaben weiter entfernt – die Anordnung orientiert sich an der Arbeitsökonomie. Die Maße der Kästen sind meistens: großer Schriftkasten 96 × 61 cm, kleiner Schriftkasten 66 × 61 cm. Die

Brotschriftkasten
Einige Fächer sind leer, je nach Schrift sind dort Akzentbuchstaben oder besondere Ligaturen eingelegt oder werden einfach freigehalten.

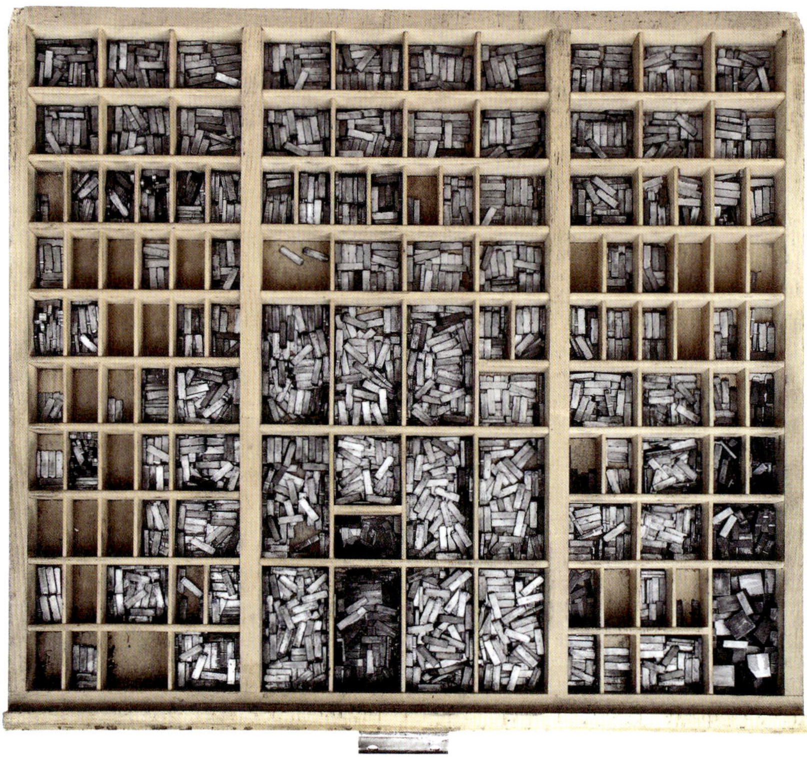

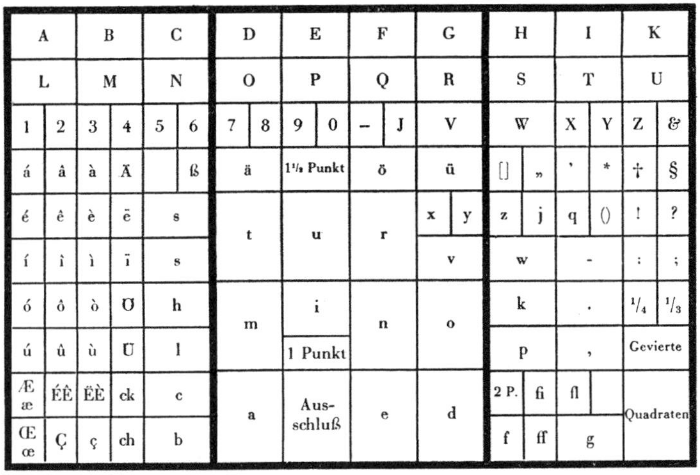

Antiquakasten mit genormter Belegung, sodass Setzer blind nach den Buchstaben greifen können.

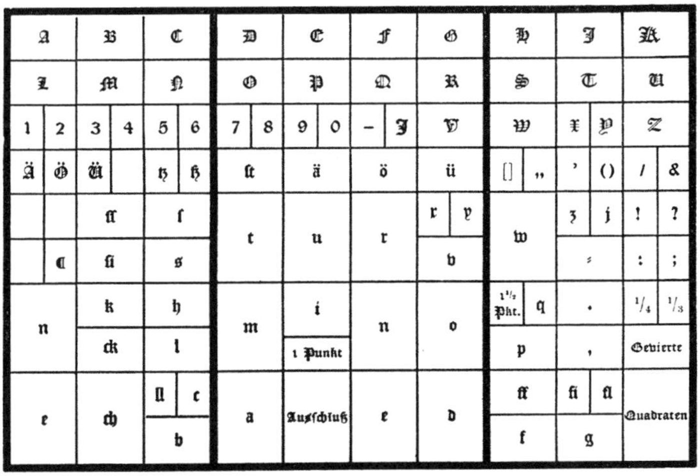

Die Belegung des Frakturkastens entspricht weitgehend der des Antiquakastens. Statt der Akzente, die es in der Fraktur mit Ausnahme der Umlaute nicht gibt, sind besondere Ligaturen enthalten.

Einteilung des Schriftkastens ist genormt (DIN 16502), Antiquakästen haben mehr belegte Fächer und sind etwas anders eingeteilt als Frakturkästen. Das hat mit der größeren Zahl **Akzentbuchstaben** im Antiquasatz zu tun. In den Kästen mit Gebrochenen Schriften werden daher einige Fächer leer gelassen bzw. mit Reservebuchstaben und weiteren, nur in Frakturen vorkommenden Ligaturen belegt.

In den Brotschriftkästen befinden sich außerdem zur Schriftgröße passender Ausschluss und Quadraten, denn für Satz in kleinen Graden sollte das Material schnell griffbereit sein. Je nach Schriftgröße unterscheidet sich die Belegung mit Ausschluss. Für eine 10-Punkt-Textschriftgröße sind das z.B.: 1p, 1½p, 2p, 3p, 4p, 5p (= Halbgeviert), 10p (= Geviert). Dazu kommen Quadraten: 2 cic, 3 cic, 4 cic in 10p Stärke in einem Fach, ganz rechts außen.

Wissenswert
Andere Länder, andere Sitten – die Belegung der Kästen unterscheidet sich je nach Sprache. Und in angelsächsischen Setzereien waren die Kästen aufgeteilt in größere »uppercase« für die Versalien und »lowercase« für die Kleinbuchstaben.

Tipps & Tricks

Bei Steckkästen darauf achten, ob sich in der Schrift Buchstaben mit Überhängen befinden. Das ist zum Beispiel oft bei »f« der Fall oder »T« und »W«. Diese können leicht abbrechen, daher werden solche Buchstaben abwechselnd um 180° gedreht eingesteckt.

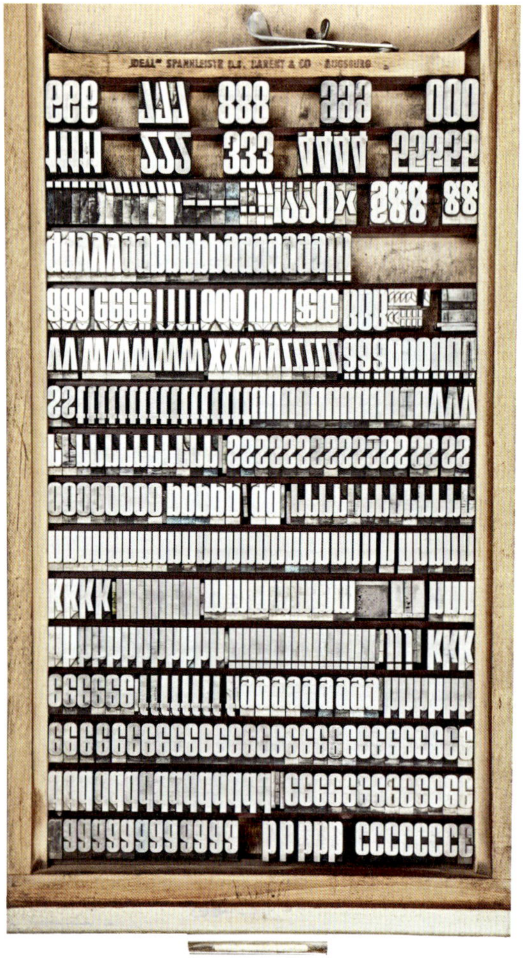

Steckschriftkasten
Tatsächlich variiert die Anordnung der Buchstaben von Werkstatt zu Werkstatt ein wenig. Ob der Kasten mit den Kleinbuchstaben oder Großbuchstaben beginnt, wo Akzente und Sonderzeichen eingestellt werden und wo Ziffern. Immer gleich bleibt aber, dass alle Buchstaben auf dem Kopf stehen, Signatur immer oben.

Steckschriften

In den etwa halb so breiten Kästen, auch Titelschriftkästen genannt, steht die Schrift, und sie ist, anders als bei liegenden Schriften, alphabetisch geordnet. Es handelt sich um größere Grade, die für Überschriften, Auszeichnungen bzw. Akzidenzen gebraucht werden und von denen nur kleinere Mengen nötig sind.

Das Ordnungssystem zeigt links unten die Kleinbuchstaben, gefolgt von den Interpunktionen und Akzentzeichen, den Großbuchstaben, Ziffern und Sonderzeichen. Ein Schriftschnitt füllt dann entweder einen Kasten, in einem Grad, oder er ist auf zwei Kästen verteilt. Man findet auch immer wieder z. B. eine 20 p- und eine 24 p-Schrift zusammen in einem Kasten, einfach aus Gründen der Platzersparnis.

Steckschriftkästen enthalten keinen Ausschluss; der wird, da es sich ja um größere Schriftgrade handelt, aus den Aufbauten der Satzregale dazugeholt. Die Kästen haben ein Maß von ca. 27 × 61 cm. Im Kasten links sieht man am Kopf eine Spannleiste, sie dient der Befestigung. Getrennt werden die Buchstabenreihen durch Trennleisten, sie sind aus Holz oder Kunststoff. Das dient einerseits dazu, dass die Schriften nicht umfallen, aber auch dazu, dass man die Buchstaben leichter greifen kann.

Steckschriften werden ab ca. 16 p oder größer aufrecht in schmaleren Kästen alphabetisch angeordnet. Links unten beginnend mit den Kleinbuchstaben, gefolgt von den Interpunktionen und Akzenten, den Versalien und schließlich den Ziffern und versalen Sonderzeichen.

Fanfare Eine ganz außergewöhnliche Schrift, entworfen von Louis Oppenheim 1927, eine Mischung aus Groteskschrift und gebrochenen Formen.

Plakatschriften

Ab einer gewissen Größe sind die Lettern nicht mehr aus Blei, sondern Holz gefertigt. Der Grund ist zum einen das Gewicht, aber vor allem die Materialersparnis, denn Blei ist ein – im Vergleich zu Holz – relativ teurer Werkstoff.

Die Geschichte der Holzletternherstellung für den Buchdruck ist im Vergleich zur Produktion von Bleisatzschriften relativ kurz. Sie geht einher mit dem Beginn des Drucks grafischer Plakate in Auflage ab etwa der Mitte des 19. Jahrhunderts, dem Beginn von Werbung und Anzeigen. Für den Aushang im öffentlichen Raum wurden größere Schriften benötigt, als im Bleisatz verfügbar waren. Die Erfindung der Holzletternfräse durch William Leavenworth im Jahr 1834 in den USA machte die industrielle Herstellung von Holzbuchstaben dann erstmals möglich.

Die Grenze zwischen Blei und Holz verläuft üblicherweise bei 96 p, selten trifft man auf Bleischriften in dieser Größe. In Holz wurde aber auch bis zu etwa 6 cic kleinen Graden gefertigt. Holzschriften hatten praktisch alle größeren Schriftgießereien im Programm wie Berthold, die Stempel AG, Schelter & Giesecke, Ludwig & Meyer, die Haas'sche Gießerei. Sie wurden aber auch von unabhängigen Unternehmen produziert und von den Gießereien vertrieben.

Aufbewahrt werden sie entweder in extra dafür gefertigten Holzschriftschränken oder flachen Regalen ohne Trennfächer, Bleikästen eignen sich dafür nicht. Eine Holzschrift hat – je nach Ausbau – etwa 200 Zeichen, da kommt also einiges zusammen, eine vollständige Größe ist dann auf zwei oder mehr Kästen verteilt.

Holzschriften sind insofern ein besonderes Thema, als man sehr oft Schriften zu Gesicht bekommt, die schon 100 Jahre alt sind, ihre Höhen stimmen nicht mehr exakt, sie haben Kratzer und Abquetschungen. Oft fehlt ein Buchstabe ganz, mit diesen Plakatschriften kommt man also ums Improvisieren nicht herum.

Plakadur

Plakadurschriften stellen eine Sonderform dar. Das sind Schriften aus Kunstharz, das als Alternative zu Holz eingesetzt wurde. Plakadur war ein Markenname der H. Berthold AG, das Material ist im Vergleich zu Holz etwas härter und formstabiler, da es nicht auf Feuchtigkeit, Lösungsmittel und Ähnliches reagiert. Allerdings wurden diese Schriften oft mit der Zeit porös, zeigten Haarrisse und brachen unter dem Druck der Pressen. Sie sind also eher mit Bedacht zu benutzen. Wenn man eine ergattert, hat man etwas ganz Besonderes in der Werkstatt.

Wissenswert
$62^2/_3$ – dieser Zahl werdet ihr immer wieder begegnen. Es ist die in Deutschland gängige Schrifthöhe in Didot-Punkt oder anders ausgedrückt die Normalhöhe von 23,56 mm.

Schrift im Detail

Unser über gut 150 Jahre gebräuchliches typografisches System geht auf den französischen Schriftgießer Firmin Didot zurück, er definierte 1780 als kleinste typografische Einheit den Didot-Punkt in seiner heutigen Breite.

Sein Maß beruhte auf dem französischen Längenmaß Fuß, das genau 12 Zoll und 72 Punkt entspricht. Auch die Anlehnung an das metrische Maß ergab sich in der Folge, denn ein Meter entspricht exakt 2660 Punkt. Alle Gießereien übernahmen Ende des 19. Jahrhunderts dieses Maß als Norm, nur im englisch-amerikanischen Kontext hielt sich ein abweichendes Pica-System.

Die **deutsche Normalhöhe** von Schriften ($62\,^2/_3$ Punkt = 23,56 mm) unterscheidet sich also auch von der amerikanischen oder englischen (62 Punkt) – sollte man Schriften von dort besitzen, müssen die Druckmaschinen umgestellt werden, oder man behilft sich mit einer Erhöhung von unten.

Die Maße des Didot-Systems

1 p = 0,376 mm

12 p = 4,531 mm

Die Maße des Pica-Systems

1 pt = 0,351 mm

12 pt = 4,218 mm

Wissenswert
Abkürzungen – Der Didot-Punkt wird üblicherweise mit »p« abgekürzt, der angelsächsische Pica-Punkt mit »pt«.

Dieses Maß hat sich mit ca. einem Drittelmillimeter historisch als sehr geeignet erwiesen. Es ist weder zu grob noch zu fein, gerade gut, um noch unterscheidbar zu sein. Das Cicero als nächstgrößere Einheit entspricht 12 Punkt.

Das Umrechnen von Punkt in mm oder umgekehrt wird euch bei der Arbeit ständig begegnen, da Schrift und Material

Punkt (gemessen in 2 p-Schritten) und Cicero, in der Mitte Konkordanzen

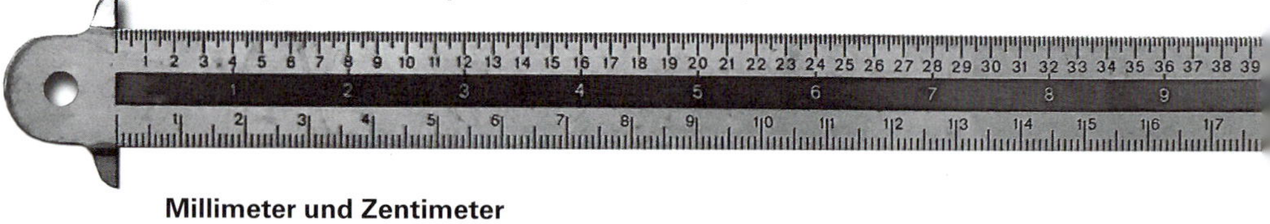

Millimeter und Zentimeter

üblicherweise im typografischen System organisiert und geplant werden, Formate, also Papierformate, Druckformate, Endformate, dagegen eher in metrischen Maßen. Man wechselt also ständig zwischen diesen beiden Welten. Typische Umrechnungen, die euch begegnen werden, sind etwa Satzbreiten von 8 cic = 36,25 mm, 16 cic = 72,5 mm, 20 cic = 91 mm.

Schrift messen

In der Praxis verwendet man ein **Typometer**, es hat beide Systeme, Punkt und Millimeter, übereinander angeordnet – dafür braucht es also keinen Taschenrechner. Aber Achtung: Es gab und gibt Typometer auch nach der Bleisatzzeit, für Fotosatz oder digitalen Satz. Diese Typometer haben überwiegend den amerikanischen Pica-Punkt als Maß, das führt zu vollkommen falschen Größen. Ihr müsst also unbedingt darauf achten, dass ihr ein Didot-Typometer verwendet.

Schriftgrößen ermittelt ihr am besten mit einem Typometer. Es gab sie in vielen Varianten, das hier gezeigte ermittelt die Schriftgröße auch über die Versalhöhe (nicht zu verwechseln mit der Kegelgröße!). Dabei muss man aufpassen: Berthold legte das Maß für Versalien im Blei fest, Linotype im Fotosatz. Für uns ist also die Berthold-Skala richtig.

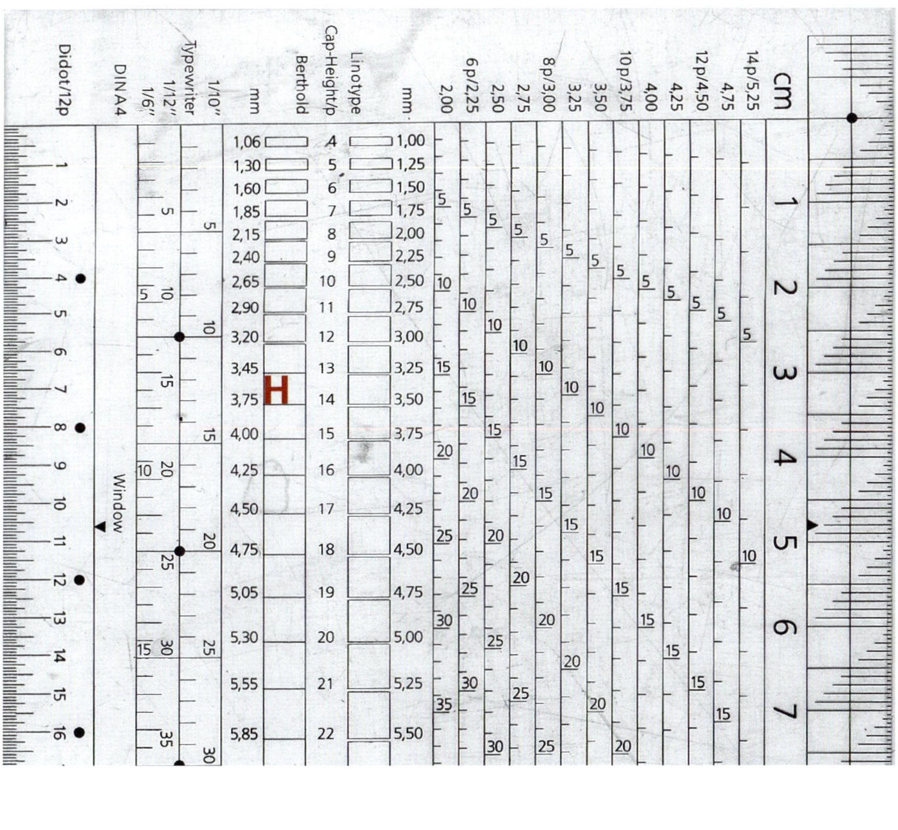

Tipps & Tricks
Die deutsche Normhöhe lässt sich überprüfen, indem man neun Buchstaben in den Winkelhaken umlegt, man erhält so 47 Cicero.

Der Buchstabe

Sowohl Blei- als auch Holz- und Kunststoffbuchstaben für den Hochdruck weisen den gleichen Aufbau auf. Auf einem Kegel sitzt der eigentliche Buchstabenkörper. Das Schriftbild ist der druckende Teil des Buchstabens, ihn umgibt das Fleisch; das sind zum einen links und rechts die Vor- und Nachbreite, zum anderen die Schulter-, auch Achselfläche genannt. Im Inneren sind darüber hinaus bei vielen Buchstaben die Punzen als nichtdruckende Aussparungen freigehalten.

Schriftgrößen folgen weitgehend der Zwölfteilung, Ausreißer sind die 5 p- und 7 p-Größen. Die historischen Bezeichnungen für Schriftgrößen, die man noch an vielen Kästen findet, haben sehr unterschiedlichen Ursprung. So bedeutet etwa »Petit« klein, 8 p war bis ins 18. Jh. in den meisten Druckereien die kleinste Schriftgröße. Handsatzschriften gibt es im Blei in Größen von 4 p bis 72 p, darüber waren Schriften aus Holz oder Plakadur gefertigt.

4 p	Diamant	Hamburg
5 p	Perl	Hamburg
6 p	Nonpareille	Hamburg
7 p	Kolonel	Hamburg
8 p	Petit	Hamburg
9 p	Borgis	Hamburg
10 p	Korpus	Hamburg
12 p	Cicero	Hamburg
14 p	Mittel	Hamburg
16 p	Tertia	Hamburg
20 p	Text	Hamburg
24 p	Zwei Cicero	Hamburg
28 p	Doppelmittel	Hamburg
36 p	Drei Cicero	Hambur

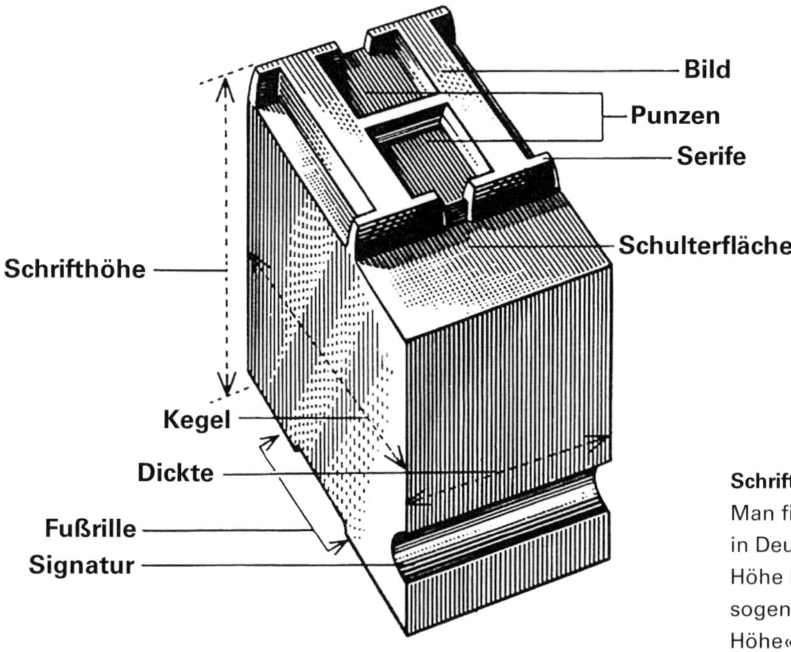

Der Kegel umfasst die gesamte Höhe möglicher Buchstaben mit Unterlängen, Oberlängen und, falls vorhanden, Akzenten. Das Maß des Kegels entspricht der Schriftgröße, sie ist per Definition gemessen von der maximalen Oberlänge (etwa des f) bis zur maximalen Unterlänge (etwa des j).

Oder anders gesagt: Man misst im Blei den Kegel und erhält in der Regel die Schriftgröße. Und jetzt kommen die Ausnahmen – denn 7p-, und 9p-Schriften sind oft auf den nächstgrößeren Kegel gegossen, also 8p bzw. 10p. Oder es ragen Akzente, Schwungbuchstaben über den Kegel hinaus, der Kegel kann also kleiner sein als das Schriftbild.

Schrifthöhe
Man findet neben der in Deutschland üblichen Höhe beispielsweise die sogenannte »Leipziger Höhe« oder hauseigene Schrifthöhen bei sehr alten Schriften. Auch andere Länder (Italien, Dänemark etc.) haben abweichende Schrifthöhen. Italien hat es beispielsweise nie wirklich geschafft, eine einheitliche Höhe durchzusetzen.

Sonderzeichen und Akzente

Im Deutschen sind wir daran gewöhnt, nur eine lächerlich kleine Zahl an Akzentzeichen zu benutzen (ä, ö, ü). Wenn man dagegen in den europäischen Raum blickt, stellt man fest, dass es eine Vielzahl weiterer dieser Zeichen bedarf. Auch im Blei gibt es bereits eine große Zahl davon. Textgrade (bis 12p) enthalten knapp 30 bereits auf Kegel gegossene Akzentzeichen, im Setzkasten sind dafür 21 Fächer reserviert. Ab 14p verringert sich diese Zahl auf etwa die Hälfte und bei noch größeren Graden lassen sich die Akzentbuchstaben mit sogenannten Übersetzern bauen.

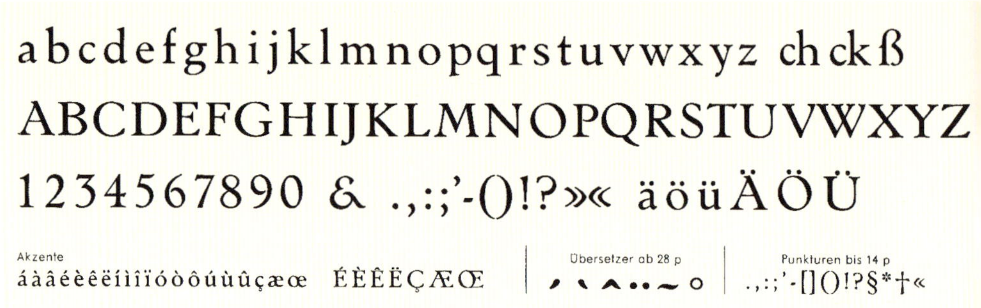

Die Zeichenübersicht der Blei-Genzsch oben zeigt den kompletten Satz des Normalschnitts. Man sieht, wie relativ limitiert der Zeichensatz im Blei war. Zum Vergleich eine Glyphenübersicht der digitalen Genzsch, wie sie in diesem Buch Verwendung findet. Hier ist z. B. der gesamte Bedarf an Akzenten, etwa osteuropäischer Sprachen, enthalten.

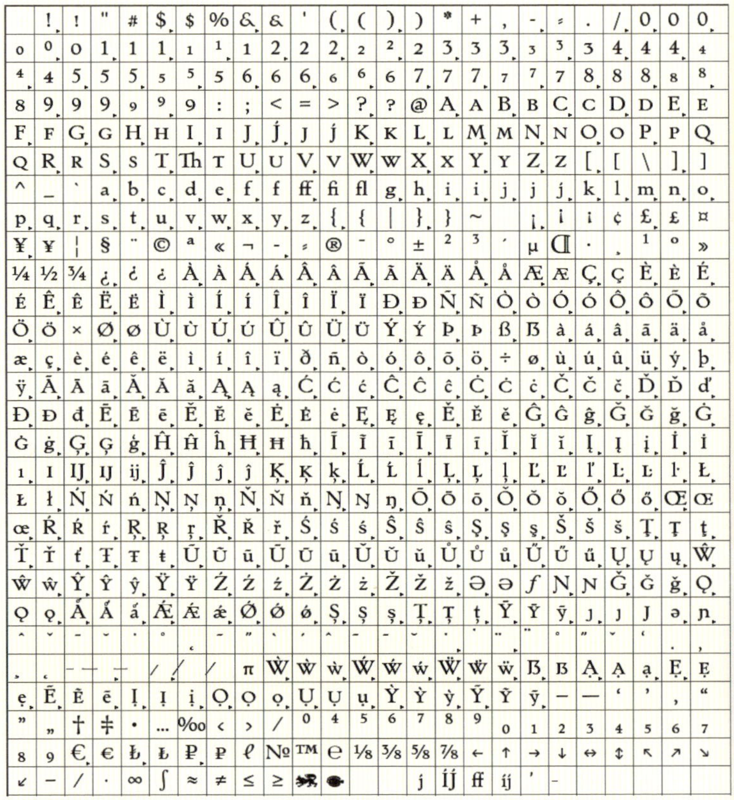

Übersetzer sind kleine, separat gegossene Akzente, die sich mit Buchstaben kombinieren lassen. Im Steckschriftkasten gehören sie zu den Kleinteilen, die oft vernachlässigt werden, weil sie leicht umherfallen. Schriften, die in Steckschriftkästen stehen, also jenseits von 16 p, haben fast immer solche Übersetzer. Um damit arbeiten zu können, sind oft verkürzte Buchstaben oder solche mit gesonderten Aussparungen separat gegossen.

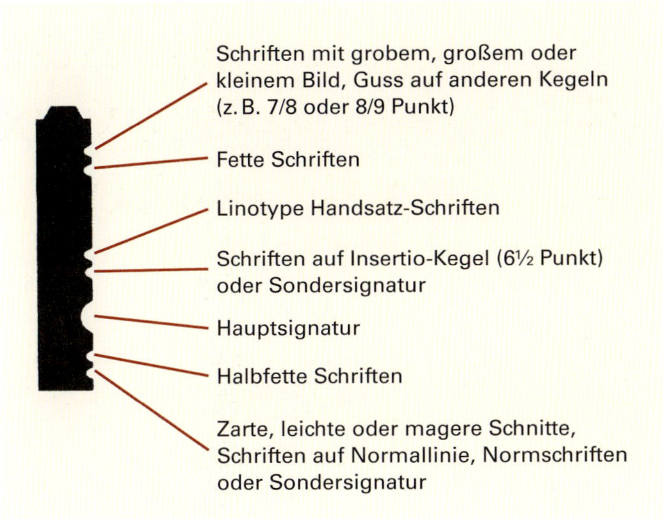

Signaturenlehre am Beispiel der D. Stempel AG. Neben der etwas größeren Hauptsignatur, der flachen halbrunden Einbuchtung, sind noch eine Reihe zusätzlicher Informationen angelegt.

Signaturen

Jeder Buchstabe enthält immer mindestens eine dieser kleinen Kerben, oft auch mehrere. Sie dienen dem Setzer zur Orientierung, um den Buchstaben richtig in den Winkelhaken zu setzen. Knifflig ist z. B. der Buchstabe *b*, denn ihn gibt es ja, je nach Drehung, insgesamt scheinbar viermal ...

Neben der Hauptsignatur gibt es Zusatzsignaturen (weitere kleinere Kerben im Kegel), die verschiedene Informationen enthalten können. Zum einen machen abweichende Signaturen eine Vertauschung von Schriften oder eine ungewollte Vermischung unterschiedlicher Schriftgrade kenntlich. Aber auch zur Identifizierung der Gießerei können sie hilfreich sein; viele Gießereien haben ein eigenes System hinterlegt, eine regelrechte Signaturenlehre.

Wissenswert
Beim Wiedereinsortieren verschiedener Schriften ist die Signatur eine wichtige Prüfmöglichkeit, ob eine Schrift in einen bestimmten Schriftkasten gehört oder nicht.

Die Normalschriftlinie

Die Schriftlinie ist tatsächlich eine gedachte Grundlinie, auf der die Buchstaben optisch stehen.

In den Anfängen des Setzens und Druckens, als jeder Drucker seine Schriften noch selbst produzierte, gab es noch keinerlei einheitliche Vorgaben, wie hoch Schriften zu sein hatten und auf welcher Grundlinie sie standen. Schriften waren nicht untereinander kombinierbar. Das änderte sich im Hinblick auf die Schrifthöhe in Deutschland 1837, als sich 28 Schriftgießereien darauf einigten, ihre Schriften fortan nur noch auf »französische Kegel« bzw. »französische Höhen« zu

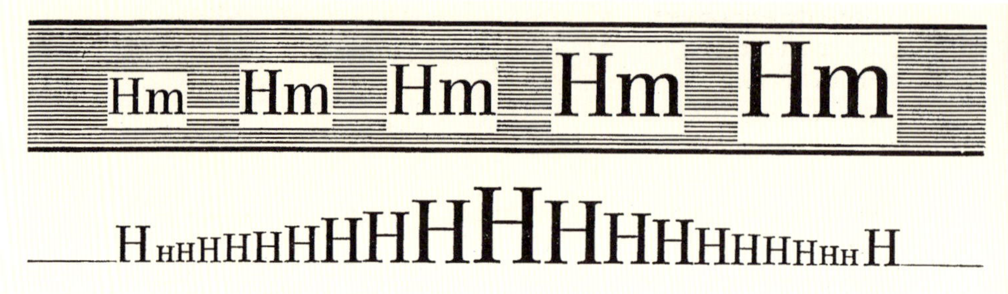

Normalschriftlinie und die Maße, die zum In-Linie-Stellen mit dem nächstgrößeren Schriftgrad nötig sind.

produzieren. 1898 wurde das Maß dafür, nach einigem Hin und Her, verbindlich festgelegt, die Normschrifthöhe betrug von nun an genau 62 ⅔ Punkt.

Das zweite Problem, eine einheitliche **Schriftlinie**, löste man, maßgeblich und auf Initiative von Friedrich Bauer, 1905 mit der sogenannten Normalschriftlinie. Für alle Schriftgrade wurde der Abstand dieser Linie vom oberen Kegelrand und von ganz unten gemessen definiert.

Wird diese Normalschriftlinie im Schriftguss eingehalten, können verschiedene Schriftgrößen durch den sogenannten Überschlag bzw. Unterschlag mit Material ausgeglichen werden – die Zeichen halten im Satz exakt Linie, sie »alinieren«.

Schrift »kaufen«

Obwohl ihr heute kaum noch dazu kommen werdet, komplett neue und noch verpackte Schrift zu erwerben (denn neue Bleischrift wird fast nicht mehr hergestellt), trotzdem ein paar Worte zu früher.

Minimum und Normen

Bei der Anschaffung von Druckschriften war seit jeher das Gewicht maßgebend. Neue, frisch gegossene Bleilettern wurden als sogenanntes 1/1 **Minimum** bzw. in einer Mindestbestellung als ½ Minimum verkauft. 1/1 Minimum ist die Menge an Zeichen, die man als Setzer mindestens benötigte, um einigermaßen damit arbeiten zu können.

Die Aufteilung der Lettern wurde nach dem Gießzettel bestimmt, sie entsprach der Häufigkeit der Zeichen in der jeweiligen Sprache. Ein 1/1 Minimum einer 8 p-Schrift wiegt ca. 4 kg, gut gefüllte Kästen kommen auf gut das Dreifache.

Der deutsche Normgießzettel bezog sich nun stets auf 100 kg Gewicht und enthält etwa 67 % Gemeine, Ligaturen

Schwitters-Broschüre, wir konnten dafür einen neuen französischen Guss der 10 p halbfetten Futura verwenden. Die Futura wurde in Frankreich in Lizenz unter dem Namen »Europe« von Deberny & Peignot vertrieben.

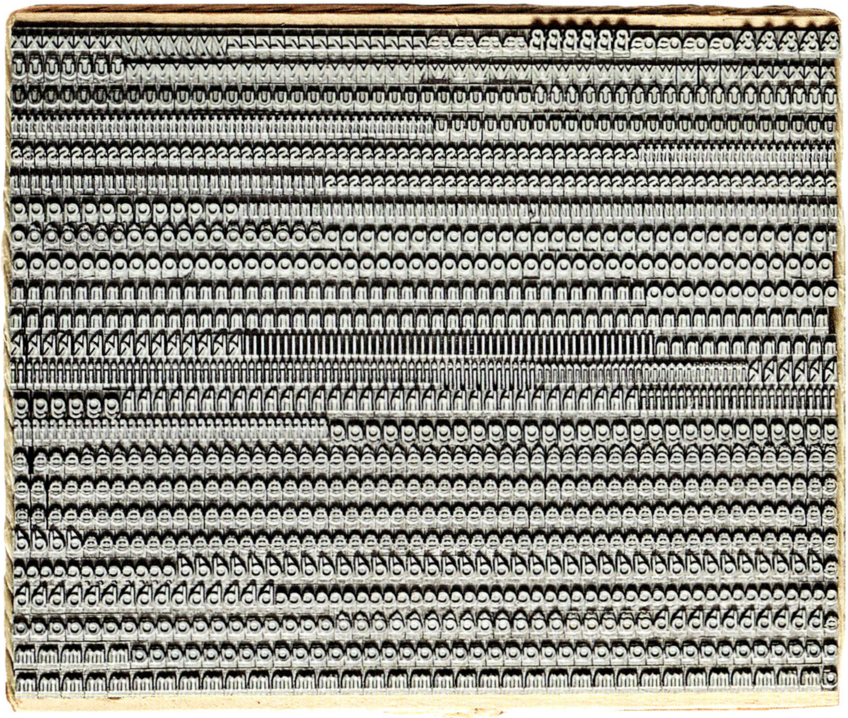

Schnittzettel für Holzschriften, einen solchen solltet ihr beim Kauf einer Holzschrift unbedingt bei euch haben, denn bei Schriften aus Holz fehlen häufig Buchstaben. Eine Kontrolle ist sehr zu empfehlen.

Schnittzettel für Sätze mit 144 Figuren

A	B	C	D	E	F	G	H	I	J	K	L	M	N	O	P	Q	R	S	T	U	V	W	X	Y	Z
2	2	2	2	3	2	2	2	2	1	2	2	2	2	2	2	1	2	2	2	2	1	1	1	1	1
a	b	c	d	e	f	g	h	i	j	k	l	m	n	o	p	q	r	s	t	u	v	w	x	y	z
3	2	2	3	4	2	2	2	3	1	2	3	2	4	2	2	1	4	3	3	2	2	1	1	1	2
ä	ö	ü	ß	!	-	:	.	,	?	&	“		1	2	3	4	5	6	7	8	9	0	.	—	
1	1	1	1	1	1	1	3	2	1	1	1		2	2	2	2	2	2	2	2	2	2	2	2	

Schnittzettel für Sätze mit 192 Figuren

A	B	C	D	E	F	G	H	I	J	K	L	M	N	O	P	Q	R	S	T	U	V	W	X	Y	Z
2	2	2	2	3	2	2	2	3	2	2	3	2	3	2	2	1	3	3	3	2	2	2	1	1	2
a	b	c	d	e	f	g	h	i	j	k	l	m	n	o	p	q	r	s	t	u	v	w	x	y	z
5	3	3	4	8	5	3	3	5	1	3	4	3	8	3	2	1	6	5	5	4	2	2	1	1	2
ä	ö	ü	ß	!	’	-	:	.	,	;	?	&	„		1	2	3	4	5	6	7	8	9	0	
1	1	1	1	1	1	2	1	3	4	1	1	1	2		3	2	2	2	3	2	2	2	2	3	

1166	e	78	kz	84	E	66	150	222	,
700	n	66	c	70	AINRS	60	übrige	200	.
512	r	62	v	60	BDG		Ziffern	110	-
510	i	56	p	50	CHK	22	é	32	:
366	st	50	ü		LMT	20	à	30	–
332	ad	44	ä	42	F	10	è	22	; ! ? ’
256	u	34	ß	40	UW	8	ê ô ë ï	20	·
232	hl	32	öj	36	OPVZ	6	æ œ ç á â	16	*
200	g	28	x	26	J		í ì î ó ò	14	& / „ “
180	ch	22	qy	20	X		ú ù û		» « ( )
166	mo	18	ck	16	Ü		É È	10	§
132	b	16	ff	14	Ä	4	Æ Œ	6	[ ] †
100	fw	12	fi fl ft	10	ÖQY		Ç Ë Ê		

Gießzettel
Hier ein solcher Zettel für circa 12,5 kg einer normallaufenden Antiqua-Werkschrift in 10 p. Unterschiedliche Schriften und Anwendungen wiesen verschiedene Verteilungen der Lettern auf, alles nach einer DIN normiert.

und Akzentbuchstaben, 20 % Versalien, 7 % Ziffern und 6 % Punkturen und Zeichen. Bei Steckschriften liegt das Verhältnis etwas anders, 60 – 65% Gemeine, Ligaturen und Akzentbuchstaben, 18 – 20 % Versalien, 8 % Ziffern und 9 – 11 % Punkturen und Zeichen. Holzschriften wurden nicht nach Gewicht bemessen, sondern nach der Anzahl der Figuren. Festgelegt war dies allerdings im Gegensatz zu Bleischriften nicht auf einem Gießzettel, sondern einem Schnittzettel.

Messinglinien wurden in Sortimenten von 1, 2 oder 4 kg abgegeben. Die Anzahl der Einzelstücke und ihre verschiedenen Längen waren ebenfalls nach Norm festgelegt. Diese konnte sich ändern, wenn auch größere Längen bis zu 40 cic benötigt wurden. Entscheidend war außerdem die Kegelstärke des Linienkörpers. Beispielsweise ergaben sich auf 1 kg 1 p-Linien 640 Linienstücke, aber nur halb so viele 2 p-Linien (320 Stücke).

Prägefeste Schriften

Wissenswert
Als Faustregel für die Menge eines Minimums Bleischrift gilt, dass es circa die Hälfte der Schriftgröße wiegt.

Bleischriften sind weich, zum Prägen eigentlich nicht geeignet. Dennoch werden sie von Buchbindern für Heißfolienprägungen verwendet, dann allerdings mit besonderen Prägemaschinen, die den Satz erhitzen. Bleilettern lassen sich bis ca. 80 °C erhitzen, das reicht für das Folienprägen aus.

Lettern zum Prägen sind ansonsten aus Messing, Aluminium oder auch aus Magnesium, man kann sie neu kaufen, allerdings sind sie wesentlich teurer, als (gebrauchte) Bleischriften. Drucken kann man mit Schriften für Buchbinder auch, das ist aber eher ungewöhnlich – sie haben auch üblicherweise andere Schrifthöhen.

Berufspoesie
»Aufräumer« – auch Ableger, das waren Setzer, deren alleinige Aufgabe darin bestand, den gedruckten Satz und das Material »auszuschlachten«, also abzulegen und zu verräumen.

Linien, Rahmen, Schmuck

Neben den Schriften gibt es noch eine Menge anderen **druckenden Materials**, es wird überwiegend in den Kästen geschützt verwahrt und setzt sich zusammen aus Ziffern, Zeichen und Symbolen, Linien und Schmuck.

Druckende **Linien** und **Rahmen** sind meist aus Messing gefertigt, einem widerstandsfähigeren Material als Blei und in Längen von 5 Punkt bis 24 Cicero Länge vorhanden. Aus Blei gegossene Linien gibt es aber auch, dann in längeren Bahnen, sie können auf individuelle Längen geschnitten werden. Dazu bedarf es eines Zeilenhackers, eines kleinen, sehr stabilen guillotineartigen Werkzeugs.

Linien sind auf unterschiedlichen Kegeln gearbeitet. Bei feinen und stumpffeinen Linien sind die Kegel 1 oder 2 Punkt. Bei 3 Punkt halbfetten Linien ist das Linienbild 1 Punkt; fette Linien gibt es von 1 Punkt- bis 48-Punkt-Kegel.

Um vollständige Rahmen oder Einfassungen bauen zu können, sind darüber hinaus noch **Gehrungen und Eckenstücke** nötig, es gibt sie in einer großen Bandbreite und sie

Linien lassen sich gut vom übrigen Satz unterscheiden, da das Messing sich vom grauen Blei abhebt. Sie haben wie Lettern immer eine Signatur, die druckenden und die nichtdruckenden Seiten lassen sich so erkennen.

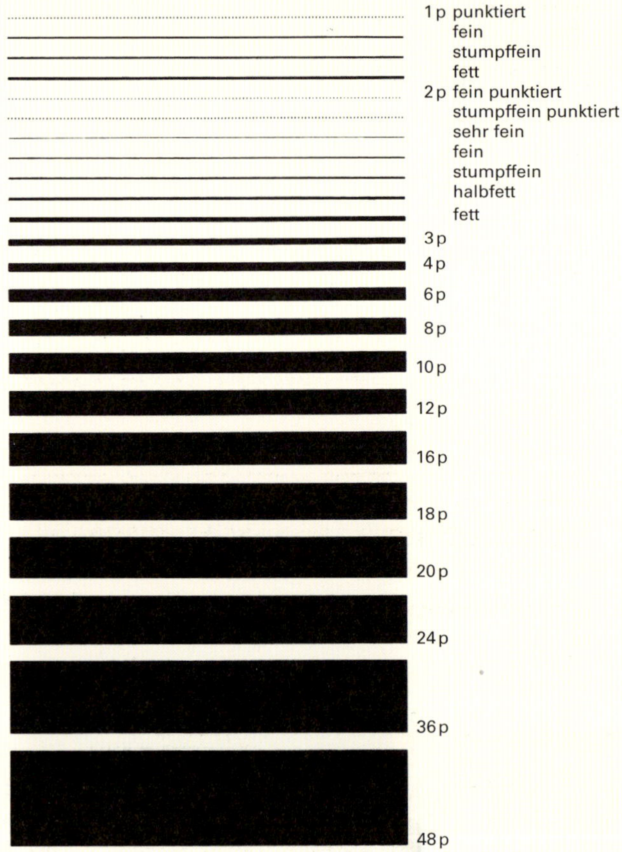

Liniensystem – es gibt Linien von 1 p fein, das entspricht 0,075 mm, bis 48 p. Bei feinen und stumpffeinen Linienbildern (Druckbild) sind die Linienkörper (Kegel) 1 oder 2 Punkt stark, bei 2 p fetten Linien ist das Linienbild 1 p.

sind in verschiedenen Größen von 4 bis 48 Punkt Seitenlänge passend zu den wichtigsten Linien vorhanden.

Ergänzt wird das Ganze noch durch **Teilrahmen**, die vor allem bei Inseraten Verwendung fanden. Aber auch vollständige Rahmen gibt es.

Wissenswert
Das Wort »Vignette« leitet sich vom französischen »vigne« für Weinrebe ab und meint ein ornamentales Zierstück, ein kleines Bild oder eine Zeichnung.

Für wiederkehrende Anlässe gab es eine Vielzahl vorgefertigter Bildsujets, **Schmuck** genannt, man konnte ihn »von der Stange« kaufen. Solche vorgefertigten Klischees findet man heute noch auf Flohmärkten und in den Kästen alter Druckereien. Sie waren sehr robust und wurden je nach Bedarf eingesetzt. Es gab Bebilderungen für fast jeden Anlass, wie Weihnachten, Hochzeiten, Geburtstage. Auch die gängigsten Berufe und jede Art Tiere fand man in den Musterbüchern der Schriftgießereien – das Clipart der Bleisatzzeit.

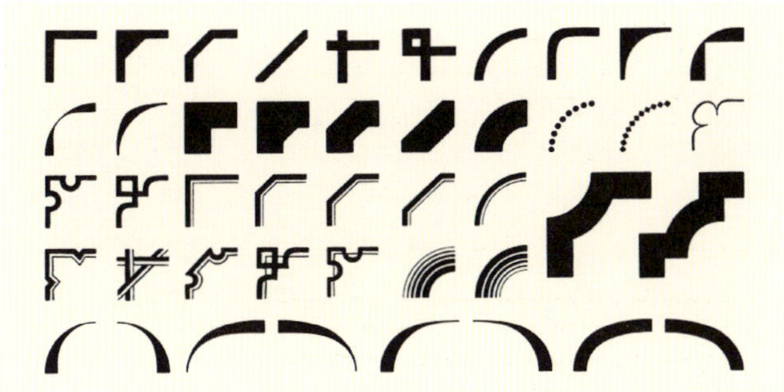

Linieneckenstücke dienen dem sauberen Abschluss von einfassenden Linien. Oben sieht man einzelne Eckvarianten, unten sind Linienelemente mit angegossenen Ecken zu sehen.

Vignetten für die Reklame-Fraktur, Ludwig & Meyer (1914).

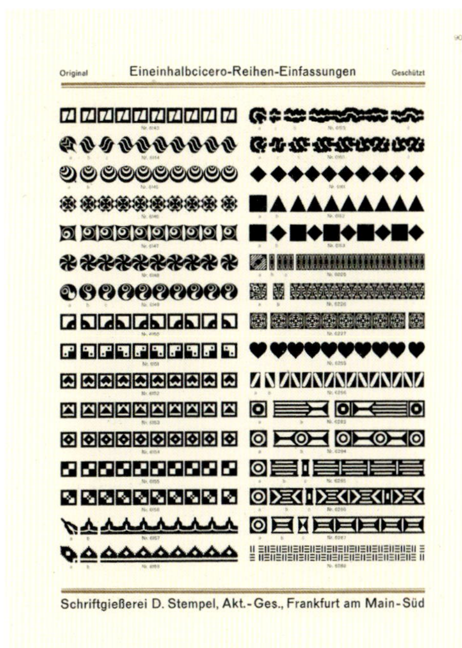

Reihenschmuck, Einfassungen, D. Stempel AG (1925).

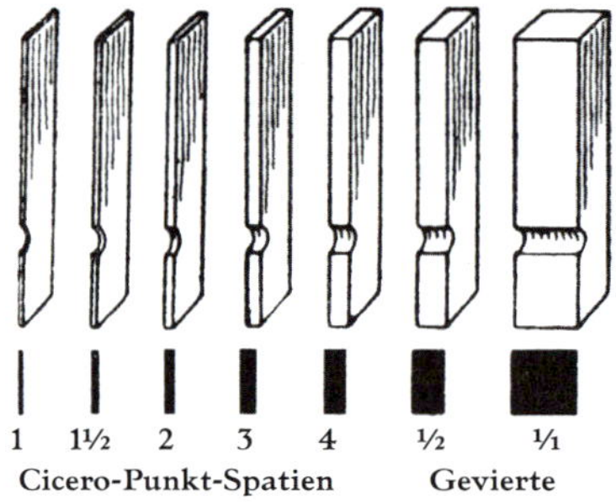

Der Ausschluss liegt in kleinen Graden in den Brotschriftkästen und als Gesamtsystem in den Aufbauten der Satzregale.

Das Blindmaterial

Das nichtdruckende, sogenannte Blindmaterial stellt sich als vollkommen neue, im ersten Moment undurchdringliche Materialsystematik dar. Wenn man allerdings das Geheimnis dahinter gelüftet hat, könnte es nicht plausibler sein.

Die Quadraten befinden sich in den Aufbauten des Satzregals, sie sind nach 2, 3 und 4 cic gruppiert von 1 p bis 20 p Stärke.

Blindmaterial bleibt im Druck unsichtbar, es dient, wie der Name vermuten lässt, zum Erstellen aller Arten von Räumen zwischen den Schriften und Zeichen oder zum Schließen des Satzes. Dazu zählen Ausschluss und Quadraten im kleinen Bereich sowie Regletten und Stege als größtes Material.

Leerräume innerhalb des druckenden Materials müssen mit nichtdruckendem Material gefüllt werden. Hierfür

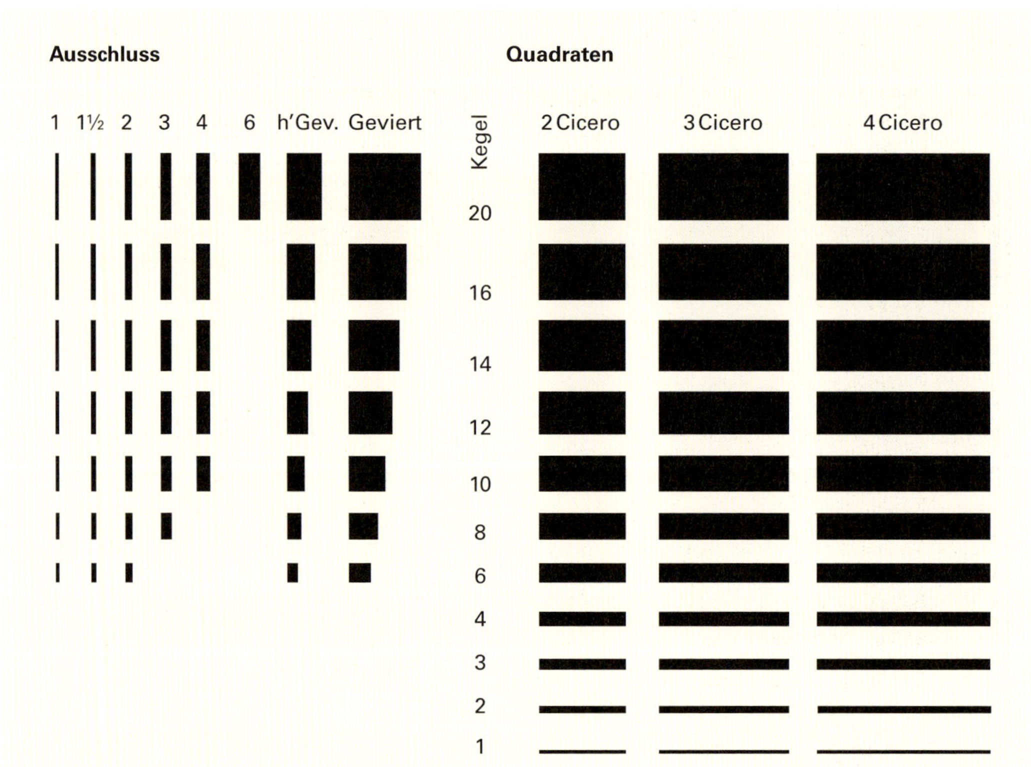

Berufspoesie
Wenn Blindmaterial in der Druckform beim Drucken so weit nach oben steigt, dass es im Druck sichtbar wird, nennt man das einen Spieß.

benötigt ihr eine große Menge und Vielfalt an Füllmaterial – da den Überblick zu behalten, ist gar nicht so einfach. Man merkt das spätestens beim Aufräumen bzw. Ablegen, denn der Unterschied zwischen z.B. einem 1p- und einem 1½p-Spatium ist kaum merklich und fast nur zu ertasten.

Das gesamte Füllmaterial ist niedriger als die Schrift. Ausschluss, Quadraten, Durchschuss und Regletten sind üblicherweise 54 Punkt hoch (das entspricht 4¼ Cicero). Stege sind etwas niedriger, sie haben eine Höhe von 50⅔ Punkt.

Mit **Ausschluss** bilden wir Wortabstände, er ist daher auch in allen (mindestens den kleineren) Kegelgrößen der Schriftgrade gegossen. Das breiteste Ausschlussstück ist

Ausschluss und Quadraten Auf dem Schrägpult liegt Ausschluss spaltenweise für Schriftgrößen. Anordnung und Anzahl der gefüllten Fächer variiert oft nach Gewohnheit und Bedarf. Am rechten Rand liegen Quadraten 2, 3 und 4 cic breit in 1 p- bis 3 p-Stärken. Links sind stärkere Quadraten zeilenweise sortiert.

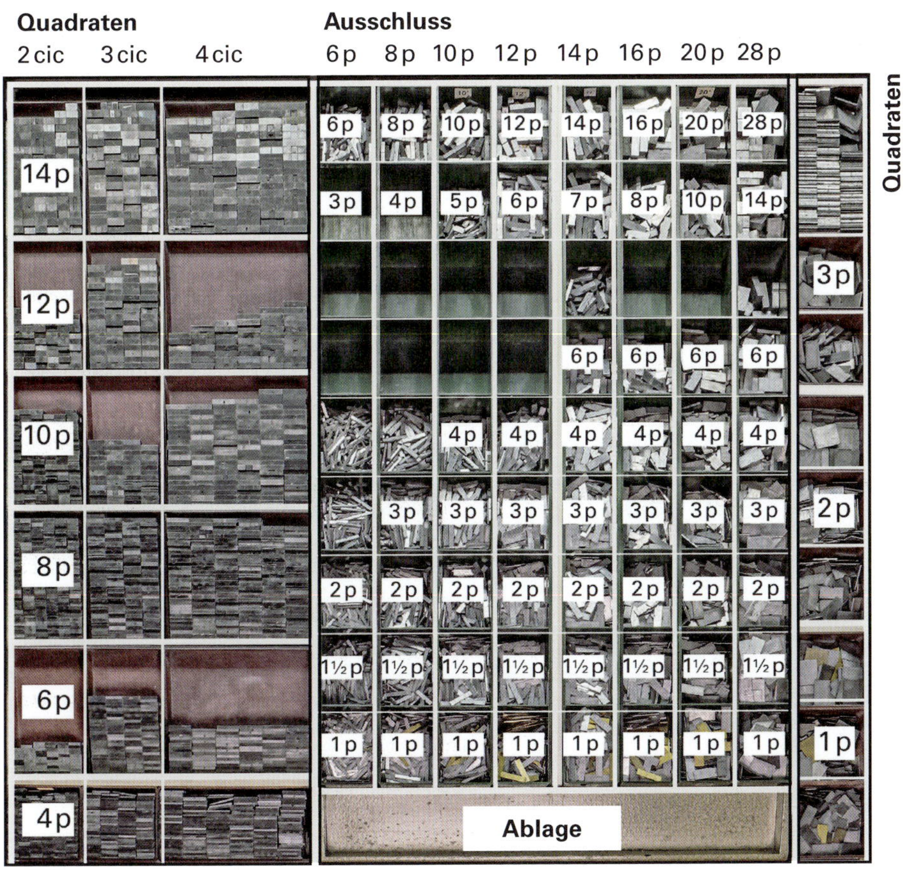

Reglettenregal, es enthält fünf Längen: 8, 12, 16, 20, 24cic und von rechts nach links sechs Stärken: 1, 2, 3, 4, 6, 12p.

Wissenswert

Geviert – Das begegnet euch auch heute noch vielfach in typografischen Zusammenhängen. Es bezeichnet das (relativ »mitwachsende«) Maß, das sich an der Schriftgröße, bzw. der Kegelgröße orientiert.

immer das Geviert. In den Anfängen des Bleisatzes waren die Ausschlussstücke nach Halb-, Drittel-, Viertel-, Sechstel-Gevierten und feinen Spatien gestuft, in der Folge hat sich dann aber eine Abfolge etabliert, die systematisch mit 1p beginnt, es folgen 1 ½ p, 2p, 3p und 4p. In großen Graden gibt es auch noch 6p-Stücke. Das Ein-Punkt-Stück bezeichnet man auch als Spatium (Mehrzahl Spatien). Seltener gibt es auch Halbpunkt- und Viertelpunktspatien, sie sind aus Messing oder Stahl hergestellt.

Für größere Grade, für die man Ausschluss benötigt, werden die sogenannten **Quadraten** verwendet. Es gibt sie nur in drei Längen: 2, 3 und 4 Cicero, die dann miteinander kombiniert noch weitere Größen abdecken. Mit Quadraten füllt man auch Ausgangszeilen im Blocksatz.

Durchschuss ist die auch heute noch verwendete Bezeichnung für den Abstand zwischen den Zeilen. Zu unterscheiden aber, ganz wichtig, vom Zeilenabstand – der Zeilenabstand ist die Summe aus Schriftgröße und Durchschuss. Bei einer 10p-Schriftgröße, gesetzt auf 14p Zeilenabstand (10/14p), ist der Durchschuss dann 4p. Im Bleisatz ist dieser Raum noch physisch vorhanden, die Begrifflichkeit »den Satz durchschießen« noch unmittelbar einleuchtend.

Tipps & Tricks

Es kann passieren, dass ihr in euren Beständen auf Zwischengrößen stoßt, also z. B. 8p starke Regletten und solche in cic-Sonderlängen – es macht Sinn, sie zu separieren, damit sie nicht immer wieder für Verwirrung sorgen.

Regletten finden zur Bildung des Zeilenabstands Verwendung. Es gibt sie in Stärken von 1, 2, 3, 4, 6 und 12 p. Die üblichen Längen der Regletten sind 8, 12, 16, 20 und 24 cic. Das nimmt die gängigsten Satzbreiten auf, also z. B. 8 cic für Akzidenzen, etwa Kleinanzeigen, oder 20 cic für Textkolumnen in Büchern.

Mit den **Stegen** befinden wir uns im Übergang vom Satz zur Druckform. Der Setzer bevorratet sie, aber auch an der Druckmaschine werden sie immer wieder benötigt. Es handelt sich um großflächige Füllstücke; sie sind 2, 3 und 4 cic stark und haben Längen von 8, 12, 16, 20 und 24 cic, aber auch längere Stege kommen vor. Man nennt sie auch Hohlstege, weil sie aus Gründen der Materialersparnis meist nicht in Vollguss hergestellt wurden.

Jedes dieser Füllstücke kann nun sehr vielseitig verwendet werden. Ausschluss kann zu Durchschuss werden, Quadraten zu Ausschluss, Regletten und Stege dienen bei Plakatschriften, also Schriften aus Holz, als Ausschlussstücke.

Stegregal, es enthält fünf Längen: 8, 12, 16, 20, 24 cic und von rechts nach links drei Stärken: 2, 3, 4 cic sowie, je nach Bedarf, breitere Stege für das Schließen im Schließrahmen.

Rückblick: Lebenswelten in der Schwarzen Zunft

Die Erfindung Gutenbergs ließ ein völlig neuartiges Handwerk entstehen. Rasant verbreiteten sich Wissen und Werkstätten von Deutschland aus über ganz Europa. Die Zahl der Menschen, die in irgendeiner Form in der »Schwarzen Kunst« arbeiteten, wuchs über die Jahrzehnte und Jahrhunderte stetig an. Buchdrucker, die ursprüngliche Berufsbezeichnung für alle in den Offizinen Tätigen, bildeten sich viel auf ihr Handwerk ein, und mit Stolz verstand man sich als »Intellektuelle unter den Handwerkern«. Nicht von ungefähr: Die ersten Buchdrucker mussten natürlich des Lesens und Schreibens mächtig sein, hatten zumeist als Kinder reicher bürgerlicher Häuser eine Schule und vielleicht sogar Universität besucht. Aber auch später, noch im letzten Jahrhundert, wurden nur die Besten eines Jahrgangs für den Beruf des Schriftsetzers empfohlen und auch erst nach strenger Prüfung in die Lehre aufgenommen.

Jahrhundertelang dasselbe Bild: Schriftsetzer stehen in ihren Gassen an den Kästen, zwei Drucker benötigt die hölzerne Presse. Unten links sieht man einen Helfer das Papier für den Druck in einem Bottich anfeuchten. Die Darstellung stammt aus der Mitte des 17. Jahrhunderts.

Kaiser Friedrich III. verlieh angeblich dieses Wappen an Schriftsetzer und Buchdrucker. Der Greif hält die zwei Druckerballen, der Doppel-Adler Tenakel und Winkelhaken. Noch heute ziert es Gautschbriefe, gern auch in abgewandelter Darstellung.

Ein hartes Leben

Dieser Berufsstolz konnte aber nicht über die schweren Arbeits- und Lebensbedingungen hinwegtäuschen, die sich erst im vergangenen Jahrhundert langsam besserten. Bleistaub und mangelnde Hygiene führten zur gefürchteten Bleikrankheit, die tödlich enden konnte. Die Farben waren meist giftig, von Bleiweiß bis Cadmiumgelb. Texte über das Mischen von Farbe lesen sich noch um 1900 wie chemische Lehrbücher und Drucker mussten sehr genau wissen, welche Farben sie mischen durften und welche nicht, denn chemische Reaktionen und giftige Dämpfe waren immer zu befürchten. Die körperlich anstrengende Arbeit dauerte 10 bis 12 Stunden am Tag, für täglich erscheinende Zeitungen wurde auch nachts gearbeitet.

Die beginnende Industrialisierung machte das Leben noch härter. Denn die neuartigen Maschinen waren laut und schnell, die Menschen hasteten hinterher. Das Leben als Schwarzkünstler endete so oft schon mit Mitte dreißig. Erst zu Beginn des 20. Jahrhunderts besserten sich die Arbeitsbedingungen langsam.

In den Druckereien selbst gab es eine sehr strikte Hierarchie. Ganz oben stand der Druckereibesitzer, in der Werkstatt selbst hatte der Faktor das Sagen. Er verteilte die Arbeit auf Setzer und Drucker. Den Gesellen stellte man Lehrlinge zur Seite, die dann ganz weit unten in der Hierarchie standen. Auch ließ die Arbeitsteilung Unterschiede entstehen: Maschinensetzer standen über Handsetzern, Drucker an Schnellpressen über denen an Tiegeln.

Das Gautschfest

Zum Ende einer Lehrzeit steht in der Schwarzen Kunst, im grafischen Gewerbe auch mancherorts heute wieder, das Gautschfest an. Dabei erhält der Gäutschling einen Gautschbrief. Dieser war einst das wichtigste Dokument des Gesellen: Er war Lehrzeugnis und Nachweis, wenn man sich in einer anderen Offizin um eine Stelle bewerben wollte. Bevor man jedoch den Gautschbrief erhielt, musste der Lehrling einen festen Ritus über sich ergehen lassen. So wurde er von Packern geschnappt und auf einen nassen Schwamm gesetzt, von oben auch noch getauft und landete schließlich in einem großen Bottich mit der namensgebenden Brühe, der Gautsche. Von nun an war er als Geselle anerkannt, herausgewaschen waren alle dummen Gedanken und Faulheiten eines unreifen Lehrlings.

Der Schriftgießer und seine Frau ist ein Stich von Christoph Weigel aus dem Jahr 1698. Es ist nicht ganz zu erkennen, was die Frau macht, wir können uns aber vorstellen, dass sie vielleicht bereits als Teilerin arbeitete.

Wo sind die Frauen?

Die Geschichtsschreibung ist von Männern dominiert, aber die Frauen waren von Anfang an dabei.

Die ersten Schriftsetzerinnen lassen sich bereits 1481/82 nachweisen: Es waren Nonnen eines italienischen Klosters. 1484 trat mit Anna Rüger in Augsburg die erste Frau als Druckerin auf. Das war nur circa 30 Jahre nach dem Druck von Gutenbergs 42-zeiliger Bibel! Sie hatte die Druckerei von ihrem Mann geerbt und selbstständig fortgeführt, eine schwierige Sache, denn Frauen galten als ungebildet und ungeeignet für solche Aufgaben. Dabei hatten sie sich durch die Mitarbeit in den Offizinen ihrer Familie das nötige Wissen sicher auch angeeignet. So blieb es noch einige Jahrhunderte die Seltenheit, dass Frauen eine Offizin zumindest als Erbe führt und nur selten sind uns Namen überliefert.

Zugleich wurden alle Missstände im Druckgewerbe auf »Winckel-Druckereyen« geschoben, in denen man »nur mit Weib und Jungen dahin sudelt«. Allein durften die Frauen sowieso nicht arbeiten: Es musste immer ein männlicher Mitarbeiter der Druckerei vorstehen. Mit der Industrialisierung kamen die Unternehmen dann aber nicht mehr an weiblicher Arbeitskraft vorbei. Weiterhin von der Unterlegenheit der Frauen überzeugt, wurden sie allerdings nur als Hilfskräfte beschäftigt. Etwa als Teilerinnen, die in den Schriftgießereien die frischen Lettern abzählten und in die normierten Schriftpakete aufteilten, oder als Bogenfängerinnen in den Druckereien, die das Papier an den teilautomatisierten Pressen ablegten. Die genannten Arbeiten klingen einfach, erfordern aber viel

Kraft und Geschick. Immer wieder gab es Initiativen, um Frauen eine bessere Stellung zu geben: So bot der Lette-Verein in Berlin eine eigene Setzerinnen-Klasse an. Aus Angst vor Konkurrenz versuchten aber Gewerkschaften in vielen Ländern den Frauen das Arbeiten in Druckereien unmöglich zu machen: Arbeitsverbote wurden mit dem Bleigehalt der Lettern oder der schweren Arbeit, die auch nachts stattfand, begründet.

Dennoch erarbeiteten sich die Frauen immer mehr Anerkennung im Gewerbe. So wurde Paula Thiede, eine Bogenanlegerin aus Berlin, die erste hauptamtliche weibliche Gewerkschaftsführerin und verbesserte mit ihrem Engagement das Leben der Hilfsarbeiter und Arbeiterinnen. 1902 wurde Maria Lühr die erste Buchbindemeisterin in Deutschland.

Die Verlegerin Annemarie Meiner wurde die erste Frau in Deutschland, die wissenschaftlich zur Buch- und Verlagsgeschichte arbeitete. Und unter dem Pseudonym Paul Beaujon schrieb Beatrice Warde ihre typografischen Aufsätze und gab sich erst zu erkennen, als jenem »Beaujon« 1927 eine Stelle beim Monotype Recorder in London angeboten wurde. Sie nahm die Stelle an und wurde bereits zwei Jahre später zur Werbeleiterin befördert. Mit Ilse Schüle, Elisabeth Friedländer und Anna Simons sind drei Frauen zu nennen, die sich als Schriftgestalterinnen, Kalligrafinnen und Dozentinnen einen Namen machten. Oda Weitbrecht betrieb sogar eine eigene Privatpresse – für lange Zeit als einzige Frau in Deutschland.

Erst in der zweiten Hälfte des letzten Jahrhunderts wandelte sich das grafische Gewerbe. Zunehmend sah man Schriftkünstlerinnen und Setzerinnen, Druckerinnen und Buchbinderinnen.

Vor 100 Jahren

Quadräteln ist ein Würfelspiel der Schriftsetzer. Gespielt wird statt mit Würfeln mit drei bis fünf Gevierten. Obenliegende Signaturen ergeben Punkte. Sonderpunkte gibt es, wenn alle Signaturen unten liegen. Automatischen Sieg bringt der »König«, das ist ein stehendes Geviert.

Eine Bogenfängerin bei der Arbeit zeigt dieses Foto. Die Tätigkeit bestand nicht nur darin, die Bögen von Maschinen entgegenzunehmen. Sie beinhaltete auch das Bringen und Wegtragen von Papier, das Abzählen der Bögen und die Kontrolle während des Druckes, ob der Farbauftrag konstant bleibt oder irgendwo Spieße im Satz plötzlich mitdrucken.

SCHRIFTEN ÜBER SCHRIFTEN

Foto: Verena Kiss

Berufspoesie
Abnudeln – eine »abgenudelte« Schrift wird durch immerwährendes Abziehen auf der »Nudel« rund und abgenutzt.

Druckschriften damals und heute

Was liegen in den Werkstätten für Schriften, was findet man in den Kästen, in mehr oder weniger abgenutztem Zustand? Oder anders gefragt, was gab es in der Endphase des Bleisatzes für Schriften in den Akzidenzsetzereien? Denn das ist das, was sich – in Teilen und unterschiedlichstem Zustand – erhalten hat.

Heute, in Zeiten digitaler Schriften, liegt das Angebot in einer Größenordnung von 100 000 Schriftfamilien, gemeint sind damit nur professionell vertriebene, technisch einwandfreie und gut gestaltete Schriften. Sogenannte Freefonts, also »Umsonstschriften«, gibt es weitaus mehr, die Zahl ist kaum zu schätzen.

In Zeiten des Bleisatzes war das Feld übersichtlicher. Anfang der 60er Jahre, also gegen Ende des Buchdrucks, gab es in Deutschland nicht wesentlich mehr als circa 200 gängige Schriften, also solche, die mit einem eigenen Namen daherkamen und eine gewisse Verbreitung aufwiesen. Etwa die Hälfte davon waren »Einzelgänger«, sie bestanden nur aus einem Schnitt. Die andere Hälfte enthielt mehrere **Schnitte**, neben den normalen, gerade stehenden Formen gab es den üblichen Ausbau der Familien in schräg stehende (kursive), halbfette, fette, breite oder magere Schnitte. Man spricht von sogenannten **Garnituren** und meint damit schon gleich auch die Summe aller Schriftgrade in einem Schnitt. Einige Schriften, also Interpretationen historischer Schriftformen wie Garamond, Baskerville, Caslon, Bodoni oder auch Times tauchen mehrfach auf, sie wurden von unterschiedlichen Gießereien in ihren Programmen geführt.

Der Größenausbau einer Bleischrift konnte im äußersten Fall bis zu 20 Schriftgrade umfassen. Üblich waren jedoch etwa 12 Abstufungen, aber auch darüber verfügten nur gut

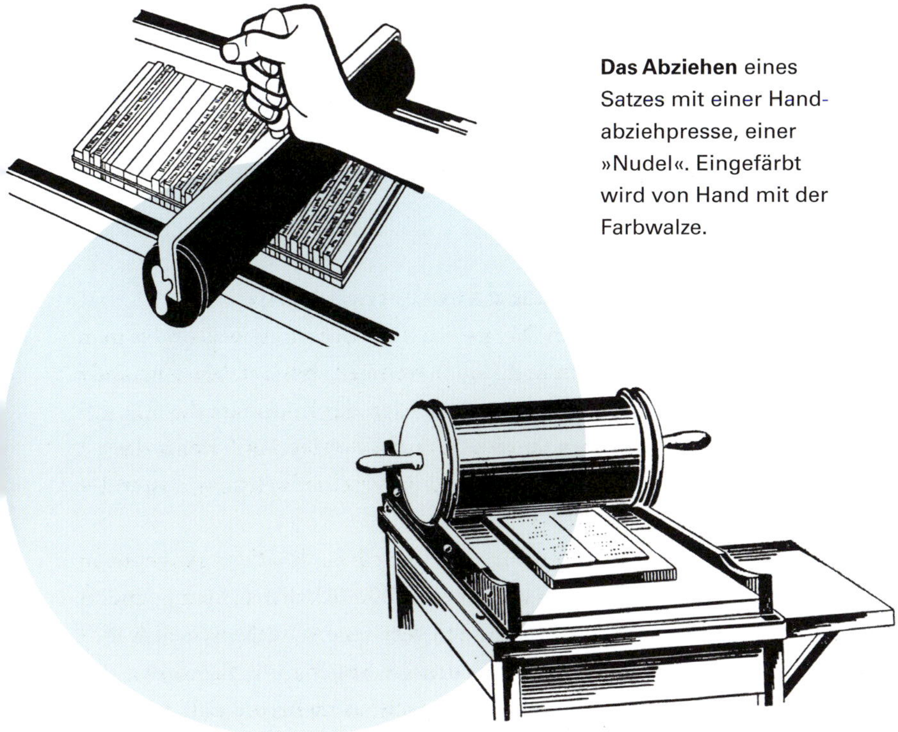

Das Abziehen eines Satzes mit einer Handabziehpresse, einer »Nudel«. Eingefärbt wird von Hand mit der Farbwalze.

ausgestattete Setzereien. Für den vollständigen Zeichensatz einer lateinischen Schrift waren circa 200 Zeichen nötig, festgehalten auf dem sogenannten Gießzettel.

Eine solche Schrift enthielt, neben den Buchstaben Interpunktionen, Ziffern, Ligaturen, Akzentzeichen und vieles mehr. Daneben waren Programme der Gießereien weiter ausgebaut, etwa für Fremdsprachen wie Hebräisch, Kyrillisch oder Griechisch, und sie enthielten eine Vielzahl von Zeichen, Ornamenten, kleinen Standardbildern, also Klischees, und natürlich die Füllstücke des Blindmaterials.

Schriftqualität früher und heute

Eine Bemerkung an dieser Stelle zur Qualität von Bleischriften.

Sie waren individueller geschnitten als heute üblich, für jeden Größenbereich gab es eine angepasste Form. Ein nicht unwesentlicher Punkt, da kleine Schriftgrößen mit anderer Zurichtung, einer größeren Laufweite, gearbeitet sein mussten. Auch die Binnenformen, Punzen genannt, waren offener gehalten, damit sie im Druck nicht mit Farbe zuliefen, außerdem waren kleine Figuren etwas fetter. Das Umgekehrte galt dann für große Grade, sie waren leichter geschnitten und mit

Wissenswert

Kustos, Makulatur, Marginalie, Paginieren, Prime, Sekunde … im Mittelalter und der Frühneuzeit wurden Bücher überwiegend in lateinischer Sprache publiziert. Viele lateinische Fachbegriffe haben sich bis heute erhalten und sind in Verlagen gebräuchlich.

geringerer Laufweite versehen. Heute ist ein Schriftgrad oft nur von einer Designgröße abgeleitet, nur in Ausnahmefällen haben digitale Fonts verschiedene Designs für unterschiedliche Schriftgrade.

Blick in die Geschichte

Die Entstehungszeit der Schriften aus der Endphase des Bleisatzes – also Schriften, die auch heute noch in Werkstätten zu finden sind – ist in rein technischer Hinsicht ganz überwiegend zwischen etwa 1850 und 1950 zu sehen. Schriften, die früher entstanden, sind kaum erhalten.

Interessant ist, wo die Quelle für Schriftentwürfe in stilistischer Hinsicht zu suchen ist, das betrifft natürlich auch schon das Schriftschaffen der Bleiära. Und das mag doch überraschen.

Renaissanceschriften

Serifenschriften, sogenannte Antiquaschriften, gehen zu einem großen Teil auf Renaissanceschriften zurück. Es sind Interpretationen venezianischer Frühdruckformen, Schriften Aldus Manutius' und seiner Zeitgenossen, oder französischer und holländischer Schriftschneider z. B. im Umfeld Claude Garamonds etwa 100 Jahre später. Man kommt also aus heutiger Sicht kaum darum herum, sich etwas genauer mit diesen im 15. und 16. Jahrhundert entstandenen Schriften zu beschäftigen.

Also lehnen wir uns zurück und begeben uns in die Frühgeschichte des Druckens und Schriftschneidens.

Johannes Gutenberg. So könnte er ausgesehen haben, nur gibt es tatsächlich keine Darstellungen zu Lebzeiten von ihm, hier ein Kupferstich von A. Theret, Paris 1584.
Der bedeutendste Mann des zweiten Jahrtausends – als solchen wählten ihn 1998 amerikanische Journalisten – zeigt sich uns aber umso eindrucksvoller in seinen Werken.

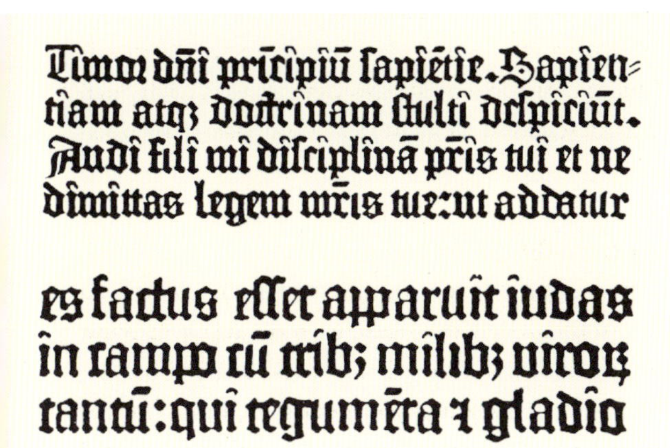

Timor dñi pricipiū sapiētie. Sapien-
tiam atq; doctrinam stulti despiciūt.
Audi fili mi disciplinā pris tui et ne
dimittas legem mris tue: ut addatur

es factus esset apparuit iudas
in campo cū trib; milib; viroꝝ
tantū: qui tegumēta ꝛ gladio

Zwei der Drucktypen Gutenbergs, die Textura der 42-zeiligen Bibel und die der 36-zeiligen Bibel.

Gutenberg

Mit Johannes Gutenberg beginnt bekanntlich um 1450 das typisierte Drucken, also der Übergang von handschriftlicher Reproduktion zu einer seriellen, mithilfe beweglicher Lettern. Schrift »typisiert« sich und ist fortan nicht mehr das Ergebnis eines einzelnen Schreibers, seiner handwerklichen Fertigkeiten und stilistischen Vorlieben. Gutenberg hatte seine Bibeln noch in den Schriften der Gotik gedruckt, ganz im Geist des in Deutschland üblichen Schriftstils. Südlich der Alpen, in Italien, waren dagegen humanistische

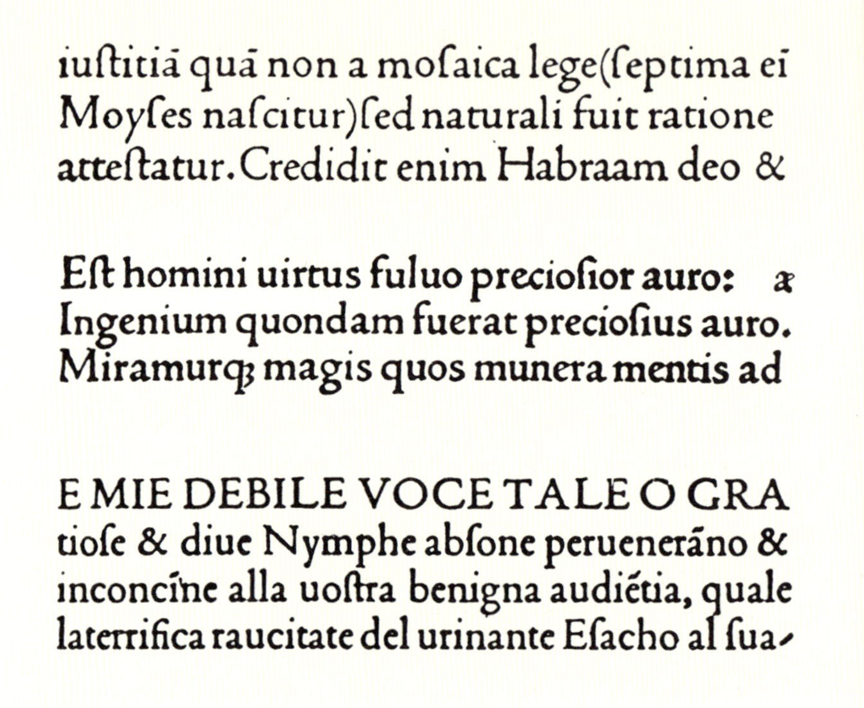

iuſtitiā quā non a moſaica lege(ſeptima eī
Moyſes naſcitur)ſed naturali fuit ratione
atteſtatur. Credidit enim Habraam deo &

Eſt homini uirtus fuluo precioſior auro: æ
Ingenium quondam fuerat precioſius auro.
Miramurq; magis quos munera mentis ad

E MIE DEBILE VOCE TALE O GRA
tioſe & diue Nymphe abſone peruenerāno &
inconcīne alla uoſtra benigna audiētia, quale
laterrifica raucitate del urinante Eſacho al ſua-

Drei Renaissancetypen: die Antiqua von Nicolaus Jenson, Venedig 1470, die Antiqua Erhard Ratdolts, Augsburg 1485, und die Poliphilus-Type des Druckers Aldus Manutius, Venedig 1499.

Schriftformen gängig, man war der römischen Antike und der Renaissance stärker verhaftet. Die sogenannten Humanisten lehnten sich an die Karolingische Minuskel an und schrieben eine Antiqua, die man als »Humanistische Minuskel« bezeichnet. Diese Schrift wurde zum Vorbild der ersten Drucker in Italien, deren Kenntnisse noch zum überwiegenden Teil auf Gutenberg selbst zurückgingen, kamen sie doch fast alle aus Deutschland.

Die Deutschen und die Inkunabeln

Die Jahre nach 1500 werden als Frühdruckzeit bezeichnet, die Druckerzeugnisse ab 1450 Inkunabeln bzw. Wiegendrucke. Und es waren zu Beginn überwiegend Inkunabeldrucker in Deutschland, die das Geschehen zwischen 1440 und 1500 bestimmten. Es waren Johannes Gutenberg (um 1400 – 1468) in Mainz, Peter Schöffer (um 1425/1430 – 1502/1503) in Mainz, Erhard Ratdolt (1447 – 1527/1528) in Augsburg, Albrecht Pfisterer (um 1420 – 1466) in Bamberg, Anton Koburger (um 1440 – 1513) in Nürnberg, Günther Zainer in Augsburg (o. A. – 1478) und Johannes Mentelin (um 1410 – 1478) in Straßburg.

Berufspoesie
Adlatus – Bezeichnung für einen (untergeordneter) Gehilfen, Helfer oder Beistand.

Diese Frühdrucker hatten allesamt noch direkt in der Werkstatt Gutenbergs (später Schöffers) ihr Handwerk erlernt, wanderten dann über Deutschland hinweg durch ganz Mitteleuropa und gründeten dort Druckbetriebe.

Conrad Sweynheym beispielsweise war Schüler Schöffers in Mainz, Arnold Pannartz lernte in der Mainzer Offizin Johann Fusts (um 1400 – 1466) – in der Folge Fust-Schöffer'sche Offizin. Sweynheym und Pannartz folgten nach der Schließung der Fust-Schöffer'schen Offizin 1462 dem Ruf des Kardinals Juan de Torquemada nach Rom und brachten damit die bis dahin geheime »Deutsche Kunst« nach Italien. Beide hatten auch in Mainz Nicolas Jenson (um 1420 – 1480) kennengelernt. Nicolas Jenson begleitete die beiden in den Süden und zog weiter nach Venedig.

In ihrer Offizin in Rom druckten Sweynheym und Pannartz 1467 die erste Ausgabe der berühmten »Epistulae ad familiares« von Marcus Tullius Cicero, einem römischen Dichter, Redner und Staatsmann, in einer der frühesten Antiquaschriften. Sie legten den Grundstein des sogenannten Cicero-Schriftschnitts, weiterentwickelt dann in Venedig

Die wohl früheste Darstellung einer Druckerei/Setzerei. Holzschnitt aus dem »Danse macabre«, Lyon 1499/1500.

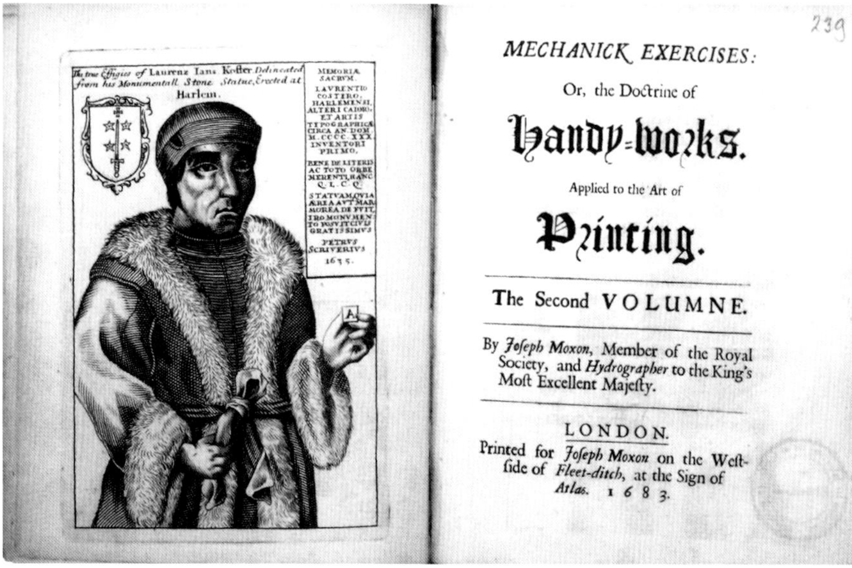

Der Urgroßvater unserer Publikation. Das 1683 in London erschienene Werk von Joseph Moxon gilt als das älteste bekannte Druckerbuch mit Anleitungen zum Schriftguss und Satz.

durch die deutschen Brüder Johannes (o. A.–1469/1470) und Wendelin (o. A. – 1477) von Speyer (ihre ins Italienische abgewandelten Namen waren Giovanni und Vendelino da Spira). Eine bis heute gültige Form der Antiqua schuf letztlich dann der schon erwähnte, ursprünglich aus Frankreich stammende Nicolas Jenson (um 1420–1480) mit seiner sogenannten Venezianischen Renaissance-Antiqua.

So viel also zu den Vorläufern derer, auf deren Schultern wir noch heute stehen. Wenn man heute Romanbestseller im Buchladen zur Hand nimmt, so hat man mit ganz großer Wahrscheinlichkeit eine Renaissance-Antiqua in Händen, 80 % der Textbücher zeigen Interpretationen Jensons, Aldus' oder Garamonds. Ihre Namen finden sich nicht zufällig in den Schriftnamen der Bleischriften in vielfältiger Weise wieder.

Fast alle diese Vorbilder wurden aber erst in den 10er und 20er Jahren des 20. Jahrhunderts wiederentdeckt, nachgeschnitten und im Geist der beginnenden Moderne neu interpretiert.

Barock-Antiqua, klassizistische Schriften, Jugendstil

Eine weitere wichtige Quelle heutiger Schriften sind sogenannte Barock- oder Übergangsantiqua des 18. Jahrhunderts, Formen, die etwa auf John Baskerville oder William Caslon zurückgehen. Auch sie hatten eine große Bedeutung für den Mengensatz. Eine Baskerville- oder Caslon-Interpretationen hatte fast jede Gießerei im Programm.

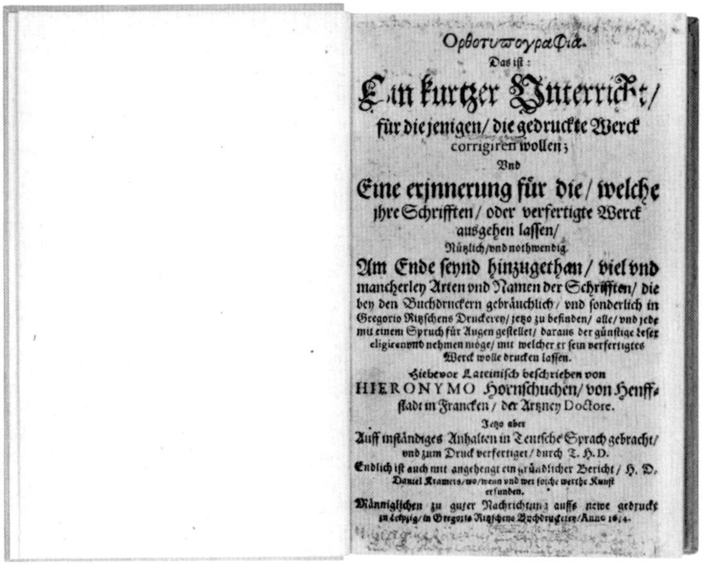

Hieronymus Hornschuch veröffentlichte seine »Orthotypographia« etwas früher als Joseph Moxon. Ein nur 9×15 cm großes Büchlein mit dem Titel »Kurzer Unterricht/fuer diejenigen/die gedruckte Werck corrigiren wollen«, es erschien zuerst 1608 in lateinischer Sprache in Leipzig. Die erste deutsche Ausgabe folgte 1634, ebenfalls in Leipzig.

Etwas später entwickelten sich dann die klassizistischen Formen Giambatista Bodonis, Firmin Didots oder des deutschen Schriftentwerfers Justus Erich Walbaum. Sie eigneten sich weniger gut für Mengensatz, weil sie einen ausgeprägten Fett-fein-Kontrast aufweisen, hatten aber einen enormen Einfluss auf die schon sehr werblich, plakativ gedachten Schriften des 19. Jahrhunderts.

Neben diesen Neuinterpretationen historischer Vorlagen gab es so, je nach Zeitgeschmack, Schriftschöpfungen, die für Akzidenzen, Anzeigen, Plakate und Verpackungsgestaltung Verwendung fanden. Sie sind oft schnell aus der Mode gekommen, blieben aber weiter in den Schriftkästen liegen. Dazu zählen beispielsweise Jugendstilschriften oder später dann die gotisierenden Schriften der 30er und beginnenden 40er Jahre.

Die wichtigsten Schriftschöpfer

Geschichte erzählt sich entlang von Personen, entlang wichtiger Akteure, so ist es auch in der Geschichte des Druckens. Es sind in den Anfängen die frühen Drucker und Schriftschneider, später dann Schriftkünstler, die Marksteine setzten. Fast alle sind uns heute in Schriftnamen geläufig, Neuinterpretationen werden nach ihnen benannt.

In Venedig wirkte **Nicolas Jenson** (1420–1480), er war der wesentlichste Schöpfer der Venezianischen Renaissance-Antiqua. Bis heute inspiriert die Jenson-Antiqua Schriftentwerfer zu zahlreichen Neuinterpretationen und Nachschnitten. Jenson kam im Auftrag des französischen Königs nach Deutschland, um in Mainz bei Johannes Gutenberg die damals brandneue Technik der Setzens und Druckens zu erlernen. Ab 1468 fand man ihn in Venedig, wo er an die 150 Publikationen produzierte, die sich in ganz Europa verbreiteten.

Druckersignets von Aldus Manutius und Nicolas Jenson

Aldus Manutius (1449–1515) war der bekannteste und produktivste venezianische Drucker und Verleger seiner Zeit. Zwischen 1489 und 1597 entstanden in Manutius' Werkstatt fast 900 Bücher. Eine ganz erstaunliche Zahl, wenn man bedenkt, dass vor dem eigentlichen Drucken erst der sehr langwierige Prozess des Schriftschneidens und -gießens zu bewältigen war. Sein Stempelschneider war Francesco Griffo (Francesco da Bologna, 1450–1518). Dieser entwickelte einen Fundus von neun griechischen, vierzehn lateinischen und sogar drei hebräischen Schriften, vor allen Dingen aber die erste italienische kursive Type. Sie wurde in den sogenannten »Aldinen« eingesetzt, für die Zeit ungewöhnlich kleine und handliche Bücher.

Auf **Claude Garamond** (1480–1561) gehen die wohl bis heute am weitesten verbreiteten Textschriften zurück. Er wirkte als Schriftschneider in Paris. Garamond erlernte sein

Handwerk bei Antoine Augereau und war ab 1538 einer der Ersten, der sich ganz der Herstellung von Schriften widmete. Am Ende waren das rund 34 verschiedene, seine Interpretation der Venezianischen Antiqua Francesco Griffos war wohl die folgenreichste.

Mit **William Caslon** (1692 – 1766) beginnt die englische Tradition des Schriftgießergewerbes, er begann seine Produktion in den 1720er Jahren in London. Die Caslon-Antiqua war beeinflusst von holländischen Schriften und ähnelte denen Anton Jansons; beide gehören zum Kern der sogenannten Barock-Antiqua.

Der vielseitig begabte, ebenfalls in England wirkende **John Baskerville** (1706 – 1775) war nicht nur ein meisterhafter Kalligraf, er handelte auch mit japanischen Lackwaren und begründete, bereits sehr wohlhabend, 1750 einen grafischen Betrieb. Sein Ehrgeiz, den gesamten Prozess des Druckens immerwährend zu optimieren, führte sowohl zu ganz eigenen Rezepten für die Herstellung von Papier und Druckerschwärze als auch zu Entwürfen neuer Schriften. Baskervilles Schriften orientieren sich an denjenigen Caslons, sie stellen aber schon den Übergang von Barockschriften zum Klassizismus dar.

Die beiden Engländer
William Caslon und
John Baskerville

Ganz Klassizismus – der Italiener Giambatista Bodoni, der Franzose Firmin Didot und der Deutsche Justus Erich Walbaum.

Giambatista Bodoni (1740 – 1813) entstammte einer großen Druckerfamilie und arbeitete nach seiner Lehre in der größten Druckerei seiner Zeit, der »Tipografia de Congregatio de propaganda fide« des Papstes. 1782 wurde er zum königlich spanischen Kammertypografen ernannt, von 1786 an leitete er dann die herzogliche Druckerei in Parma, gründete 1791 seine eigene Druckerei und schnitt in der Folge selbst Schriften. Bodoni schuf monumentale Werke, die ihm den Beinamen »König unter den Druckern, Drucker der Könige« eintrug. Fünf Jahre nach Bodonis Tod erschien dann das – wahrhaft monumentale – »Manuale Typografico«, eine Schriftprobe mit 373 Schriften, davon 34 griechischen und 48 orientalischen.

Auch **Firmin Didot** (1764 – 1836) entstammte einer Familie, die seit Generationen mit dem Drucken und Verkaufen von Büchern und der Herstellung von Papier ihr Geld verdiente. Die Familie schuf eine der ersten konzernartigen Unternehmungen, um 1800 besaß die Familie Didot u.a. die größte Druckerei und Schriftgießerei Frankreichs. Firmin Didots Augenmerk lag schon früh auf sehr anspruchsvoll gestalteten, opulent ausgestatteten und großformatigen Büchern, seine Schriften folgen dem Stil seiner Zeit, mit Bezügen zu den Schriften Baskervilles.

Im Kontext klassizistischer Schriften ragt aus deutscher Sicht nur die Walbaum Antiqua **Justus Erich Walbaums** (1768 – 1837) heraus, das Schriftgeschehen in Deutschland folgte zu dieser Zeit noch sehr der Tradition Gebrochener Schriften. Walbaums Schriften hatten zu Lebzeiten kaum Erfolg, erst in den 20er Jahren des 20. Jahrhunderts kam es durch die Berthold AG zu einer Wiederbelebung und Verbreitung. In neuerer Zeit wurden seine Schriften dann in vielfältiger Weise interpretiert.

Der sogenannte Jugendstil war eine Kunst- und Designbewegung der 1890er Jahre, die in München erscheinende Zeitschrift »Jugend« gab ihr den Namen. Einer der einflussreichsten Gestalter des Jugendstils war **Otto Eckmann**

(1865–1902) mit der von ihm entworfenen Eckmann-Schrift. Sie erschien 1900 bei Klingspor in Offenbach und stand stellvertretend für diese kurze, aber folgenreiche Stilepoche.

Der Architekt, Maler, Designer und Typograf **Peter Behrens** (1868–1940) war einer der Pioniere, wenn nicht der entscheidende, des modernen Industriedesigns. Seine Arbeiten entfalteten vielfältige Wirkung, für die AEG entwarf er u.a. eine der frühesten Gesamtgestaltungen für ein Unternehmen. Die Behrens-Schrift erschien 1901, ebenfalls bei Klingspor in Offenbach, und sie ist, neben der Eckmann-Schrift, die zweite regelrecht ikonische Jugendstilschrift.

Mit **Emil Rudolf Weiß** (1875–1942) beginnt eine Rückbesinnung auf die Tradition »alter« Schriften, seine Weiß, erschienen 1926 bei Bauer in Frankfurt a.M., ist eine der von Renaissanceschriften inspirierten Antiqua. Weiß schuf aber auch eine der verbreitetsten Frakturen, die Weiß-Fraktur.

Rudolf Koch (1876–1934) gehörte zu den einflussreichsten Schriftentwerfern seiner Zeit. Koch trat 1906 in die Rudhardsche Gießerei (später Gebr. Klingspor) in Offenbach ein und entwarf in der Folge bekannte Schriften wie die Kabel, aber auch eine Reihe Gebrochener Schriften, Frakturen und gotisierender Schriften, oft als »Schaftstiefelgrotesk« bezeichnet (mehr zu diesem Thema im Exkurs am Ende dieses Kapitels).

Im gleichen Jahr wie Rudolf Koch wurde **Walter Tiemann** (1876–1951) geboren, er war vor allem für die Buchgestaltung der Zeit zwischen den Kriegen bedeutsam. Ab 1905 entwarf er für die Schriftgießerei Gebr. Klingspor eine Reihe bedeutender Schriften, die seinen Namen trugen. Darunter die Tiemann-Mediäval, die Tiemann-Fraktur, die Tiemann-Gotisch oder die Tiemann-Antiqua. 1907 gründete er die Janus-Presse, die erste deutsche Privatpresse der Buchkunstbewegung.

Mit seiner 1927 bei der Bauerschen Gießerei in Frankfurt a.M. erschienenen Schrift Futura, »Die Schrift unserer Zeit«, machte **Paul Renner** (1878–1956) sich unsterblich.

Behrens-Schrift – noch ganz im Geist des Jugendstils entworfen.

Denn sie gehört seit ihrem Erscheinen zu den weltweit verbreitetsten Schriften überhaupt und ist Vorbild für eine Fülle von Nachahmungen und Interpretationen. Renner war Gestalter, Lehrer und Autor, sein Lehrbuch »Die Kunst der Typografie« gehört noch heute zu den grundlegenden Büchern typografischen Gestaltens.

In einem Atemzug mit der Futura Paul Renners ist neben der Kabel von Rudolf Koch die Gill von **Eric Gill** (1882 – 1940) zu nennen. Denn diese drei Schriften, allesamt fast zeitgleich erschienen, bilden die Eckpunkte serifenloser Neuinterpretationen der Zeit, vieles orientierte sich in der Folge an ihnen. Eric Gill war Schüler von Edward Johnston, dem Schöpfer der Schrift der Londoner Underground, die Gill ist ganz in diesem Stil entworfen. Weitere Schriften von Eric Gill sind die Perpetua und die Joanna, sie fanden ihren Weg aber leider nie in deutsche Schriftkästen.

Futura von Paul Renner, die Schrift wohl für alle Zeiten, denn sie gehört auch hundert Jahre nach ihrer Veröffentlichung zu den weltweit verbreitetsten.

F. H. Ernst Schneidler (1882 – 1956) war Schüler von Peter Behrens und ausgewiesener Schreibmeister. Zeit seines Lebens war er Lehrer für Schrift und 30 Jahre Leiter der Kunstgewerbeschule in Stuttgart. Einige der wichtigsten Schriften der Zwischenkriegszeit tragen seine Handschrift. Etwa die Legende, die Zentenar-Fraktur, die Schneidler-Mediaeval oder die Stempel-Schneidler. Einer der Schüler F. H. Schneidlers war **Georg Trump** (1896 – 1985), Künstler und Schriftentwerfer, der unter der Leitung Paul Renners an der Meisterschule für Deutschlands Buchdrucker unterrichtete und Renner als Schulleiter schließlich nachfolgte.

Konrad Friedrich Bauer (1903 – 1970) war zwar nicht mit dem Gründer verwandt, trug jedoch von 1948 bis 1968 maßgeblich zum Erfolg der Bauerschen Gießerei bei. Eine Reihe bedeutender Schriften gehen auf diese Phase zurück: die Folio, die Imprimatur, die Volta oder die Impressum.

Hermann Zapf (1918 – 2015) und **Gudrun Zapf-von Hesse** (1918 – 2019) kann man nur in einem Atemzug nennen, denn sie sind wohl mit Sicherheit das erstaunlichste und wirkmächtigste »Schriftenentwerfer-Paar« – vielleicht aller Zeiten. Hermann Zapf wurde fast 100 Jahre alt und durchschritt praktisch alle Verfahren des Schriftentwurfs, vom Schriftschneiden bis zum digitalen Schriftentwurf. Als künstlerischer Leiter der D. Stempel AG entwarf er eine Reihe bedeutender Schriften für den Bleisatz, wie die Aldus, die Melior, die Optima oder die Palatino. Gudrun Zapf-von Hesse überlebte ihren Mann um wenige Jahre, sie wurde über 100 Jahre alt. Ihre wohl erfolgreichste Schrift Diotima verwenden u. a. der Autohersteller Opel und der Hersteller von Schreibwerkzeugen Faber-Castell.

Die Bauersche Gießerei, ein Frankfurter Urgestein, erlebte bis in die 50er Jahren eine Hochphase. Ihr damaliger künstlerischer Leiter **Albert Kapr** (1918 – 1995) war ebenfalls ein Vertreter der Stuttgarter Schule, er studierte von 1945 bis 1948 an der Akademie der bildenden Künste bei F. H. Ernst Schneidler. 1948 ging Kapr nach Weimar an die Hochschule für Architektur und bildende Kunst und wurde Professor für Schrift- und Buchgestaltung an der Hochschule für Grafik und Buchkunst Leipzig, später deren Rektor. Neben seinen Schriftentwürfen, der Leipziger Antiqua oder der Neutra, sind vor allem seine herausragenden Buchpublikationen zur Buchgestaltung und Schriftgeschichte zu nennen.

Es gibt nur wenige Schriftentwerfer, die das 20. Jahrhundert fast vollständig überspannten und damit den Umbruch vom Blei- zum Fotosatz und später zum digitalen Schriftentwurf maßgeblich mitbestimmten.

Adrian Frutiger (1928 – 2015) ist einer von ihnen (zu nennen wären noch der Brite Mathew Carter oder der bereits erwähnte Hermann Zapf). Adrian Frutiger wandte sich nach der Ausbildung zum Schriftsetzer früh dem Schriftentwurf zu und zählt ohne Zweifel zu den wichtigsten Schriftgestaltern des 20. Jahrhunderts. Seine Méridien und die Univers waren die ersten sowohl für den Blei- als auch für den Fotosatz entworfenen Schriften, und gerade die Univers ist – neben der Futura Paul Renners – eine der bis heute weltweit verbreitetsten Schriften.

Univers, in der berühmten Systemdarstellung der unterschiedlichen Schnitte auf einen Blick.

Die DIN-Klassifikation

Um einen Überblick über das Schriftgeschehen zu erhalten, bedient man sich sogenannter Schriftklassifikationen. Heute angesichts der enormen Vielfalt von Fonts eher seltener, aber zu Zeiten des Bleisatzes war die »Klassifikation der Schriften« in der DIN 16518 eine Art »Bibel« der Setzer. Jeder Lehrling wurde darauf geprüft. Alle Schriften waren in insgesamt 10 Gruppen relativ erschöpfend systematisiert.

Die nachfolgenden Beispiele sind Reproduktionen von Bleiproben, keine digitalen Fonts. Das ist wichtig zu betonen, weil »heutige« digitale Schriften gleichen Namens zwar denselben Ursprung haben, sich aber zum Teil erheblich von ihren Bleioriginalen unterscheiden. Im Übergang von einer Technologie in eine neue (Bleisatz-Fotosatz, Fotosatz-Lasersatz usw.) kommt es zu Interpretationen der Vorlagen. Das (namentlich) »Gleiche« ist nicht das »dasselbe«.

Gruppe 1
Venezianische Renaissance-Antiqua

Beispiel:
Trajanus
Warren Chappel, 1939; D. Stempel AG.
Vorbild für diese Schrift ist die in Stein gemeißelte Inschrift der Trajanssäule in Rom.
Merkmale:
Wechselzug fett-fein; schräge Anstriche; schräge Achsen bei den Rundformen; dynamische Formen; Kleinbuchstaben mit höheren Oberlängen als die Versalbuchstaben.

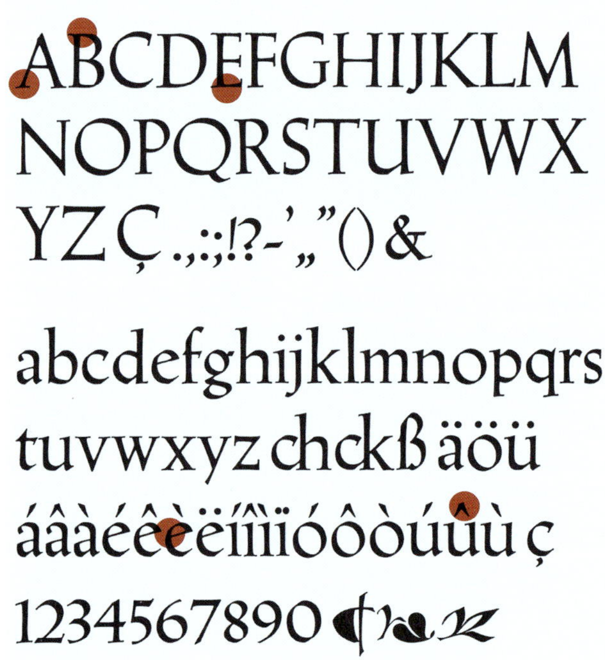

Gruppe 2
Französische Renaissance-Antiqua

Beispiel:
Sabon-Antiqua
Jan Tschichold, 1966; D. Stempel AG. Tschicholds Interpretation einer Garamond.
Merkmale:
Gerundete Serifen; schräge Anstellung der Rundformen; kräftigere Striche als in Gruppe 1; waagerechter Querstrich beim Minuskel-e.

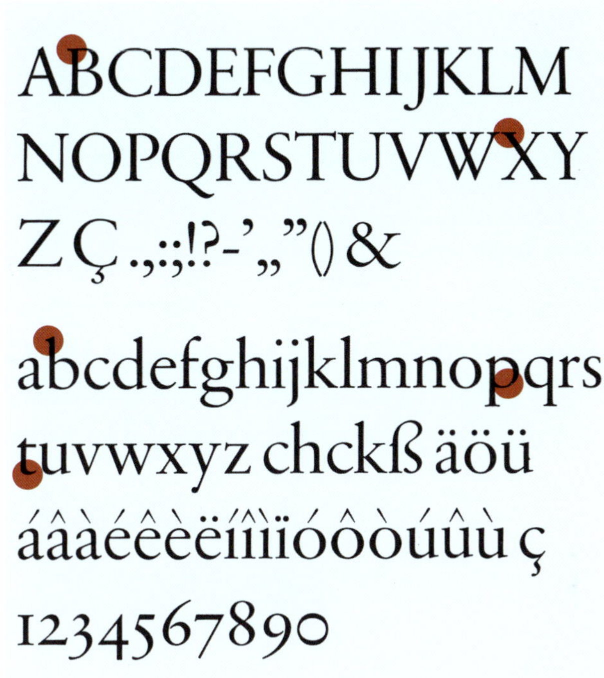

Gruppe 3
Barock-Antiqua

Beispiel:
Janson-Antiqua
D. Stempel AG. Geschnitten von Miklós Kis im 17. Jahrhundert, Neuschnitt 1937 durch Chauncey H. Griffith.
Merkmale:
Stark gerundete, kräftige, aber fein endende Serifen; senkrechte Achse in den Rundungen; feine Haarstriche; hoher Kontrast zwischen den Strichen.

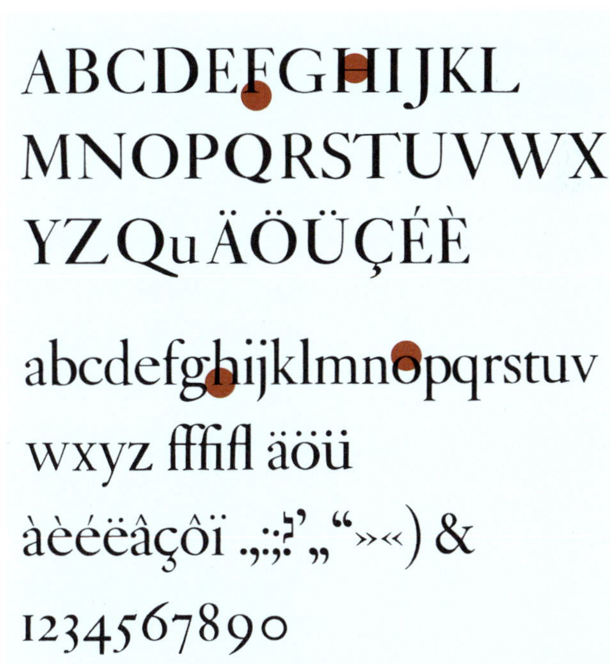

Gruppe 4
Klassizistische Antiqua

Beispiel:
Walbaum-Antiqua
Justus Erich Walbaum, 1800; H. Berthold AG.
Merkmale:
Eine klassische Type, kräftige Grundstriche, feine Haarstriche, ausgeprägter Strichstärkenkontrast.

ABCDEFGHIJK
LMNOPQRSTUV
WXYZ Ç &

abcdefghijklmn
opqrsßtuvwxyz äöü
àâéèêëïôç .,;:-'!?)
1234567890

Gruppe 5
Serifenbetonte Linear-Antiqua

Beispiel:
Clarendon
Hermann Eidenbenz, 1953; D. Stempel AG. Der Ursprung der Clarendon geht bereits auf das Jahr 1834 zurück.
Merkmale:
Kombination einer Antiqua mit Egyptienne-Formen, gleichmäßigen Strickstärken und eckig angesetzten Serifen.

ABCDEFGHIJ
KLMNOPQRS
TUVWXYZÇ

abcdefghijklm
nopqrstuvwxy
z chckß äöü
áâàéêèëíîìïóôò
úûù ç .,:;!?-' „"() &
1234567890

Gruppe 6
Serifenlose Linear-Antiqua

Beispiel:
Folio
Konrad F. Bauer, Walter Baum, 1957; Bauersche Gießerei.
Die Folio war als Handsatzschrift und für Zeilenguss-Maschinensatz (Intertype) lieferbar.
Merkmale:
Konstruktive lineare Basis, die horizontalen Striche sind dünner als die vertikalen, leichter Duktus und Ausprägung der Rundungen an den Bogeneinläufen.

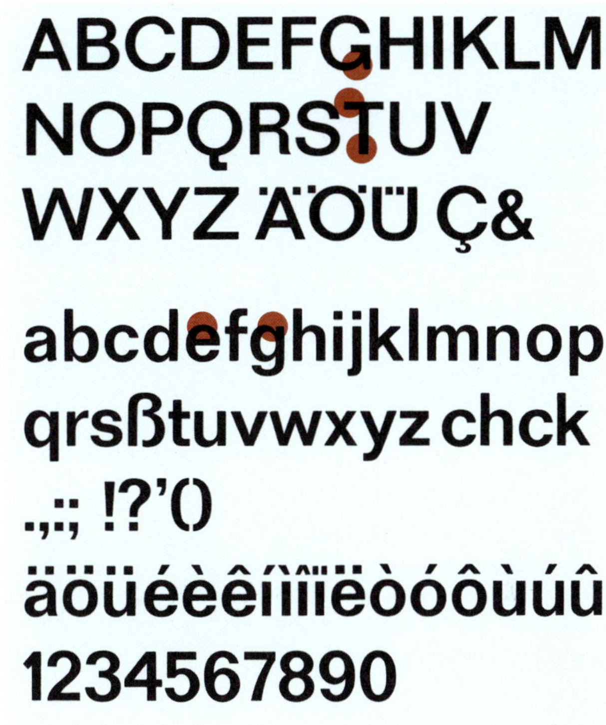

Gruppe 7
Antiqua-Varianten

Beispiele:
Neuland
Rudolf Koch, 1923; D. Stempel AG.
Kompakt
Hermann Zapf, 1954; D. Stempel AG.
Merkmale:
Die Schriftgruppe ist ein Sammelbecken von Formen, die nicht eindeutig zuzuordnen sind. Sie enthält Schriften, die zeichnerisch abgeschliffen sind, einen gegenläufigen Wechselzug aufweisen, konturiert sind etc.

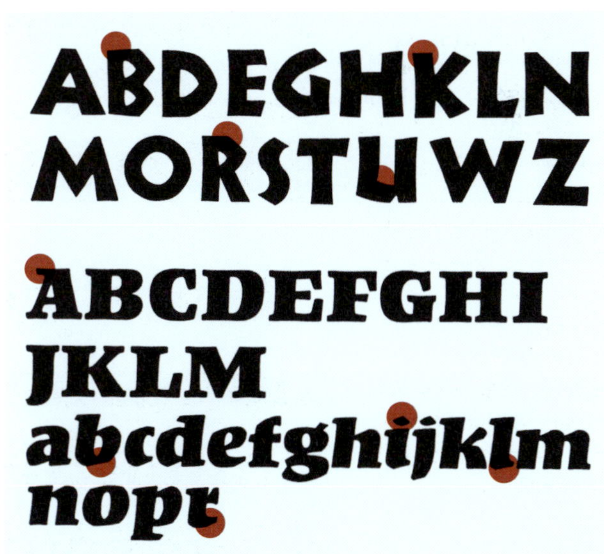

Gruppe 8
Schreibschriften

Beispiele:
Künstlerschreibschrift
Hausschnitt, 1903;
D. Stempel AG
Legende
F. H. Schneidler, 1937;
Bauersche Gießerei.
Maxim
Peter Schneidler, 1956;
Bauersche Gießerei.
Merkmale:
Schreibschriften sind durch die Werkzeuge charakterisiert: Spitzfeder, Breitfeder, Flach- oder Rundpinsel. Buchstaben sind durch Anschlüsse verbunden, Großbuchstaben oft ausladend verziert.

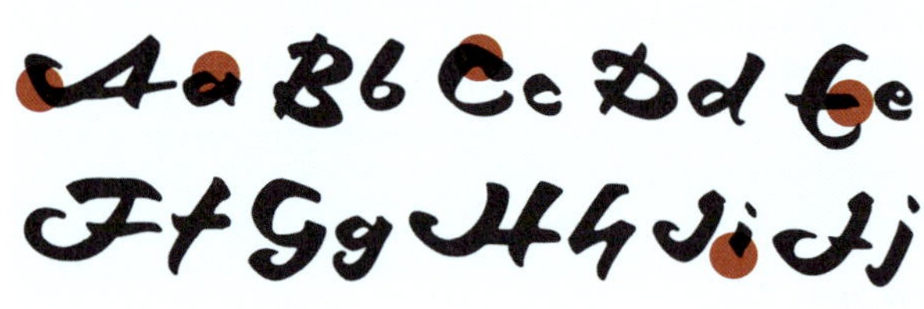

Gruppe 9
Handschriftliche Antiqua

Beispiele:
Time Script
Georg Trump, 1956;
D. Stempel AG.
Codex
Georg Trump, 1954;
D. Stempel AG.
Post-Antiqua
Herbert Post, 1939;
H. Berthold AG.
Merkmale:
Auch hier ist das Werkzeug formgebend, es kommen überwiegend Breitfeder (Wechselzug) oder Redisfeder (Schnurzug) zum Einsatz.

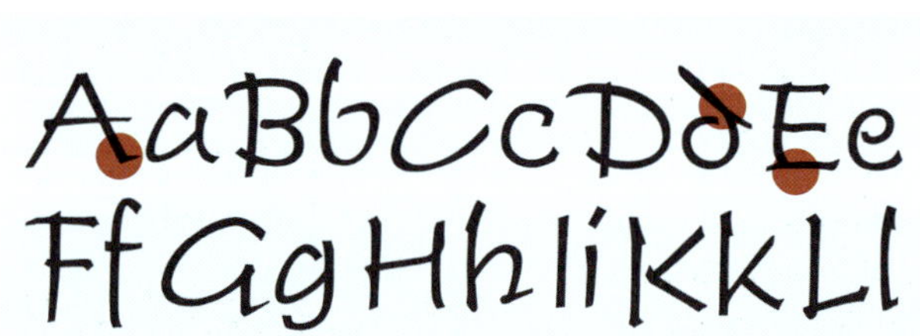

Gruppe 10 a
Gotisch

Beispiel:
Caslon-Gotisch
Hausschnitt, 1903;
D. Stempel AG.
Gotische Schriften, auch Textura genannt, gehen auf das 11. Jahrhundert zurück.
Merkmale:
Sie zeigen ein enges und dunkles Schriftbild, wirken starr und sehr dicht. Typisch sind die Brechungen anstelle der Rundungen.

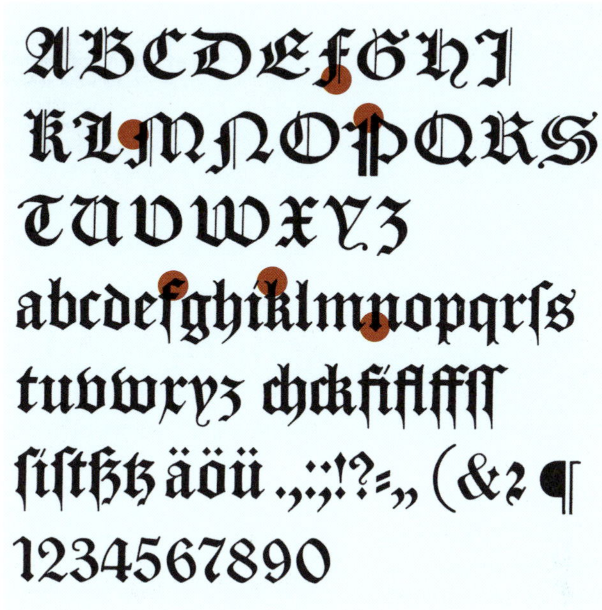

Gruppe 10 b
Rundgotisch

Beispiel:
Weiß-Rundgotisch
Emil Rudolf Weiß, 1936;
Bauersche Gießerei.
Merkmale:
Rundgotische Schriften sind Zwitter zwischen Antiqua und gotischen Schriften, sie entstanden im 15. Jahrhundert, zeigen wenig Verzierungen und sind besser lesbar als gotische Schriften. Die Formen sind teils rund, teils gebrochen.

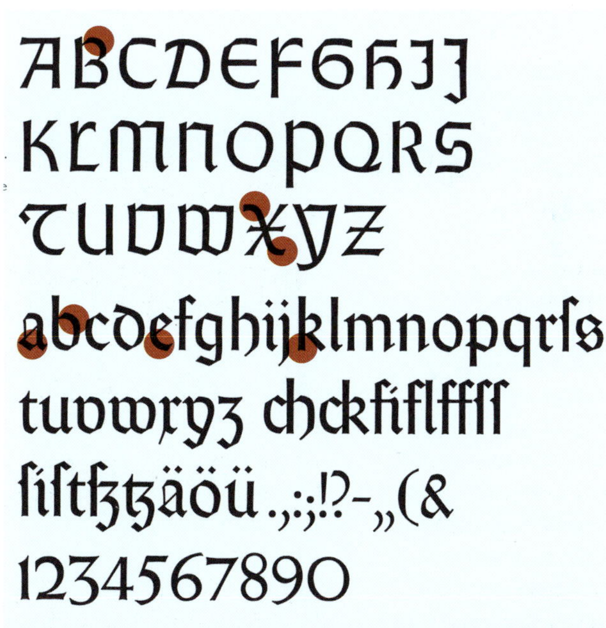

Gruppe 10c
Schwabacher

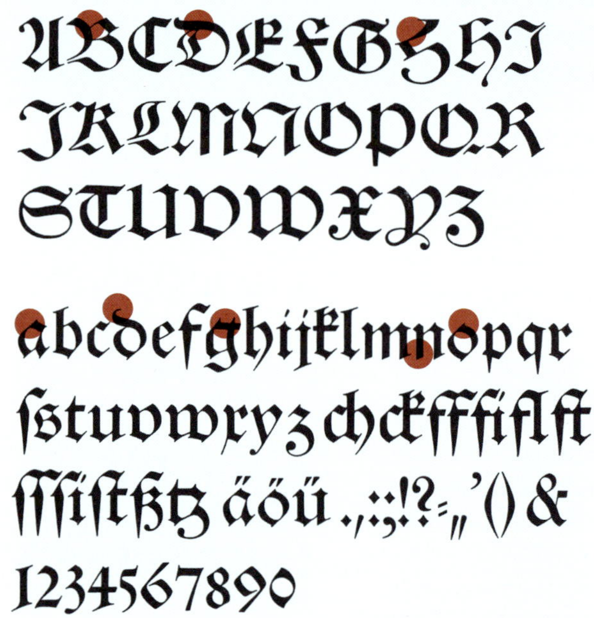

Beispiel:
Renata
Hausschnitt 1914;
Schriftgießerei Flinsch
Frankfurt a. M.
Merkmale:
Die Schwabacher hat ihre Vorbilder noch teilweise in Renaissanceformen, ist schwungvoller, dynamischer als die gotischen Schriften, mit breiteren, ausladenden Versalbuchstaben. Diese Formen waren nur in Deutschland verbreitet.

Gruppe 10 d
Fraktur

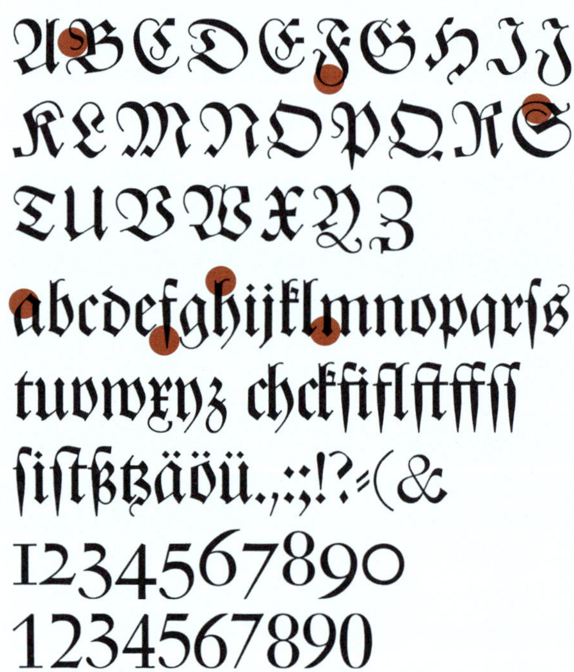

Beispiel:
Zentenar-Fraktur
F. H. Schneidler, 1937;
Bauersche Gießerei.
Merkmale:
Die Bezeichnung Fraktur wurde lange als Sammelbegriff für Gebrochene Schriften verwandt, bezeichnet aber eine sehr spezifische Form derselben. In der Renaissance entstanden, war sie im deutschsprachigen Raum noch bis in die 40er Jahre des 20. Jahrhunderts die verbreitetste Textschrift.

Gruppe 10 e
Fraktur-Varianten

Beispiele:
Claudius
Rudolf Koch, 1937;
D. Stempel AG.
Koch-Schrift
Rudolf Koch, 1910;
Gebr. Klingspor.
Rhapsodie
Ilse Schüle, 1951;
Ludwig & Mayer.
Merkmale:
Fraktur-Varianten, gebrochene Formen, die nicht den vier Gruppen Gotisch, Rundgotisch, Schwabacher und Fraktur zugehören.

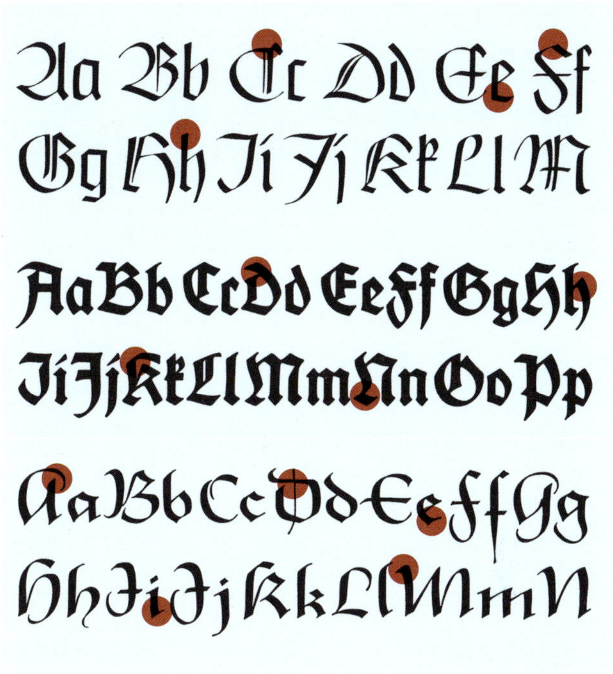

Schriftinterpretationen

In den in unserem Buch gezeigten Schriftbeispielen nennen wir immer auch die Schriftgießerei. Das mag euch überflüssig erscheinen, die Information ist aber wichtig. Denn tatsächlich gab es – auch schon im Blei – nicht nur eine Garamond, eine Caslon oder eine Bodoni, sondern es existierten mehrere Interpretationen derselben Vorbilder, oft unter gleichem Namen. Anhand eines Beispiels lässt sich das zeigen.

Die Baskerville, entstanden Mitte des 18. Jahrhunderts, gehörte in der Folge (und bis heute) zu den meistverwendeten Fließtextschriften – viele Schriftanbieter hatten und haben sie im Angebot. Bei Stephenson Blake kam 1906 die bereits 1764 von Isaac Moore geschnittene Schrift erneut heraus. Die D. Stempel AG folgte 1925 mit der Original-Baskerville, die Linotype-Version erschien 1923, eine Intertype-Version 1931 und die Monotype-Baskerville 1923, bis zu den heute erhältlichen ca. 30 digitalen Baskerville-Versionen.

Wenn ihr also einen Kasten Baskerville ersteht, dann wird die erste Frage immer sein, von welcher Gießerei diese Schrift wohl stammte, den sie ist nicht einfach mischbar mit einem Kasten Baskerville einer anderen Gießerei.

Wissenswert

In die Sammelklasse der DIN 16518, Gruppe XI: »Fremde Schriften« werden alle Schriften eingeordnet, die nicht die lateinischen Zeichen verwenden. Dazu gehören z. B. griechische, keltische, kyrillische, hebräische, arabische, indische, südost-asiatische, chinesische und japanische Schriftsysteme.

Wissenswert

Viele Bleischriften gibt es heute auch in digitalen Versionen. Aber Vorsicht, sie sind nicht identisch mit ihren Bleivorgängern, wenn auch namentlich gleich. Wir zeigen daher in diesem Buch nur Reproduktionen der ursprünglichen Formen.

Bleisatzschriften – eine Auswahl

Um ein Gefühl dafür zu bekommen, mit welchen Schriften ihr es zu tun habt, wenn ihr ein oder mehrere Regale »erbt«, zeigen wir auf den folgenden Seiten typische Vertreter. Vielleicht gehört ihr ja zu den Glücklichen, die ein paar dieser Klassiker des Bleisatzes ihr Eigen nennen können.

Gruppe 1 + 2: Renaissance-Antiqua

Schrift	Beispiel
Schneidler-Mediäval *Bauersche Gießerei*	Der Graf von Luxemburg
Garamond mager *D. Stempel*	Die Entstehung der Schrift
Palatino mager *D. Stempel*	Neuheiten im Autobau
Post-Mediäval *H. Berthold AG*	Berlins neues Opernhaus
Trump-Mediäval *C. E. Weber*	Französisches Theater
Tschörtner-Antiqua *Typoart*	Kupferstiche und Gemälde
Leipziger Antiqua *Typoart*	Leipziger Herbstmesse
Weiß-Antiqua *Bauersche Gießerei*	Georg Friedrich Händel
Genzsch-Antiqua *Genzsch & Heyse*	Geschichte Dichtkunst

Schriftmuster	Schrift
Urlaub an der Ostsee	*Diotima mager* *D. Stempel*
Automobil-Industrie	*Diethelm-Antiqua* *D. Stempel*
Industrie und Handel	*Caslon-Antiqua* *D. Stempel*
Steinkohlenschacht	*Baskerville-Antiqua* *Bauersche Gießerei*
Aula der Hochschule	*Dominate mager* *Ludwig & Mayer*
Stierkampf in Barcelona	*Imprimatur mager* *Bauersche Gießerei*
Tilman Riemenschneider	*Original Janson-Antiqua* *D. Stempel*
Altenburger Spielkarten	*Sorbonne* *H. Berthold*
Musik für junge Leute	*Times normal* *Johannes Wagner*

Wissenswert

Schriften der Monotype haben alle eine Nummer. So ist die Garamond beispielsweise die 156, die Garamond Bold hat die Nummer 201. Da zudem die Schriftgröße und der Kegel nicht immer identisch sind, findet man dann manchmal nur mit Ziffern beschriftete Kästen.

Bodoni-Antiqua *Bauersche Gießerei*	Handbuch der Chemie
Didot-Antiqua *D. Stempel*	Sieh die große Welt
Corvinus mager *Bauersche Gießerei*	Eindrucksvolle Städtebilder
Augustea *H. Berthold*	Alte Schriftdenkmäler
Madison-Antiqua mager *D. Stempel*	Industrie im Aufbau
Pergamon halbfett *Typoart*	Letterpress Printing
Normande *H. Berthold*	Wetterbericht
Fette Antiqua *Bauersche Gießerei*	Wiener Musik

Internationale Buchmesse	*Beton mager* *Bauersche Gießerei*
Zeichen unserer Zeit	*Candida mager* *Ludwig & Mayer*
Weltausstellung	*Volta mager* *Bauersche Gießerei*
Arbeitsleistungen	*Impressum mager* *Bauersche Gießerei*
Wasserkraftwerk	*Clarendon mager* *D. Stempel*
Achtzylindermotor	*Memphis mager* *D. Stempel*
Staatsoper München	*Shadow-Antiqua mager* *C. E. Weber*
Oster-Turnier in Berlin	*Tempo* *Ludwig & Mayer*
Elektronische Meßgeräte	*Technotype fett* *Typoart*
LUDMILLA ansprechen	*Rockwell fett* *Monotype*
Hoch- und Fachschulen	*Neutra* *Typoart*
Pokalspiel im Stadion	*Welt-Antiqua leicht* *Ludwig & Mayer*
Kleinschreibmaschine	*Schreibmaschinen-Schrift* *Typoart*

Schrift	Muster
Akzidenz-Grotesk *H. Berthold*	Tiefdruckmaschinen
Erbar kräftig *Ludwig & Mayer*	Shakespeare und Shaw
Futura Buchschrift *Bauersche Gießerei*	Homburger Kurhaus
Super-Grotesk mager *Schriftguß*	Berliner Philharmonie
Venus mager *Bauersche Gießerei*	Symphonische Werke
Berthold-Grotesk *H. Berthold*	Industrieanlagen im Bau
Gill mager *Johannes Wagner*	Autorennen auf der Avus
Aurora halbfett *C. E. Weber*	Walchenseekraftwerk
Helvetica mager *D. Stempel*	Polizeifunkzentralen
Maxima halbfett *Typoart*	Schriftvorlagen und der
Folio-Grotesk Buch *Bauersche Gießerei*	Lüneburger Heide
Univers halbfett *Deberny & Peignot*	Pentiel tentiel
Block *H. Berthold*	Einbau-Heizung

MODEHAUS SCHWIND — *Forum I*, *C. E. Weber*

STAHLAUSFÜHRUNG — *Futura licht*, *Bauersche Gießerei*

SCHULE FÜR GRAFIKER — *Kristall-Grotesk licht*, *Johannes Wagner*

TOUROPA-REISE — *Neon*, *C. E. Weber*

LUFTHOHEIT — *Verdi*, *H. Berthold*

FOTOGRAF — *Profil*, *D. Stempel*

Griechische Tempel — *Futura Black*, *Bauersche Gießerei*

Primaner — *Primus*, *H. Berthold*

Allgemeiner Deutscher Automobil-Club ADAC — *Herold schmal*, *H. Berthold*

MUSIKINSTRUMENT — *Weiß-Lapidar mager*, *Bauersche Gießerei*

KUNSTEINBAND — *Noblesse*, *Bauersche Gießerei*

Schrift / Gießerei	Muster
Bernhard Schönschrift *Bauersche Gießerei*	Landesmuseum Oldenburg
Künstler-Schreibschrift *D. Stempel*	Sommer-Modenschau
Primadonna *Ludwig & Mayer*	Olympische Kämpfe
Forelle *Johannes Wagner*	Bundesgartenschau Hamburg
Charme *Ludwig & Mayer*	Bausparverträge
Legende *Bauersche Gießerei*	Gemäldeausstellung in Kairo
Mistral *Fonderie Olive*	Emmerich und Breslau
Salto *D. Stempel*	Märchen und Abenteuer
Signal *H. Berthold*	Romane Spannung
Bison *Johannes Wagner*	Camping-Ausrüstung
Reporter *Johannes Wagner*	Quer durch Asien
Stentor *Typoart*	Magazin für die Jugend
Reiner Black *H. Berthold*	Neue Kühlgebläse

Winterurlauber — *Stop, Ludwig & Mayer*

Verein für Sport und Spiele — *Hobby, H. Berthold*

Kanarische Inseln — *Time-Script fett, C. E. Weber*

Kunstakademie München — *Delphine I, C. E. Weber*

Märchen von Andersen — *Post-Antiqua, H. Berthold*

Die große Tageszeitung — *Pracht-Antiqua mager, Johannes Wagner*

Eine Reise nach Japan — *Hiero-Rhode-Antiqua, Johannes Wagner*

Wissenswert

Im Blei wurden Schriftgrade nicht einfach vergrößert und verkleinert. Für gängige Größen wurde der jeweilige Entwurf immer wieder neu angepasst. Teilweise gibt es so in einzelnen Buchstaben Unterschiede in einer Schrift. Eine Schriftbestimmung anhand einer Schriftprobe sollte daher möglichst in der jeweils passenden Schriftgröße stattfinden.

Schrift	Schriftprobe
Manuskript-Gotisch *Bauersche Gießerei*	Völkertums-Muſeum
Weiß-Gotisch *Bauersche Gießerei*	Romane und Erzählungen
Fette Gotisch *D. Stempel*	Dichtkunſt im Mittelalter
Claudius *D. Stempel*	Winterſport in Bayern
Jessen-Schrift *D. Stempel*	Heſſiſche Landesbühne
Hölderlin *Ludwig & Mayer*	Feuerbachs Radierungen
Weiß-Rundgotisch *Bauersche Gießerei*	Das illuſtrierte Fachbuch
Alte Schwabacher *Benjamin Krebs Nachf.*	Weisheit iſt Wahrheit
Fette Fraktur *C. E. Weber*	Plaſtiken alter Meiſter
Wilhelm-Klingspor-Schrift *Bauersche Gießerei*	Radierungen von Feuerbach
Zentenar-Fraktur *Bauersche Gießerei*	Straßenverkehrsordnung
Post-Fraktur *H. Berhold*	Neue Rheiniſche Winzerſtuben
Unger-Fraktur *H. Berthold*	Purpurne Margareten
Rhapsodie *Ludwig & Mayer*	Geſchichte des Holzſchneiders

Schriftgießereien

In den Anfängen des Druckens seit Gutenberg lag die Produktion von Schriften, der Druck und die weitere Verarbeitung sowie der Verkauf noch in einer Hand, besser gesagt in den Händen der Mitarbeiter einer Offizin. Schriftgießereien als eigenständige Unternehmung wuchsen erst in der Folge aus den Druckereien heraus; das begann im 17. Jahrhundert und vollendete sich mit der Industrialisierung des frühen 19. Jahrhunderts. Die wichtigsten, zum Teil auch heute noch aktiven Schriftenhersteller haben in dieser Zeit ihren Ursprung.

Eine der bedeutendsten war die **Bauersche Gießerei** in Frankfurt a.M. 1837 gegründet, beschäftigte die Gießerei zeitweise bis zu 500 Mitarbeiter. Langjährige Leiter waren Heinrich Jost und Konrad Friedrich Bauer. 1972 wurden die Aktivitäten am Stammsitz Frankfurt eingestellt und auf die ehemalige Tochtergesellschaft Fundición Tipográfica Neufville in Barcelona übertragen. *Bekannte Schriften: Bernhard-Antiqua, Bauer Bodoni, Beton, Candida, Folio, Volta, Futura, Weiß, Schneidler.*

Die **H. Berthold AG,** Berlin und Stuttgart, wurde 1858 von Hermann Berthold als »Institut für Galvanotypie« gegründet. 1896 in eine Aktiengesellschaft umgewandelt, war sie in den 1920er Jahren die weltweit größte Schriftgießerei. Die H.Berthold AG produzierte später auch Geräte und Systeme für den Fotosatz, Kernbestandteil des Unternehmens blieb aber stets die Schriftenproduktion. 1993 musste Berthold Konkurs anmelden und wurde liquidiert. *Bekannte Schriften: Akzidenz Grotesk, City, Berthold Bodoni, Berthold Baskerville, Berthold Garamond, Arena, Imago.*

Die Schriftgießerei **Gebr. Klingspor** in Offenbach am Main gehörte neben der H.Berthold AG, der Bauerschen Gießerei und der D.Stempel AG zu den bedeutendsten deutschen Schriftenherstellern des 20. Jahrhunderts. 1907 war sie als eines von zwölf Unternehmen an der Gründung des Deutschen Werkbunds beteiligt. Bedeutende Schriftkünstler und Gestalter wie Peter Behrens, Otto Eckmann, Otto Hupp, Rudolf Koch, Gerhard Munthe und Walter Tiemann entwarfen Schriften für Klingspor. *Bekannte Schriften: Eckmann, Behrens-Schrift, Kabel, Koch Antiqua, Neuland.*

Wichtig auch für den deutschen Markt war die französische Schriftgießerei **Deberny & Peignot** mit Sitz in Paris. Sie wurde 1923 durch den Zusammenschluss der beiden Firmen G. Peignot & Fils und Deberny & Cie gegründet. 1924 begann die Zusammenarbeit mit Maximilien Vox, die acht Jahre währte. Vox war vor allem durch seine Schriftklassifikation bekannt, die neben der deutschen DIN-Klassifikation in den 1950er Jahren in Frankreich und England zum Standard wurde.

Ab 1925 wurden die Schriften von Deberny & Peignot in den USA von der Continental Type Founders Association vertrieben. Adrian Frutiger war von 1952 bis 1960 bei Deberny & Peignot als Schriftgestalter tätig und entwarf in dieser Zeit bedeutende Schriften. 1972 liquidiert, übernahm die Schweizer Haas'sche Schriftgießerei in Münchenstein die Schriftlizenzen. *Bekannte Schriften: Grasset, Auriol, Bifur, Cochin, Peignot, Ondine, Méridien, Univers.*

Genzsch & Heyse wurde 1833 unter dem Namen »Schriftschneiderei, Schrift und Stereotypengießerei« von Johann August Genzsch gegründet. Das Hamburger Unternehmen war nicht nur in Deutschland sehr erfolgreich, sondern auch in Skandinavien und Übersee.

Genzsch & Heyse war darüber hinaus ganz maßgeblich an der Entwicklung einer einheitlichen Schriftlinie in Deutschland beteiligt. *Bekannte Schriften: Genzsch-Antiqua, Olympia, Semper Antiqua, Fox, Hobby.*

Die **Haas'sche Schriftgießerei** war die bedeutendste Schweizer Schriftgießerei, ansässig in Basel und Münchenstein. Zu den erfolgreichsten Schriften der Gießerei zählt zweifellos die 1956 als Neue Haas Grotesk veröffentlichte Helvetica. *Bekannte Schriften: Helvetica, Diethelm-Antiqua, Clarendon.*

Ein Gießsaal
Hier wurden früher in Akkordarbeit Lettern gegossen.

Gegründet 1837, hatte **Ludwig und Mayer** vor dem Zweiten Weltkrieg etwa 150 Mitarbeiter und erzielte vor allem mit seiner Groteskschrift Erbar (von Jakob Erbar) einen großen Erfolg. Im Zweiten Weltkrieg wurde der Betrieb zerstört und in den Nachkriegsjahren wieder aufgebaut. In den 1950er Jahren zählte die Firma wieder zu den führenden Schriftenherstellern Deutschlands und kooperierte mit dem italienischen Hersteller Simoncini. 1984/85 wurde das Unternehmen geschlossen, die Rechte an einigen der Schriften übernahm Neufville in Barcelona. *Bekannte Schriften: Candida, Rhapsodie, Permanent.*

Monotype, 1887 unter dem Namen Lanston Monotype Machine Company gegründet, verdankte seinen Aufstieg dem Patent für eines der erfolgreichsten mechanischen Setzmaschinen-Systeme. Das Unternehmen wurde nach mehreren Aus- und Umgründungen (unter anderem Monotype Typography) 1998 von Agfa-Gevaert übernommen. Seit August 2006 gehört u.a. die Schriftenfirma Linotype GmbH zum Unternehmensverbund Monotype Imaging Inc. *Bekannte Schriften: Centaur, Baskerville, Gill Sans, Perpetua, Joanna, Bembo, Times New Roman.*

D. Stempel AG in Frankfurt a.M. wurde 1895 gegründet und war einst mit fast 650 Mitarbeitern eine der größten Gießereien in Deutschland. Durch eine Kooperation mit der Mergenthaler Setzmaschinen-Fabrik GmbH war Stempel alleine befugt, Matrizen für die Linotype-Setzmaschinen zu

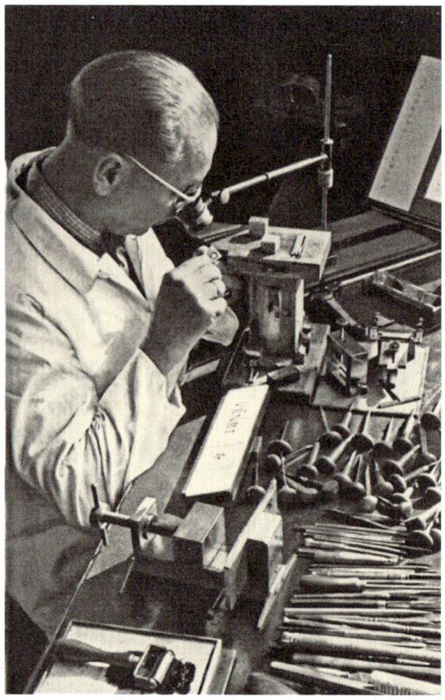 

Stempelschneiden (links) war über Jahrhunderte eine reine Handarbeit, der Buchstabe wurde direkt in Stahl geschnitten.

Mit der elektrisch betriebenen Matrizenbohrmaschine und dem Pantografen (rechts) ließ sich der Arbeitsprozess beschleunigen.

produzieren. Mehrere Übernahmen bescherten der Stempel AG zahlreiche wertvolle Originalmatern vergangener Jahrhunderte, aus diesen Beständen wurden in den Jahren immer wieder Schriftenklassiker in die Moderne überführt. Nach mehreren Besitzerwechseln vollzog der Mehrheitseigner Linotype 1985 schließlich die Auflösung der D. Stempel AG – das Traditionsunternehmen verschwand damit namentlich. *Bekannte Schriften: Stempel Garamond, Plak, Renner Antiqua, Neuzeit Grotesk, Helvetica, Palatino, Optima, Melior, Sabon, Memphis, Diotima.*

J.G. Schelter & Giesecke war eine 1819 in Leipzig von Johann Andreas Gottfried Schelter und Christian Friedrich Giesecke gegründete Schriftgießerei und Maschinenfabrik. 1946 wurde Schelter & Giesecke verstaatlicht und Teil des VEB Typoart. *Bekannte Schriften: Dolmen, Onyx, Saskia, Schneidler, Schwabacher, Thannhaeuser Fraktur, Wallenstein.*

Die Leipziger Stempelschneiderei und Gravieranstalt **Ludwig Wagner** wurde 1888 von Robert Arthur Schmidt und Ludwig Wagner gegründet. Sie lieferten Matrizen an Schriftgießereien in ganz Europa, die sie dann unter verschiedenen Namen in ihr Gussprogramm aufnahmen. 1960 übersiedelte das Unternehmen in den Westen, um der Verstaatlichung zu entgehen. *Bekannt Schriften: Etienne, Noblesse.*

Die **Schriftguß AG**, auch Schriftguß KG, war eine Schriftgießerei in Dresden, die Ende der 1890er unter dem Namen Gießerei Brüder Butter bekannt wurde. 1951 wurde sie wie andere Gießereien in den VEB Typoart überführt und damit verstaatlicht. Mit der Super Grotesk entwarf Arno Drescher 1932 für die Schriftguß AG eine Schrift, die später eine der meistverwendeten Schriften der DDR werden sollte. *Bekannte Schriften: Super-Grotesk, Thannhaeuser Schrift, Zeus.*

Der **VEB Typoart**, auch VEB Typoart Dresden, war die Schriftgießerei in Dresden, die aus der Verstaatlichung der Unternehmen Schelter & Giesecke Leipzig und Schriftguß AG in Dresden hervorging. Reste des Unternehmens Ludwig Wagner aus Leipzig sowie die Norddeutsche Schriftgießerei wurden 1961 ebenfalls Teil des VEB Typoart. *Bekannte Schriften: Leipziger Antiqua, Maxima, Minima, Publica, Tschörtner-Antiqua.*

Christian Emil Weber gründete 1856 die Schriftgießerei **C. E. Weber** in Stuttgart, die er 1862 durch Ankauf der Bergeschen Gießerei (gegründet 1827) vergrößerte. 1923 wurde eine Interessengemeinschaft mit den Firmen Schriftguß AG und J. D. Trennert gegründet, die zum Austausch von Schriften führte. Wichtigste Künstler waren F. H. E. Schneidler sowie Georg Trump. *Bekannte Schriften: Trump-Mediäval, Rund-Grotesk, Neon, Forum, Schadow, Bison.*

☛ **Einblick**

Gebrochene Schriften – die Geschichte eines typografischen Opferbashings

Frakturen gehen gar nicht ... das erinnert an die Nazizeit, Drittes Reich, ist Relikt brauner Zeiten ...? Im ersten Moment erscheint das einleuchtend, allerdings ist es auch nur die halbe Wahrheit – und eine Art »Treppenwitz« der Schriftgeschichte. Aber von vorne ...

Der Ursprung

Gebrochene Schriften haben ihren Ursprung in der Gotik, die nördlich der Alpen noch bis in die Zeiten Gutenbergs vorherrschte. Südlich der Alpen entstanden Rotundas, die aufgrund ihrer runderen, halb gebrochenen Formen besser in die Alltagskultur des Südens passten.
In Italien setzte sich in der Frühneuzeit die humanistische Tradition der Antiquaschriften durch, nur in Deutschland lösten gebrochene Formen, die Schwabacher und die Frakturen, die gotischen Schriften ab. Die erste »eigentliche« Fraktur wurde 1513 von Hans Schönsperger in Augsburg verwendet.
Sie wurde so zum Synonym für alle Gebrochenen Schriften. Deutschsprachige Literatur war in der Folge dann, bis zur Mitte des 20. Jahrhunderts, ganz selbstverständlich in Frakturen gesetzt. Aber auch in Deutschland fanden Antiqua Verwendung, so kam es im 18. Jahrhundert zu einem regelrechten Schriftstreit.

Mehr als Lesbarkeit

Wer publizierte, hatte abzuwägen, in welcher Schriftart Texte gedruckt werden sollten. In Fraktur, die allseits gewohnt war und gut zu lesen, oder in Antiqua, mit der man einen eher europäischen Gestus verband. Goethe äußerte, »dass der gebildete Teil des Publikums

Verwirrend? Max Brods Roman »Jüdinnen« in der Erstausgabe von 1911. Das frühe Werk Brods erschien natürlich in der Schrift der Zeit, einer Fraktur. Brod, des Nazismus gänzlich unverdächtig, war u. a. Förderer und Herausgeber der Werke Franz Kafkas, entdeckte Franz Werfel und war selbst jüdischer Herkunft.

»Schaftstiefelgrotesk« genannt wurden gotisierende Schriften der 30er Jahre. Zwei Schrift-Anzeigen, beide 1933 erschienen. Auch heute noch findet man solche Schriften in den Kästen aufgelassener Druckereien.

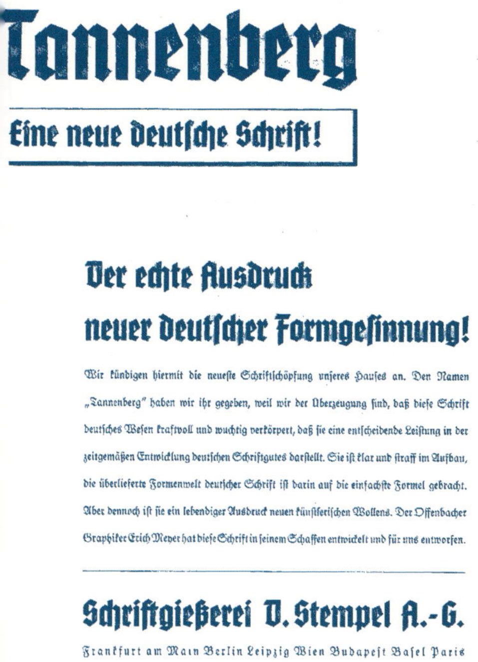

Tannenberg

Eine neue deutsche Schrift!

Der echte Ausdruck neuer deutscher Formgesinnung!

Wir kündigen hiermit die neueste Schriftschöpfung unseres Hauses an. Den Namen „Tannenberg" haben wir ihr gegeben, weil wir der Überzeugung sind, daß diese Schrift deutsches Wesen kraftvoll und wuchtig verkörpert, daß sie eine entscheidende Leistung in der zeitgemäßen Entwicklung deutschen Schriftgutes darstellt. Sie ist klar und straff im Aufbau, die überlieferte Formenwelt deutscher Schrift ist darin auf die einfachste Formel gebracht. Aber dennoch ist sie ein lebendiger Ausdruck neuen künstlerischen Wollens. Der Offenbacher Graphiker Erich Meyer hat diese Schrift in seinem Schaffen entwickelt und für uns entworfen.

Schriftgießerei D. Stempel A.-G.

Frankfurt am Main Berlin Leipzig Wien Budapest Basel Paris

Wir dürfen nicht das Erbe der Väter plündern, wir müssen eine neue Kunst schaffen. Mussolini

Element

die klare deutsche Schrift der neuen Typographie

Die deutsche Schrift lebt fort als der sichtbarste Ausdruck deutschen Wesens. Sie gehört nicht der Vergangenheit an. Und deshalb haben wir die Verpflichtung, mehr zu tun, als Formen der Vergangenheit abzuwandeln und zu wiederholen. Der bekannte Graphiker Max Bittrof hat eine Schrift geschaffen, deren knappe, zuchtvolle Form das Wesentliche deutscher Schrift zu neuem, klarem Ausdruck bringt. Sie wird das Element einer neuen deutschen Typographie sein.

Die „Element" ist in den drei Garnituren mager, halbfett und fett geschnitten. Weitere Garnituren befinden sich noch in Vorbereitung.

Bauersche Gießerei · Frankfurt a · M

sich durchaus zur lateinischen Schrift hinneigt«, während ihn seine Mutter in einem Brief bat: »Bleibe deutsch, auch in den Buchstaben.«

Der Konflikt bestand also darin, dass mit Frakturen ein eher volkstümlicher Gestus verbunden war, die Verwendung einer Antiquaschrift gebildeter, intellektueller wirkte. Das geflügelte Wort »Fraktur reden« im Sinne von »etwas deutlich zur Sprache bringen« illustriert das sehr anschaulich.

Die Fraktur-Antiqua-Debatte wurde in der Folge zu einer ausgewachsenen Auseinandersetzung. Der Reichstag befasste sich 1911 damit, die Antiqua als Amtsschrift einzuführen, lehnte dies aber dann doch ab.

Missbrauch für Ideologie

Als die Nationalsozialisten 1933 an die Macht kamen, wurde auch die Frage der Schrift zu einer ideologischen. Wir sind inmitten eines sehr »deutschen Themas«, eines Streits, der sich am parallelen Gebrauch zweier Schriftarten entzündete. Es ging um die Frage: Stehen diese Gebrochenen Schriften prinzipiell für eine deutschnationale Gesinnung, signalisieren Antiquaschriften dagegen eine europäische, aufgeklärt humanistische

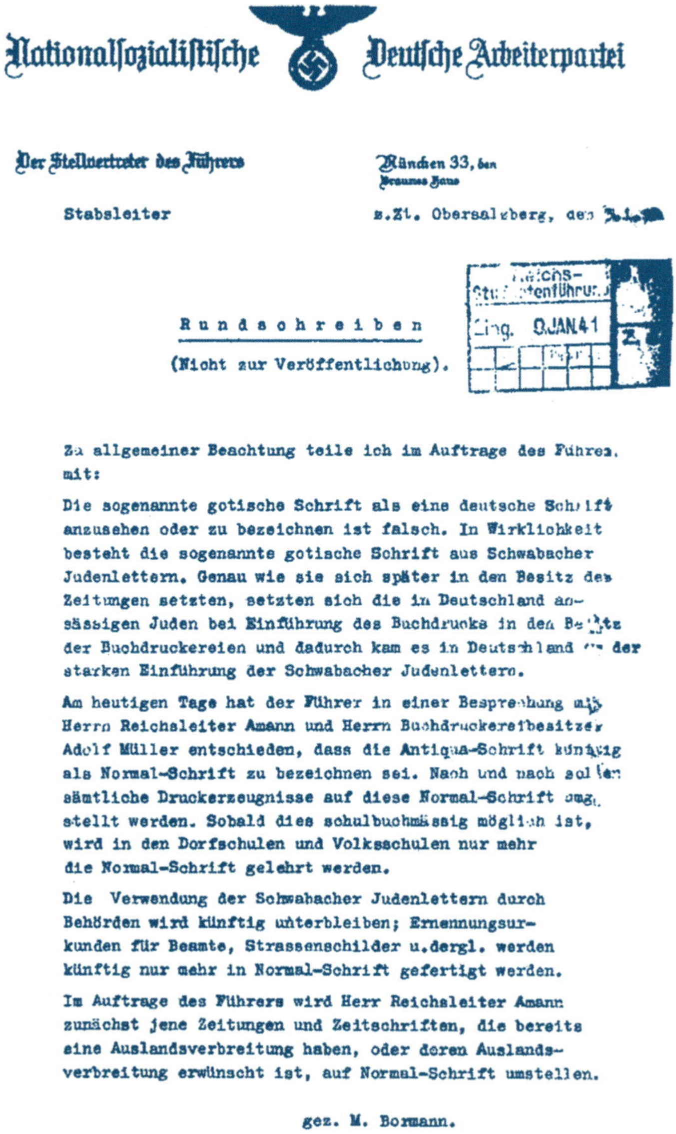

Nationalsozialistische Deutsche Arbeiterpartei

Der Stellvertreter des Führers

Stabsleiter

München 33, den
Braunes Haus

z.Zt. Obersalzberg, den 3.1.1941

Reichs-Studentenführung
Eing. 0 JAN 41

Rundschreiben

(Nicht zur Veröffentlichung).

Zu allgemeiner Beachtung teile ich im Auftrage des Führers mit:

Die sogenannte gotische Schrift als eine deutsche Schrift anzusehen oder zu bezeichnen ist falsch. In Wirklichkeit besteht die sogenannte gotische Schrift aus Schwabacher Judenlettern. Genau wie sie sich später in den Besitz der Zeitungen setzten, setzten sich die in Deutschland ansässigen Juden bei Einführung des Buchdrucks in den Besitz der Buchdruckereien und dadurch kam es in Deutschland zu der starken Einführung der Schwabacher Judenlettern.

Am heutigen Tage hat der Führer in einer Besprechung mit Herrn Reichsleiter Amann und Herrn Buchdruckereibesitzer Adolf Müller entschieden, dass die Antiqua-Schrift künftig als Normal-Schrift zu bezeichnen sei. Nach und nach sollen sämtliche Druckerzeugnisse auf diese Normal-Schrift umgestellt werden. Sobald dies schulbuchmässig möglich ist, wird in den Dorfschulen und Volksschulen nur mehr die Normal-Schrift gelehrt werden.

Die Verwendung der Schwabacher Judenlettern durch Behörden wird künftig unterbleiben; Ernennungsurkunden für Beamte, Strassenschilder u.dergl. werden künftig nur mehr in Normal-Schrift gefertigt werden.

Im Auftrage des Führers wird Herr Reichsleiter Amann zunächst jene Zeitungen und Zeitschriften, die bereits eine Auslandsverbreitung haben, oder deren Auslandsverbreitung erwünscht ist, auf Normal-Schrift umstellen.

gez. M. Bormann.

Schrifterlass – 1941 erging im Auftrag Hitlers die Anweisung, nur noch die Antiquaschrift als Normal-Schrift zu verwenden. Die Fraktur, im Erlass unrichtig als »Schwabacher Judenletter« bezeichnet, solle keine Verwendung mehr finden.

Haltung? Die deutlich völkisch denkenden und handelnden Nationalsozialisten präferierten gotische Schriften und erklärten die Gotik zu deutschem Kulturgut, das gegen fremde Einflüsse zu verteidigen sei. In den 30er Jahren entstanden, dadurch inspiriert und durch Versuche, den Gebrochenen Schriften eine moderne Gestaltung zu geben, eine Reihe der Gotik folgende Vertreter, sogenannte Gotiko-Antiqua und Gotiko-Grotesk, auch als »Schaftstiefelgrotesk« bezeichnet. Sie trugen so bezeichnende Namen wie Tannenberg, National, Element oder Deutschmeister.

Erst Lob, dann Verbot

Nun kommt es zum Treppenwitz … Denn ausgerechnet die Nationalsozialisten verboten 1941 die Frakturen, der berühmte Erlass Martin Bormanns titulierte (im Auftrag Hitlers) die

Textura Rundgotisch
Schwabacher Fraktur

Die vier gebrochenen Formen auf einen Blick: Textura ca. 13. Jahrhundert; Rundgotisch ca. 14. Jahrhundert; Schwabacher ca. 15. Jahrhundert; Fraktur seit dem Beginn des 16. Jahrhunderts.

Fraktur als »Schwabacher Judenletter« und untersagte ihren Gebrauch. Dieser sogenannte Schrifterlass wies die sofortige Umstellung auf die lateinische Antiqua an, die fortan als »Normal-Schrift« bezeichnet wurde. Als Begründung wurde die Behauptung aufgestellt, dass es sich bei der Fraktur um jüdische Schriften handele.

Aber – es gelang nur sehr unvollständig, die Frakturen verschwinden zu lassen, Bleischriften wiegen schwer und sind nicht ohne Weiteres durch neue zu ersetzen, schon gar nicht inmitten von Krieg und Mangelwirtschaft.

Es gelang den Nazis tatsächlich nie vollständig, in der von ihnen gleichgeschalteten Gesellschaft auch die Gestaltung vollständig gleichzuschalten. Und Schrift – man könnte auch sagen »Blei« – ist sehr geduldig, in Stahl geschnittene Formen, in Blei gegossen, so etwas ist von Dauer. Mit anderen Worten, die Gebrochenen Schriften überdauerten den Krieg.

Und heute?

In der Nachkriegszeit kam es dann in Deutschland im Zusammenhang mit Schrift zu einem eigentümlichen Reflex. Er lautete: Fraktur – das ist Nazigestaltung, also böse. Groteskschriften – das ist linke Moderne und verfolgte Avantgarde, also gut. Und Antiquaschrift – das ist klassische (unverfängliche) Neutralität, also auch irgendwie gut, unbelastet. Den Schaden hatte die Fraktur …

So kam es, dass zwar noch bis weit in die 50er Jahre Frakturen zum Bestand jeder Setzerei gehörten und durchaus Verwendung fanden. Da sie aber das Stigma »Nazischrift« nie mehr so richtig ablegen konnten, verschwanden die Gebrochenen Schriften in Deutschland sukzessive aus der Gestaltung.

Die Frakturen fristen seitdem ein Schattendasein, sie sind als Verkehrsschrift, als Schrift für Mengensatz, mausetot. Ihre gotischen Vorfahren bzw. gotisierende Nachformungen tauchen in den unterschiedlichsten Anwendungen aber weiter auf, in der Popkultur, der Mode, der Reklame für Biermarken oder im Sport, also in weitgehend ideologiefreien und damit unverdächtigen Zusammenhängen.

SETZEN MIT PLAN

Berufspoesie
»Gott grüß die Kunst!« Jahrhunderte alter Gruß, dessen sich besonders reisende Buchdrucker bei der Vorstellung bedienen und der gewissermaßen als Erkennungszeichen gilt.

Unsere »Laborratte«

Die Entstehung eines Druckproduktes, die Schritte, die in Satz, Druck und Weiterverarbeitung zu gehen sind, das lässt sich am allerbesten an einem realen Objekt zeigen. Und was wäre realer, als sich etwas aus der Frühphase des Grafikdesigns vorzunehmen. Als die Gestalter damit begannen, sich Schritt für Schritt von einem über Jahrhunderte gewachsenen Handwerk »grafisch« zu emanzipieren.

Wir befinden uns also in den 20er Jahren des vergangenen Jahrhunderts, der frühen Moderne. Und einer ihrer prominentesten Akteure, Dichter, Gestalter und Medienkünstler, ist Kurt Schwitters. Der 1887 geborene Künstler zählte mit seinen Texten, Publikationen und Aktionen zu den wichtigsten Stimmen dieser frühen Phase des Grafikgewerbes, war prominenter Dada-Vertreter und mit seinen Texten und als Gestalter außerordentlich stilbildend.

Schwitters war einer der ersten Werbegestalter seiner Zeit und verstand sich als Vorreiter und Vordenker. Seine kleine

Kurt Schwitters, Die neue Gestaltung in der Typographie.
Hannover, 1930.
Es gab zwei Varianten, eine mit einem roten Umschlag, eine mit einem gelblichen.
Die technischen Details: Format 14,8 × 10,7 cm. 16 Seiten fadengeheftet mit lose umlegtem Umschlag. Buchdruck schwarz und hellrot auf ca. 130 g Werkdruck.

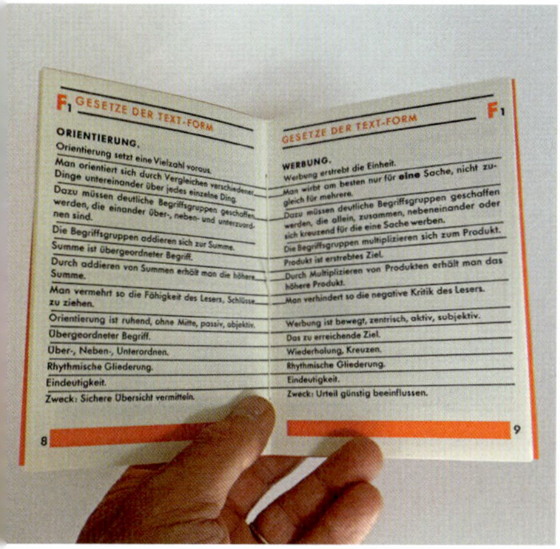

Broschüre, »Die neue Gestaltung in der Typographie«, 1930 entstanden, ist eines der Erzeugnisse seines Hannoveraner Werbebüros.

Auf Kurt Schwitters Broschüre fiel unsere Wahl, weil sie die vielfältigen Aspekte im Zusammenhang mit Satz und Druck und Weiterverarbeitung zeigt. Sie ist zweifarbig, hat 16 Seiten, eine kleines Format, fadengeheftet – ideal also für die Produktion in kleinem Maßstab und auf mittleren Druckpressen.

Futura in insgesamt acht Schnitten und einer ganzen Reihe unterschiedlicher Größen – unsere »Besorgungsliste« für das Projekt war lang, wir wollten das Original so getreu wie möglich nachvollziehen.

Gesetzt ist sie durchgängig in der Futura Paul Renners, der »Schrift unserer Zeit«, wie es in der Anzeige der Bauerschen Gießerei hieß. Einer Schrift, die in kaum einer Setzerei der 30er Jahre und noch weit darüber hinaus fehlte.

Im Einzelnen erwies sich unser Vorhaben dann als nicht gerade banal, denn Schwitters ließ für sein Heft nicht weniger als acht Schnitte der Futura in sieben Größen einsetzen. Da die Futura aber erst Ende der 20er Jahre erschienen war (erste Schnitte ab 1927), kann man vermuten, dass er mit der Bauerschen Gießerei eine Kooperation einging. Die Gießerei lieferte wohl die Schriften und Schwitters den Inhalt und Entwurf.

Berufspoesie
»Männchen auf Männchen machen« – so nennt man es, wenn man einen früheren Satz eins zu eins erneut nachsetzt. So wie wir unsere Broschüre.

Unser »Schauobjekt« begleitet dieses Buch nun von Anfang an, wir werden Abläufe daran veranschaulichen und sie Stück für Stück auch ganz real und in allen Details »nachbauen«.

Wie anfangen?

Ihr wollt Plakate mit durcheinandergewirbelten Buchstaben drucken oder die tolle Typografik von neulich auf Instagram nachsetzen? Es mag langweilig erscheinen, doch der traditionelle glatte Satz, auch Werksatz genannt, ist der beste Anfang. Selbst wenn ihr später nie wieder Fließtext setzt, erlernt ihr die Grundlagen des Bleisatzes und alles über das korrekte Zusammenfügen von Buchstaben sehr gut anhand von Werksatz. Nehmt also kurz Platz, und lasst uns von vorne beginnen, bei den Anfängen – bei Gutenberg?

Nicht ganz, aber vielleicht zum Einstieg einen Text von der Länge einer A4-Seite, ein Märchen, eine Kurzgeschichte oder etwas Ähnliches. Etwas, was euch gut gefällt, immerhin soll es Spaß machen. Wir haben uns, wie erwähnt, für das vorliegende Buch genauso eine Vorlage gesucht, »Die neue Gestaltung in der Typographie« von Kurt Schwitters. Auch wenn sie auf den ersten Blick nicht nach reinem Werksatz aussieht, werden wir uns diesen als ersten Schritt vornehmen.

Damit fing alles an – die 42-zeilige Bibel Johannes Gutenbergs. Das Buch »Genesis« in der Gutenberg-Bibel der Staatsbibliothek Berlin.

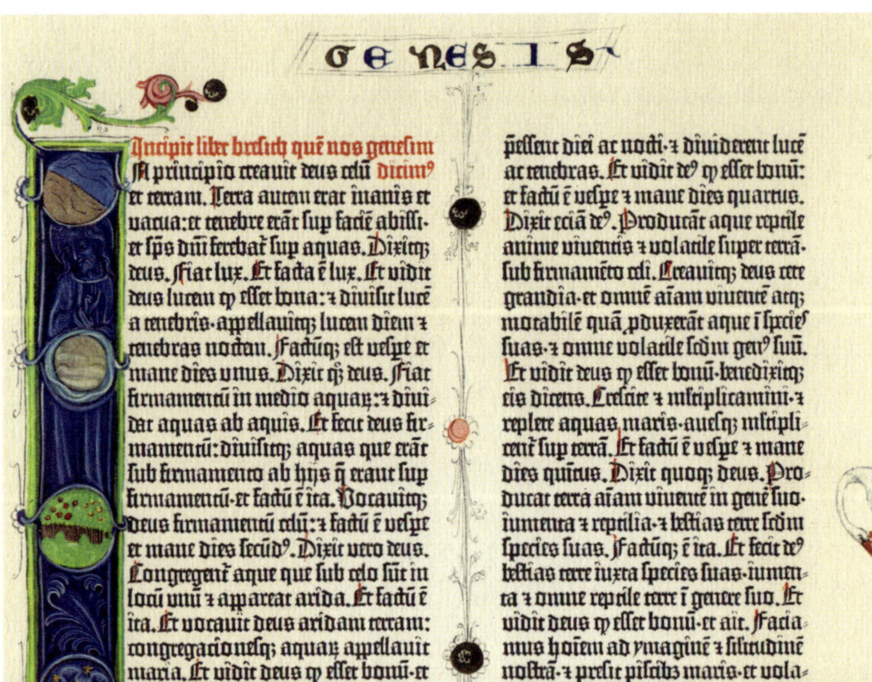

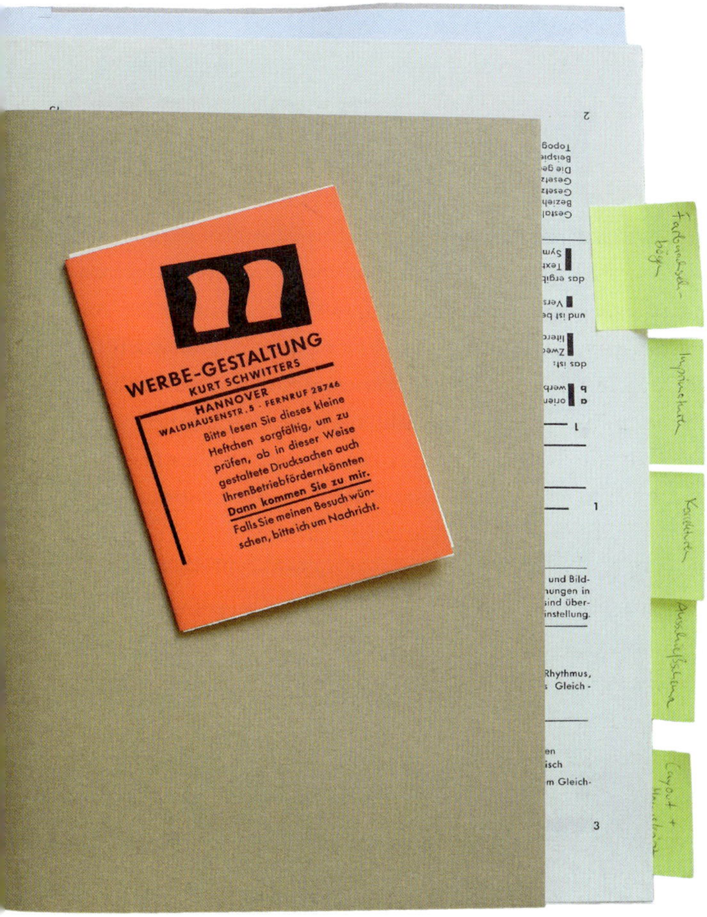

Zettelwirtschaft
Eine geordnete Arbeitsmappe hilft gegen Chaos. Im Laufe des Projektes füllt sie sich mit Manuskript, dem Layout, Standbogen, Farbbogen und zuletzt auch Belegexemplaren. Hier sieht man unsere Arbeitsmappe im Verlauf der Produktion der Schwitters-Broschüre.

Arbeitsvorbereitung

Bevor wir mit dem eigentlichen Arbeiten, dem Setzen, starten können, müssen wir einiges vorbereiten. Anders als bei digitaler Arbeit, bei der es nur eines Klicks bedarf, um eine Schriftart zu ändern, die Zeilenbreite zu verringern oder den Durchschuss zu erhöhen, kosten Anpassungen im Blei viel Zeit und können ganz schön frustrierend sein. Deshalb schauen wir uns unser Projekt erst einmal genauer an.

Satzvorbereitungen

Der erste Punkt in der Arbeitsvorbereitung klingt banal, ist aber für die folgenden Schritte bedeutend: die **Manuskript-Analyse**. Bei eurem Manuskript kann es sich um handschriftliche Notizen handeln, einen digital erstellten Text, eine Kopie oder nur eine Idee. Sollte es sich um Letzteres handeln, dann solltet ihr diese Idee unbedingt zu Papier bringen. Folgendes müsst ihr in eurem Manuskript ermitteln und gegebenenfalls markieren:

- Um was handelt es sich inhaltlich? Form follows function – in diesem Sinne werdet ihr Format und Schriftwahl vom Inhalt abhängig machen.
- Es stellt sich die Frage, ob ihr eine oder mehrere Schriften oder Schriftschnitte benötigt. Gibt es Auszeichnungen, die sich vom Rest abheben müssen? Zeilen oder Wörter, die kursiv werden sollen? Kapitälchen, halbfette oder fette Textstellen? Gibt es Überschriften und, wenn ja, wisst ihr bereits, wie diese aussehen sollen?
- Jetzt folgt eine feinere Analyse. Markiert oder notiert euch im Text, was ihr außer den üblichen Buchstaben noch benötigt: Ligaturen (ff, fi, fl, tz ...), besondere Akzentbuchstaben oder Sonderzeichen, wie zum Beispiel das Paragrafenzeichen oder Gedankenstriche, ungewöhnlich häufig vorkommende Buchstaben oder Satzzeichen. Gibt es eventuell Häufungen einzelner Buchstaben, die euer Kasten nicht hergibt?

Ein Beispiel für ungewöhnliche Buchstabenhäufungen bietet Franz Kafkas Text »Vor dem Gesetz«. Er ist auf den ersten Blick nichts Besonderes. Schaut man genauer hin, kommt das Wort »Türhüter« aber sehr oft vor. Das Wort benötigt jedes Mal zwei *ü*. Nicht jeder Schriftkasten besitzt aber so viele *ü*, wie der Text benötigt. Und ihr möchtet ja nicht erst am Ende eurer Arbeit feststellen, dass ihr keine *ü* mehr habt und noch einmal mit einer anderen Schrift von vorne beginnen müsst.

Vor 100 Jahren

Aus dem Satztechnischen Taschenlexikon: »Buchstabensuchen. Es gibt Geschäftsbetriebe, in denen man mit besonderer Willensstärke entweder stets zu geringe Mengen bestellt oder grundsätzlich ausgedruckte Satzformen nicht wegräumen läßt. Natürlich herrscht jahraus, jahrein Mangel an allem und ein fortwährendes Herumsuchen bildet die Hauptarbeit des Tages [...].«

Wissenswert

Die Schrift Futura auf dem Mond … tatsächlich? Ja, denn die kleine Tafel, die Neil Armstrong 1969 nach der Landung der Apollo 11 auf dem Mond hinterließ, ist in »Futura« gesetzt.

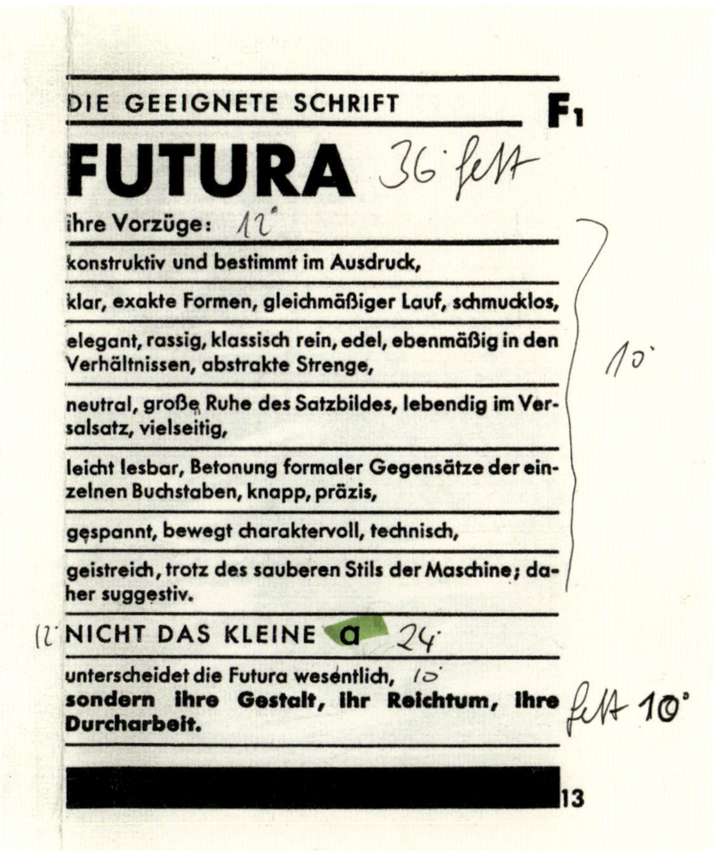

DIE GEEIGNETE SCHRIFT F1

FUTURA

ihre Vorzüge:

konstruktiv und bestimmt im Ausdruck,

klar, exakte Formen, gleichmäßiger Lauf, schmucklos,

elegant, rassig, klassisch rein, edel, ebenmäßig in den Verhältnissen, abstrakte Strenge,

neutral, große Ruhe des Satzbildes, lebendig im Versalsatz, vielseitig,

leicht lesbar, Betonung formaler Gegensätze der einzelnen Buchstaben, knapp, präzis,

gespannt, bewegt charaktervoll, technisch,

geistreich, trotz des sauberen Stils der Maschine; daher suggestiv.

NICHT DAS KLEINE a

unterscheidet die Futura wesentlich,
sondern ihre Gestalt, ihr Reichtum, ihre Durcharbeit.

13

Das Manuskript ist in unserem Fall die bereits vorhandene Schwitters-Broschüre. Daher umfasst die Vorbereitung vor allen Dingen das Bestimmen und Messen von Schriften und Abständen. Da die Kopfzeile »DIE GEEIGNETE SCHRIFT« aller Seiten ausschließlich in Versalien der 12 p halbfetten Futura gesetzt sind, mussten wir diese Buchstaben auszählen. Denn reiner Versalsatz in Menge ist eher ungewöhnlich, also reichen uns die »E«?

Format

Das Format der Drucksache spielt eine große Rolle für die Wahl der Schrift und Schriftgröße. Es ist wichtig zu wissen, ob es eine Visitenkarte, ein Flyer oder ein Plakat werden soll. Was soll gesetzt werden, eine Adresse, ein Zitat oder doch etwas Längeres, wie ein Gedicht oder gar eine ganze Erzählung? Was wollt ihr gestalten, möchtet ihr das Zitat nur verschicken, in Form einer Karte, oder soll es als Poster an der Wand hängen?

Bei unserer Laborratte ist das Ergebnis bereits vorgegeben, wir drucken eine 16-seitige Broschüre im A6-Format.

Für jedes Projekt braucht es die passende Form
Früher gehörte das akkurate Skizzieren von Layoutvorlagen auch zur Ausbildung eines Setzers, wie diese Beispiele aus einem alten Lehrbuch zeigen. Links wird die Stellung von Initialen erprobt, rechts das Layout zu einem Buch. Auch heute können solche Skizzen sehr hilfreich sein.

Papier

Mit der Frage nach dem Format kommt auch schon die Frage nach dem Papier. Hier müssen einige Vorüberlegungen getroffen werden. Je nach Drucksache werdet ihr eine grobe Vorstellung von eurem Papier hinsichtlich Haptik und Grammatur haben. Wichtig ist die Oberfläche des Papiers auch für die Schriftwahl: Auf gleichmäßigen, glatten Oberflächen lassen sich zarte, kleine Schriften besser drucken als auf groben, rauen. Harte Oberflächen erschweren den Druck magerer Schriften ebenso wie den von Linien oder Klischees. Weiche Papiere, etwa Bütten, lassen sich dagegen leichter bedrucken.

Wichtig ist auch die Frage, ob das Papier am Ende gefalzt oder veredelt werden soll. Gerade beim Falzen spielt die Laufrichtung des Papiers eine wichtige Rolle. Damit verbunden ist auch der Stand der gesetzten Seiten. Denkt daran, dass die Seiten und auch das Papierformat auf eure Druckmaschine

passen müssen. Mehr dazu aber noch in den Kapiteln zu Papier und Zurichtung.

Schriftwahl

Der nächste Schritt ist nun anspruchsvoll: Welche Schrift wollt ihr verwenden? Hier wäre es natürlich super, wenn ihr eine Schriftprobe aller Schriften eurer Werkstatt besitzt. Andernfalls wird euch nicht erspart bleiben, die Kästen einzeln durchzusehen. Aber auch mit einer Schriftprobe werdet ihr die »Kastenschau« nicht auslassen können. Denn die Schriftprobe gibt euch zwar einen Überblick über das Aussehen einer Schrift, zeigt aber nicht, wie gut der Kasten gefüllt ist. Deshalb gilt: Wenn ihr eine passende Schrift ausgesucht habt, müsst ihr den betreffenden Kasten prüfen. Es gibt an dieser Stelle verschiedene Szenarien:

1. Der Kasten wirkt recht leer. Bereits auf den ersten Blick fällt auf, dass es nur wenige kleine *e* und gar

Berufspoesie
Fische sind Typen, die im verkehrten Fach liegen. Sind die Lettern sogar aus anderen Kästen, handelt es sich um Zwiebelfische.

keine *T* gibt. Falls euer Manuskript keine *T* enthält und nur zwei *e* gebraucht werden, ist das kein Problem. Ansonsten müsst ihr eine Alternative zu eurer Wunschschrift finden. Besonders häufig fehlen übrigens Umlaute, Ligaturen, Satzzeichen, Zahlen und Sonderzeichen. Oder auch Akzentbuchstaben.

2. Der Kasten wirkt recht leer, aber in allen Fächern ist zumindest etwas an Material. Hier ist es hilfreich, das Manuskript auszuzählen. Zählt die am häufigsten vorkommenden Buchstaben, a, e, n, i sind ein gutes Maß. Sollte euch ein Fach besonders leer vorkommen, zählt diesen Buchstaben im Manuskript aus. Sollte eine Häufung eines bestimmten Buchstabens auffallen (wie das *ü* in Kafkas Text), zählt ihr auch diesen aus. Habt ihr allerdings viele Seiten vor euch, dann nehmt je nach

Schriftprobe der Schriftgießerei J. Wagner. Sie zeigt in kompakter Form alle Schriftgrade der »Reporter« sowie ein Figurenverzeichnis. Besonders bei Schriften wie dieser mit vielen außergewöhnlichen Ligaturen sind solche Verzeichnisse sehr hilfreich.

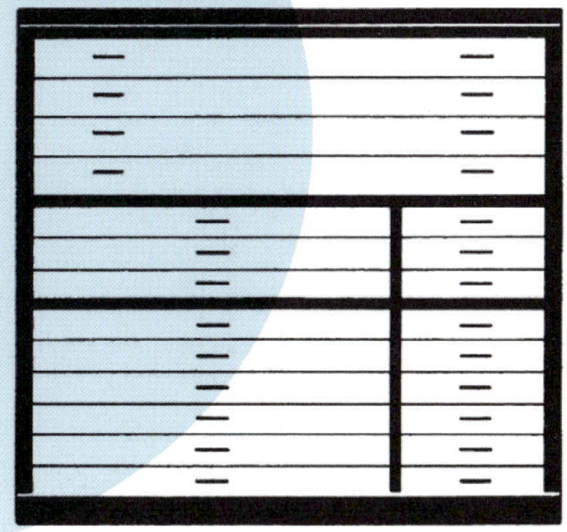

Umfang nur eine oder einige exemplarische Seiten und multipliziert dies mit der Seitenzahl des Manuskripts. Denkt nicht nur an die Buchstaben, sondern auch an Satzzeichen und Sonderzeichen. Nun könnt ihr die ausgewählten Buchstaben in eurem Kasten zählen. Wenn die Lettern reichen, könnt ihr mit dem Kasten arbeiten.

3. Der Kasten wirkt gut gefüllt, aber ihr seht schon auf den ersten Blick ein oder zwei Fische. Schaut euch den Kasten genau an: Besteht er nur aus Fischen, oder stimmen die Lettern in den Fächern bis auf ganz wenige Ausnahmen? Ihr müsst nun entscheiden: Entfischt ihr den ganzen Kasten und schaut ihr dann nochmal, ob er ausreicht, oder geht ihr erst einmal zu einer Alternative für euer Projekt über und kümmert euch später um den Kasten?
4. Der Kasten ist gut gefüllt. Ihr könnt euch an die Arbeit machen!

Bei unserer Broschüre ist die Schriftwahl bereits vorbestimmt. Wir benötigen hauptsächlich die Futura halbfett in 6 p, 9 p, 10 p und 12 p sowie 24 p. Außerdem brauchen wir einiges in der Buch-Futura, Futura fett und sehr viel Linienmaterial. Wir hatten uns das anhand der Vorlage ermittelt und, einem Einkaufszettel nicht unähnlich, herausgeschrieben. Dazu kommen diverse Schmuckelemente und Klischees, die wir später anfertigen werden. Am Ende steht die Materialliste fest.

Tipps & Tricks

Solltet ihr tatsächlich einmal eine Schrift nutzen und euch fehlen dann zwei, drei Buchstaben, so könnt ihr Blockaden als Platzhalter setzen: Nehmt einen anderen Buchstaben in gleicher oder ähnlicher Dickte und dreht ihn auf den Kopf. Druckt ihr den verkehrten Buchstaben versehentlich, dann nennt man es übrigens »Fliegenkopf«.

Wissenswert
Layout meint wörtlich Ausgelegen, englisch für »Plan, Entwurf, Aufteilung, Aufriss«. Bis zum Aufkommen der Rechner war das Layout auf Papier der klassische Weg, eine Gestaltung zu planen. Oft wurde dafür Blindtext verwendet.

Layout und Satzspiegel

Ihr habt nun Papier, das Format in Zentimetern und Millimetern und die Schrift in Didot-Punkt. Zusammen mit dem Layout solltet ihr jetzt einen Satzspiegel festlegen.

Wichtig ist nun Folgendes: Wenn ihr euren Satzspiegel in Millimetern vor euch habt, dann müsst ihr in Cicero umrechnen. Bei einer Breite oder Höhe, die nicht auf volle Cicero ausgeht, rundet ihr immer auf. Bei längeren Fließtexten solltet ihr zudem immer einen Ein- und Auszug einplanen. Dadurch vergrößert sich das zu setzende Format nochmals, sodass ihr am Beginn und am Ende der Zeile ungefähr ein Halbgeviert Ausschluss setzt. Generell arbeitet es sich am besten in vollen Konkordanzen.

Nehmen wir eine Seite unserer Broschüre. Ein besonders schwieriger Fall, an dem man das gut zeigen kann. Konzentrieren wir uns zunächst auf den Text. Wir ermitteln eine Zeilenbreite von 91 mm. Mithilfe des Typometers stellen wir

Vorlagen wie die unsere messen wir mit einem Typometer aus.

gleichzeitig fest, dass das 20 cic 2 p sind. Und wir wissen, dass der Text eine 10 p-Schrift ist.

20 cic 2 p *(sichtbar bedruckter Bereich = Satzspiegel)*
+ 10 p *(aufrunden auf volle Cicero)*
= 21 cic

Die 10 p zusätzlich unserer vollen Cicerobreite können wir nun bequem aufteilen auf einen Ein- und Auszug, bei einer 10 p Schrift ist das Halbgeviert 5 p. Kaum eine Werkstatt hat aber 21 cic Regletten, der Standard sind 5 und 6 Konkordanzen (20 cic und 24 cic). Normalerweise würden wir uns an dieser Stelle dazu entschließen, die Satzbreite zu verringern und auf 5 kon zu setzen, also ein übliches Maß. Dadurch sparen wir Material. Da wir uns aber akribisch an unsere Schwitters-Vorlage halten möchten, müssen wir den Ein- und Auszug etwas größer halten, um zu 6 kon (einem üblichen Material) zu gelangen.

21 cic
+ 3 cic
= 24 cic (6 kon)

Nun gibt es zwei Möglichkeiten. Die 3 cic werden aufgeteilt auf Ein- und Auszug oder man nutzt ein 3 cic-Quadrat auf einer Seite, auf ungeraden Seiten rechts und auf geraden Seiten links. Dadurch bleibt man später im Abstand für den Bund noch flexibel. In Ausnahmefällen oder bei speziellen Anforderungen kann man natürlich auch auf volle Konkordanzen verzichten, nicht jedoch auf ganze Cicero.

Das Layout wird zum Plan

Wir untergliedern zunächst unsere Arbeit. Die Textkolumne ist überall gleich breit in der Grundschrift von 10 p gesetzt, Kopf- und Fußzeilen sind auch immer gleich, werden von uns daher alle extra gesetzt, und auf einem Schiff vorgehalten. Das Titelblatt fällt allerdings völlig aus dem Layout

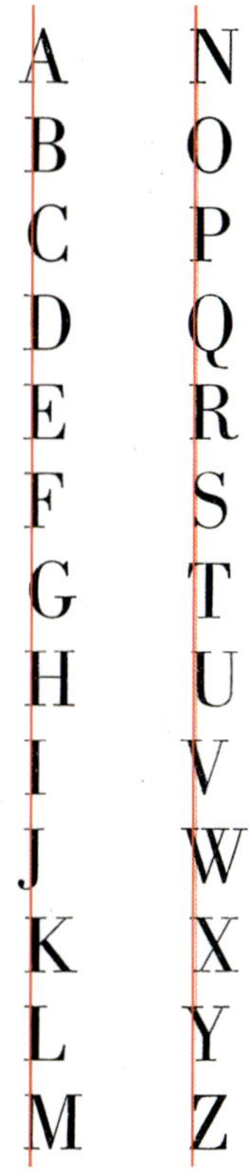

Ein- und Auszug beschreibt den Raum, den ihr für feintypografische Korrekturen benötigt. Ein Versalausgleich für das »W« am linken Rand oder auch der Raum zum Ausrücken des Devis am Ende der Zeile. Außerdem bietet die Zugabe Schutz für überhängende Lettern z. B. einer Schreibschrift. Das Alphabet zeigt eine gestalterische Orientierung.

Satzanweisung Auftrags-Nr. C 51/3752

Werktitel Fritzsche, Der Schriftsetzer

Verlag Fachbuchverlag GmbH, Leipzig Liz.-Nr. 114

Genehmigt Kult.Beirat 270/73/51 v.30.7.51

Bei Durchsicht vorhanden Manuskript S.I–XV, 1–269

Nachliefern Register, Bildquellen

Ausstattung Genehmigte Satzprobe Papierformat DIN C 5

Format 26 Cicero, 38 12-Punkt-Zln. + 1 Einzug stumpf

Grundschrift Monotype 374-10D-12

2. Schrift 374- 8D-10

Überschriften A = 374-14D kursiv, nach rechts stellen

I = 374- 9D Versalien } 4 Cicero einziehen
a = 374- 8D Versalien } I,a,1 in den Einzug
1 = 374-10D kursiv } einschließen

Spitzmarken keine

Textauszeichnungen: sperren halbfett

Kursiv ~~~~~~ fett

Rechtschreibung Duden (* s.unten)

Interpunktion Freistehende Zeilen ohne Punkt

Fußnoten: durchzählen seitenweise Notenzeichen: oben 1 unten 1

durch Raumzeile vom Text trennen

Bildverweise (1.1) Seitenverweise blockieren

Kolumnentitel Seitenzahl unten außen, 8 Punkt Abstand

Ausgangsseiten vor B,C usw.

Besonderes 3-Punkt-Satz, mögl. rückwärts ausschließen
Kurze Gedankenstriche, »« Anführungen
Tabellenlinien stumpffein
Schmale Tabellen 4 Cicero einziehen
* f für ph in Wörtern wie Typografie u.ä.

Datum 24.9.51 Unterschrift N.N.

Satzanweisung für ein Buch. Große Aufträge wurden so detailliert für die Setzer durchgeplant. Alle wichtigen Bestandteile, Maße und Auszeichnungen waren vermerkt.

heraus. Die Länge der Textkolumne lässt sich in unserem Fall an Seite 16 der Broschüre am besten ablesen, wir haben eine Satzspiegelhöhe von 30 cic 6 p. Die gesamte Seitenhöhe beträgt 32 cic 9 p. Wir benötigen diese Zahl noch nicht sofort, sondern kommen später darauf zurück.

Solltet ihr ein größeres Projekt planen und keine Vorgaben einhalten müssen, dann lohnt es sich, eine Satzprobe zu erstellen. Dazu nehmt ihr die Schrift eurer Wahl und setzt drei bis fünf Zeilen des Textes oder auch die längste Zeile auf eure gewünschte Zeilenbreite. Bei Fließtext werdet ihr sehen, ob schon jetzt bei den ersten Zeilen Probleme mit vielen Worttrennungen (besonders in der ersten Zeile!) auftreten. Funktioniert das nicht, müsst ihr überlegen, ob ihr die Zeilenbreite verändern könnt oder ob ihr zu einem anderen Schriftgrad, -schnitt oder einer anderen Schriftart wechselt. Abzüge mit unterschiedlichen Durchschüssen helfen, die Wirkung mehrerer Zeilen in einem Textblock zu beurteilen. Gegebenenfalls würde sich also auch die Satzhöhe ändern. Gleichzeitig lässt sich bei Fließtexten auf diese Weise ermitteln, wie viele Zeilen des Manuskripts in etwa welcher Anzahl an gesetzten Zeilen entsprechen.

Für ein komplexes Projekt lohnt sich immer ein Klebelayout. Macht dafür Abzüge mit verschiedenen Varianten von Schriften, Schriftgrößen und Satzbreiten. Dazu könnt ihr neben kleinen gesetzten Proben auch Kopien von Schriftproben verwenden.

Am Ende eurer Vorbereitungen steht dann ein Blatt mit allen Satzangaben. Darin findet sich das, was ihr bis zu diesem Zeitpunkt festgelegt habt: Format, Papier, Schrift, Schriftgröße, Satzbreite, Ein- und Auszug, Durchschuss, benötigtes Material, wie sich euer Layout gliedert, wo ihr den Schriftkasten herhabt und eventuell auch schon, welche Farben ihr gerne verwenden möchtet.

Wissenswert

Versalien, Majuskeln, Großbuchstaben – alle drei Begriffe meinen das Gleiche. Im Unterschied dazu sind Kapitälchen Großbuchstaben in der Höhe der Mittellänge. Sie sind etwas kleiner als die Versalien, dafür etwas kräftiger geschnitten, damit sie in der Strichstärke zu den Großbuchstaben passen.

Es kann losgehen

Nun beginnt das eigentliche Setzen. Aber bevor wir den ersten Buchstaben in die Hand nehmen, müssen wir uns natürlich noch um unseren Arbeitsplatz kümmern.

Der Arbeitsplatz

Als Erstes tragen wir den benötigten Setzkasten auf unser Schrägpult, in unserem Falle ist das die Futura halbfett 10 p. Der Setzkasten ist gut gefüllt und schwer, daher wird er zu zweit an den Platz getragen. Kleine Kästen und Steckkästen können in der Regel alleine getragen werden. Benötigt ihr den Kasten nur für wenige Wörter, könnt ihr den darunter befindlichen Schriftkasten zur Hälfte herausziehen und euren Kasten dadurch abstützen. Steckkästen werden auf einen flachen Arbeitsplatz gestellt, Brotschriften auf den schrägen.

Neben unserem Schriftkasten benötigen wir das Satzschiff, Winkelhaken, Ahle und Pinzette sowie das passende Blindmaterial in 10 p. Unsere Regletten für den Durchschuss sowie Stege in Satzbreite liegen ebenfalls bereit und wir benötigen eine passende Setzlinie, hier in 24 cic-Länge. Das Manuskript findet auch seinen Platz. In manchen Werkstätten wird man noch einen Tenakel finden, wer so etwas nicht hat, kann das

Bleikästen sind schwer
Links: So sollte man einen Steckschriftkasten sicher tragen.
Rechts: Einen gut gefüllten Brotschriftkasten tragt ihr besser zu zweit.

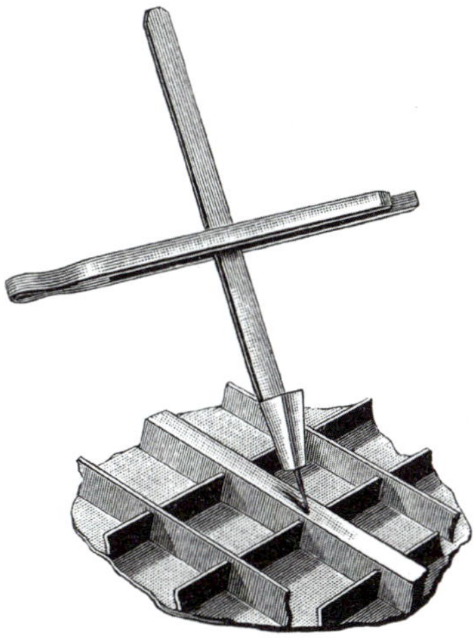

Tenakel Ein anderes Wort für Manuskripthalter. Einige Exemplare haben einen Fuß, andere werden in den Schriftkasten eingesteckt. Neben solchen mit einer einfachen Klammer gibt es auch Tenakel mit Rollen zum analogen Hoch- und Runter-»scrollen«.

Manuskript auf den linken Rand des Schriftkastens legen. Es stört wenig, da sich dort die selten benötigten Akzentbuchstaben befinden. Alternativ kann man sich auch eine dünne Reglette (z.B. 2p) unter das Manuskript legen und beides vorsichtig unter einen seitlichen Kastenrand klemmen. Wer Probleme hat und die aktuelle Manuskriptzeile während des Setzens immer wieder verliert, kann sich mit einem Streifen Papier behelfen, der dann auf dem Manuskript mitwandert.

Die Arbeitshaltung

Für eure Gesundheit ist es wichtig, dass ihr euch gleich die richtige Arbeitshaltung angewöhnt. Ein Setzer steht mittig vor seinem Setzkasten. Die Füße stehen schulterbreit auseinander, die Knie sind locker und nicht steif. Wichtig ist es, sich nicht einseitig zu belasten.

Die linke Hand hält den Winkelhaken, nahe am Körper und frei schwebend über dem Kasten, während die rechte

Berufspoesie
»Frosch« wird der Verschluss am Winkelhaken genannt – weil er wie ein zum Sprung ansetzender Frosch aussieht?

Hand zu den Buchstaben greift. Wenn ihr nun zu einem etwas weiter entfernten Versalbuchstaben greift, darf der Arm nicht am Kastenrand hängen bleiben. Wenn ihr also die Schulter dafür heben müsst und schief in der Bewegung steht, dann steht der Kasten für euch zu hoch. Holt euch dann einen Tritt, auf dem ihr in der richtigen Höhe steht. Und solltet ihr euch vorbeugen müssen, wenn ihr in den Kasten greift, dann steht der Kasten für euch zu niedrig. Nehmt dafür einen nicht benötigten Schriftkasten und stellt ihn auf das Pult unter euren eigentlichen Setzkasten.

Der Winkelhaken

Das wohl wichtigste Werkzeug des Setzers ist der Winkelhaken. Der Winkelhaken wird, egal ob Links- oder Rechtshänder, immer in der linken Hand gehalten.

Zunächst müssen wir den Winkelhaken einstellen; dazu ist der Frosch noch offen, lässt sich also locker verschieben. Ein Winkelhaken wird mit Quadraten gestellt, dazu benutzt man am besten Quadrate in 10, 12 oder 14 p. Mit den Größen von 2, 3 und 4 cic (=1 kon) kann man alle Zeilenbreiten stellen. Beispielsweise könnte man 21 cic wie folgt bauen: 4 Konkordanzstücke, ein 3 cic- sowie ein 2 cic-Quadrat. Wir benötigen für unser Projekt 24 cic, also 6 Konkordanzstücke. Achtung bei den Konkordanzstücken, dass man nicht versehentlich eines verdreht einlegt, seitlich gelegt ist das Stück 6 p länger als gestellt! Die Quadraten sollten möglichst wenig benutzt sein und keine Beschädigungen aufweisen. Bei überwiegend verbrauchtem Material legt man sich Stellquadrate separat zur Seite.

Der fertig gestellte Winkelhaken mit den fünf Quadraten und einem (kaum sichtbar) eingeklemmten Punktspatium.

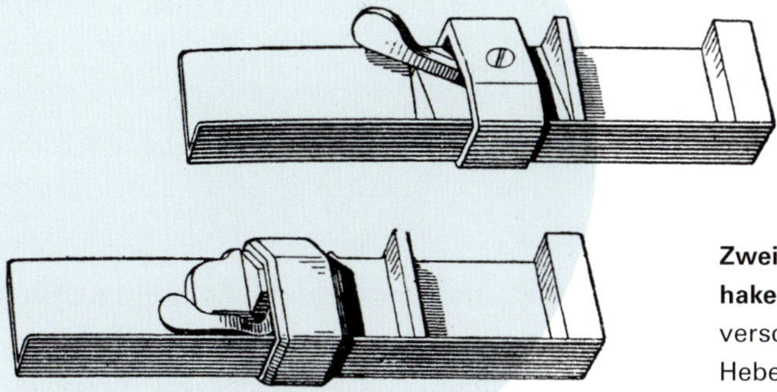

Zwei Typen von Winkelhaken: oben mit Keilverschluss, unten mit Hebelverschluss.

Nun zu einem Punkt, zu dem es verschiedene Ansichten gibt. Eine besagt, dass der Winkelhaken durch die Quadraten exakt und fertig eingestellt ist. Andere meinen, dass zusätzlich ein Kartonspänchen eingelegt werden sollte oder sogar ein Punktspatium. Der Grund ist, dass Satz »federt«, sich also beim Schließen in der Druckform zusammenpresst, da er aus einzelnen Elementen besteht. Je größer die Satzbreite und je kleiner die Schrift, desto mehr federt unser Satz. Für sehr kleine Satzbreiten und für Tabellen kommt also nichts zusätzlich in den Winkelhaken. Bei normalem Satz könnt ihr ein Kartonspänchen dazufügen. Für große Satzbreite empfiehlt sich das sowieso. Und wenn ihr mit Monotype-Schrift arbeitet, dann legt auf jeden Fall einen Punkt dazu, Monotype-Schrift federt mehr als Komplettgussschrift.

Wenn ihr euren Winkelhaken jetzt fest schließt, sollten die Quadraten sich gerade noch kippen lassen, sie dürfen nicht mehr herausfallen. Nur dann bekommt ihr eine präzise Kolumnenbreite.

Eure Winkelhaken werden meist alt und viel benutzt sein. Daher können sie folgende Probleme aufweisen:

- Die beweglichen Seitenwände sind nicht parallel.
- Eine der beiden Wände ist konisch.
- Der Verschluss leidet an Altersschwäche, sodass sich die Zeilenbreite beim Arbeiten schleichend verändert.

Um den Winkelhaken zu prüfen, ist es hilfreich, die Quadraten im Winkelhaken zu legen, den Winkelhaken zu schließen und die Quadraten erst dann aufzurichten. Man merkt dann schnell, ob die Seitenwände konisch sind, und stellt so sicher, dass die Wände parallel stehen. Ob der Frosch sich während

Berufspoesie

Augenpulver – das ist ein sehr kleiner Schriftgrad.

des Setzens leicht verstellt, macht sich meist nicht so schnell bemerkbar. Daher ist es von Vorteil, die Quadratenzeile während des gesamten Arbeitsprozesses im Winkelhaken zu lassen und ihn nach Bedarf nachzustellen. Auch wenn sich der Winkelhaken nur um einen halben Punkt verstellt, wird das später beim Drucken Probleme machen.

Zuletzt gebt ihr die Setzlinie auf die Quadraten, um eine glatte und genügend hohe Anlage für eure Lettern zu haben.

Das Satzschiff

Der Winkelhaken ist eingerichtet, doch bevor wir uns dem Setzkasten widmen, müssen wir noch das Satzschiff vorbereiten. Wer wenig Platz hat, muss sein Schiff auf dem Setzkasten ablegen. Dabei steht es schräg auf einer unteren Ecke des vorderen Kastenrands. In diese Ecke hinein wird dann der Satz gehoben. Wer mehr Platz hat, kann sein Satzschiff auf eine gerade Fläche unter oder neben dem beweglichen Pult legen.

Das Erste, was auf unser Satzschiff kommt, ist ein 2 cic-Steg in Satzbreite, diesen Steg nennt man auch »Überschlag«.

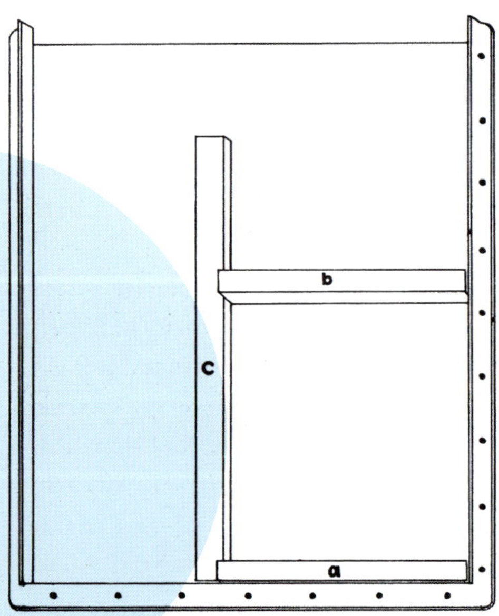

Das vorbereitete Satzschiff zeigt Überschlag (a), Unterschlag (b) und Anlegesteg (c). Ob ihr links oder rechts auf dem Satzschiff arbeitet, spielt keine Rolle.

Der Arbeitsplatz ist vorbereitet. Wir können mit dem Setzen beginnen.

Ein identischer Steg kommt ans Ende der Kolumne als Abschluss, er nennt sich »Unterschlag«. Die beiden Stege dienen dazu, die erste und die letzte Zeile und damit die gesamte Kolumne zu stabilisieren.

Noch mal zur Erinnerung, ihr beginnt den Satz unten mit dem Überschlag. Der wird im Druck zuoberst stehen, die Zeilen, die ihr auf dem Kopf stehend unten setzt, die landen im Druck oben.

Es ist relativ egal, ob ihr euren Satz an der linken oder rechten Seite des Satzschiffes platziert. Allerdings bietet sich die linke untere Ecke dafür an, da dies unserer Leserichtung entgegenkommt, wir von links nach rechts »denken«, diese Orientierung ist also etwas intuitiver. Während aber die eine Seite unseres Satzes durch das Satzschiff gestützt wird, kann die andere Seite leicht umkippen. Um dies zu verhindern, sucht man sich einen schweren Eisensteg oder einen langen 3 cic-Steg, den »Anlegesteg«, und legt ihn umgekippt an die offene Seite. Ein Steg unter dem offenen Ende des Satzschiffs kann unter Umständen hilfreich sein, damit keine Zeilen nach vorne kippen.

Berufspoesie

Als Hochzeit bezeichnen die Setzer ein versehentlich doppelt gesetztes Wort. Der Begriff taucht auch bei den Buchbindern auf, dort meint er das Einhängen des Buchblocks in den Einband.

Glatter Satz – die Grundlage für alles

Wir haben bereits erwähnt, dass wir zunächst mit Werksatz beginnen, genauer gesagt mit glattem Satz. Damit ist meist »Blocksatz« gemeint. Glatter Satz bildet die Grundlage für das Arbeiten mit Bleilettern, alle anderen Satzarten bauen darauf auf.

Der richtige Griff

Für ein flüssiges Setzen gibt es den »richtigen Griff«. Am Anfang wird euch das zu langsam gehen, aber nehmt euch die Zeit. Geschwindigkeit kommt mit der Übung.

Gesetzt wird im Winkelhaken von links nach rechts, so wie ihr auch schreibt und lest. Dabei stehen die Buchstaben immer auf dem Kopf und spiegelverkehrt, die Signatur der Buchstaben ist immer oben.

Manchmal liegen die Lettern sehr dicht oder verklemmt im Kasten, dann kann man ihn leicht aufschütteln, aber nicht zu stark! Denn wenn Lettern in andere Fächer hüpfen, bekommt ihr Fische. Das passiert auch, wenn ihr mit zu viel Kraft mit der rechten Hand in ein Fach hineinfahrt.

Eine Ahle oder Pinzette sollte man nicht benutzen, um Lettern aus einem Kasten zu holen, man beschädigt die weichen Bleilettern zu leicht. Besonders bei Steckkästen lässt man sich zu Pinzetten verleiten – was dann damit endet, dass das Buchstabenbild durch eine abrutschende Pinzette verletzt ist und die Letter unbrauchbar wird. Bei feststeckenden Buchstaben hilft ein Stück flaches, weiches Holz, mit dem ihr ihn heraushebeln könnt.

Beim Arbeiten prägt man sich immer ganze Sätze oder Satzteile des Manuskripts ein, um dann beim Setzen eines Wortzwischenraumes erneut auf die Textvorlage zu schauen. Am Ende ist das alles eine Frage von Routine.

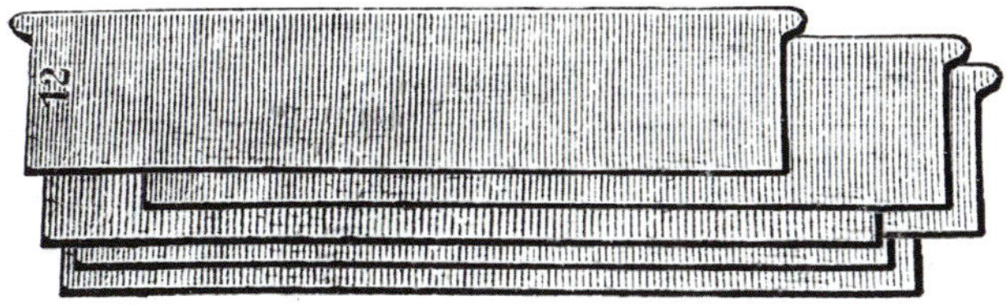

Setzlinien gibt es in allen Cicero-Größen von 4 cic beginnend bis zu 60 cic, also sehr breitem Satz. Sie finden Verwendung für das Setzen im Winkelhaken und das Ausheben des Satzes ins Satzschiff.

1 Die rechte Hand greift ohne Umwege zu einem Fach, euer Auge hat sich bereits für eine Letter entschieden.

2 Die rechte Hand greift den Buchstaben nach Möglichkeit am Kopf, mit der Signatur nach oben weisend.

3 Die Hand kehrt zum Winkelhaken zurück, mit den Fingern dreht ihr die Letter eventuell noch in die richtige Position. Euer Auge sucht schon das nächste Fach.

4 Der Buchstabe sitzt im Winkelhaken, der linke Daumen sichert ihn. Gleichzeitig prüft er durch die Signatur oben die richtige Position.

Die Kunst des Ausschließens

Zwischen den Wörtern braucht es natürlich Wortzwischenräume, also Blindmaterial. Je gleichmäßiger die Wörter optisch voneinander entfernt sind und je angemessener der Raum dazwischen ist, umso ruhiger läuft der Text.

Für das Ausgleichen gibt es Regeln, die jeder Setzer irgendwann auswendig beherrscht. Diese Regeln bilden nur eine Grundlage, sie müssen den Besonderheiten der jeweiligen Schrift angepasst werden.

Was ist der übliche Wortzwischenraum, auch Ausschluss genannt? Als Faustregel gilt der Drittelsatz: Ein Drittel der Schriftgröße ist ein sehr angemessener Wortzwischenraum. Bei 8p wird es dann schwierig, grundsätzlich liegt man aber mit diesen Werten nicht verkehrt: 2 p Wortzwischenraum für 6 p Schriftgrößen, bei 8 p und 9 p wählt man 3 p, bei 10 p bis 12 p zwischen 3 p und 4 p, bei 14 p- und 16 p-Schriften 4 p und so weiter. Diesen Ausschluss nennt man »Grundausschluss«. Bei schmalen Schnitten genügt dann oft ein Punkt weniger, bei breiten oder fetten Schnitten auch gerne ein Punkt mehr.

Wenn ihr euch unsicher seid, dann setzt ein, zwei Zeilen ab und macht einen Abzug zur Probe. Der Grundausschluss sollte immer aus einem vollständigen Ausschlussstück bestehen, also keine Einzelteile.

Die Drittelregel ist nur ein Anhaltspunkt. Die Beispiele hier zeigen, welche Wirkung unterschiedliche Schriften gleicher Größe haben. Der Wortabstand muss sich also entsprechend anpassen.

12 Punkt Bodoni	Des Buches Sinn liegt im Gebrauch	▌ *3 Punkt*
12 Punkt Delphin	Des Buches Sinn liegt im Gebrauch	▌ *2 Punkt*
12 Punkt Schadow	Des Buches Sinn liegt im Gebrauch	▌ *4 Punkt*

Berufspoesie
Beim Setzen werden immer wieder beschädigte Buchstaben oder unbrauchbarer Ausschluss auftauchen. Das wandert in die sogenannte Zeugkiste.

Richard-Wagner-Straße 1000···7000 (Abend) „Wozu“, fragte . . .
Im Vorjahre Laienspiel-Woche Es war still. – Die Bewohner . . .

Neben dem Grundausschluss gibt es verringerte Wortabstände. Diese sind einen halben bis einen Punkt geringer als der Grundausschluss. Bei 3 p Wortabstand wäre 2 p der verringerte Raum.

Mikrotypografie: Wirklich guter Satz muss so aussehen. Dafür wird der kleinste Ausschluss verwendet, 1 p-Spatien oder sogar 1/2 p-Spatien.

Der **verringerte Wortzwischenraum** wird an folgenden Stellen genutzt:

- nach einem Komma
- vor den Versalbuchstaben A J T V W Y
- nach einem Kürzungspunkt
- vor und nach einem Gedankenstrich
- hinter Ordnungszahlen
- nach dem Apostroph

Zusätzlich zu den Wortzwischenräumen gibt es Stellen, an denen ihr **erweiternde Punktspatien** einsetzen müsst:

- vor einem Ausrufe- und Fragezeichen
- vor einem Semikolon
- vor einem Doppelpunkt

Hier ist zu beachten, dass es Schriften gibt, bei denen an diesen Zeichen bereits der Punkt als Fleisch angegossen ist.

Eventuell müsst ihr auch bei Klammern, Anführungszeichen oder Kommas einen halben oder ganzen Punkt einfügen, falls das durch überhängende Buchstaben oder als Ausgleich bei Buchstaben mit Fleisch notwendig ist. Auch das Divis, der Trennstrich, muss manchmal ausgemittelt werden.

Ausschließregeln

Die erste Zeile im Winkelhaken ist gesetzt, ihr habt die passenden Wortzwischenräume genutzt und die Zeile füllt sich. Entweder bleibt so wenig Raum übrig, dass ihr das nächste Wort eures Manuskripts auf die nächste Zeile setzen müsstet,

Das Ende der Zeile
Hilfe, der letzte Buchstabe passt nicht in den Winkelhaken! Was nun?

oder ihr habt noch Raum und könnt ein Wort am Zeilenende trennen. Aber was ist nun mit der ersten Zeile, die ja noch wackelt und noch nicht fest im Winkelhaken sitzt? Oder ist eure Zeile schon ganz gefüllt, aber zwei Buchstaben des letzten Wortes passen nicht mehr hinein?

Dafür gibt es Ausschließregeln und zwei Wege zum Ziel: das Einbringen und das Austreiben. Beides hat eine Reihenfolge und die jeweilige Arbeitsrichtung ist zu beachten. Entscheidend ist, mit welchem Eingriff ihr am wenigsten in den Grundausschluss eingreift. Am besten fangt ihr mit dem Verändern der Zwischenräume um einen Punkt an.

Das **Einbringen** ist das Verringern des Wortabstands von rechts nach links:

1. vor Großbuchstaben
2. vor Wörtern mit kleinen Anfangsbuchstaben, beginnend bei denjenigen hinter, vor oder zwischen Buchstaben mit Ober- oder/und Unterlängen; zuerst r v w y
3. nach einem Komma
4. nach Doppelpunkt, Semikolon sowie nichtsatzschließenden Frage- oder Ausrufezeichen
5. am Schluss eines Satzes nach Punkt, Frage- oder Ausrufezeichen

Das **Austreiben** ist das Vergrößern des Wortabstands von links nach rechts:

1. am Schluss eines Satzes nach Punkt, Frage- oder Ausrufezeichen
2. nach Doppelpunkt, Semikolon sowie nichtsatzschließenden Frage- oder Ausrufezeichen
3. nach einem Komma
4. vor Wörtern mit kleinen Anfangsbuchstaben, zuerst diejenigen hinter, vor oder zwischen Buchstaben mit Ober- oder/und Unterlängen; zuletzt r v w y
5. vor Großbuchstaben, zuletzt vor A J T V W Y
6. nach dem Abkürzungspunkt und nach dem Punkt hinter Ordnungszahlen

Ausschluss

Grundsätzlich solltet ihr euren Ausschluss so wenig wie möglich stückeln. Wenn ihr beispielsweise einen 3p-Ausschluss um einen Punkt erweitert, dann nehmt nicht ein Punktspatium hinzu, sondern tauscht beides, sofern vorhanden, gegen ein 4p-Stück. Das ist wichtig, da gestückelter Ausschluss mehr aufträgt, das Federn des Satzes begünstigt und beim Druck leichter Spieße entstehen. Sollte es kein 4p-Spatium geben, nehmt statt 3p+1p lieber zweimal 2p. Beim erneuten Korrigieren arbeitet es sich so besser als mit nur einem Punktspatium. Wenn ihr den Ausschluss für euren Wortzwischenraum stückelt, gewöhnt euch an, das dünnere

Alles der Reihe nach
Die beiden ersten Zeilen zeigen das Einbringen in ihrer Reihenfolge, die Zeile darunter das Austreiben in Reihenfolge.

3 11 13 10 9 8 12 7 2 6 5 1 4

Jede Hoffnung erlischt: sie haben jetzt nur mehr die Wahl zwischen dem Tod der

Jede Hoffnung erlischt: sie haben jetzt nur mehr die Wahl zwischen dem Tod der

10 5 2 3 4 1 6 8 9 7

Kein Wunder kann sie mehr retten. Sie beschließen, keinen Schritt diesem

Wissenswert

Kompress setzen heißt ohne Durchschuss setzen. Das spart Raum, ist aber auch schwieriger zu handhaben. Im heutigen digitalen Satz wird der Begriff auch für Satz mit stark verringerter Laufweite benutzt. Im Blei ging das aber noch nicht – klar.

Stück immer rechts neben das dickere zu setzen. Auf diese Weise erleichtert ihr ein erneutes Verändern und das spätere Ablegen des Satzes. Insbesondere bei den feinen Stücken 1 p, 1½ p und 2 p ist diese Technik sehr nützlich.

Die Zeile wird nun zunehmend fester im Winkelhaken sitzen. Damit ihr am Schluss nicht einen dünnen Ausschluss beim Hineinsetzen zerbrecht, hilft es, wenn ihr einen kräftigeren Buchstaben kurz herausnehmt, den Ausschluss hinten einsetzt und dann den stabileren Buchstaben wieder an seinen Platz drückt.

Egal ob ihr die Zeile einbringt oder austreibt, am Ende sollte sie fest im Winkelhaken sitzen. Ihr könnt das prüfen, indem ihr die gesamte Zeile vorsichtig mit der Setzlinie nach vorne kippt. Sie sollte von selbst im Winkelhaken halten, nicht zu locker sitzen und auseinanderfallen oder so fest, dass ihr sie nicht bewegen könnt.

Die Zeile sitzt fest im Winkelhaken, sie hält der Überprüfung stand.

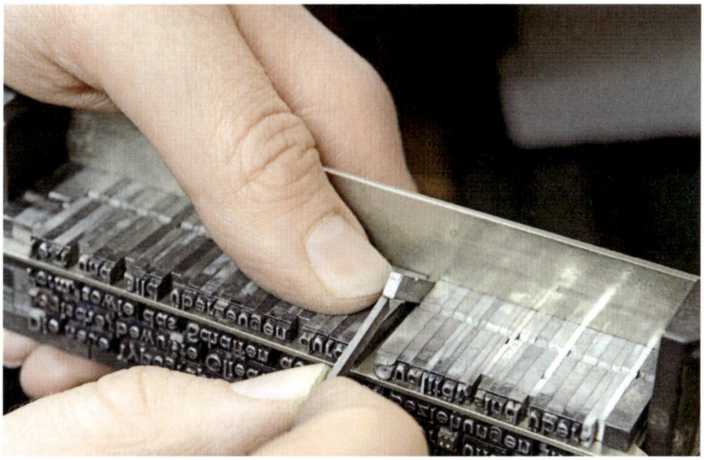

Das Auswechseln des Grundausschlusses. Mit dem neuen Ausschlussstück kann man das vorhandene herauskippen. Arbeitet man sich Schritt für Schritt in der Reihenfolge vor, kann man auch zuerst alle Stücke herauskippen.

Wenn eure Zeile ausgeschlossen ist, nehmt ihr die Reglette für den gewählten Durchschuss und setzt sie über die Zeile. Gebt acht, das eure Regletten nicht zu kurz sind, aber auch nicht im Winkelhaken festklemmen. Setzt ihr kompress, nehmt eure Setzlinie unter der Zeile weg und setzt sie über dieser wieder ein, um eine glatte Oberfläche für die nächste Zeile zu haben. So kann man auch vorgehen, wenn ihr euren Durchschuss stückeln müsst.

Beim Ausschließen ist zu beachten, dass eine eng geschlossene Zeile nicht einer sehr weiten Zeile folgen sollte oder umgekehrt. Das ist keine technische, sondern eine rein optische Überlegung. Denn die Wortzwischenräume bilden im glatten Satz Weißräume – und je harmonischer diese verteilt sind, umso schöner und am Ende lesbarer ist das Schriftbild.

Tipps & Tricks
Größere Sätze zum Transport nicht heben, sondern immer schieben, denn die Gefahr ist groß, dass euch ein Satz in seine Einzelteile zerfällt.

Ausheben

Ist die Zeile im Winkelhaken fertig ausgeschlossen, müsst ihr sie nun auf euer vorbereitetes Satzschiff bringen. Zu Beginn empfiehlt es sich, nur je eine Zeile auszuheben. Mit zunehmender Sicherheit gelingt es, die Zeilenanzahl zu steigern und einen gefüllten Winkelhaken auszuheben.

Auf dem Satzschiff angelangt, könnt ihr die Zeile gegen euren 2 cic-Vorschlagsteg schieben. Die Setzlinie wird nun

1 Kippt eure Zeile mithilfe der Setzlinie leicht nach vorne und nehmt diese vor die Zeile. Eure Quadraten bleiben natürlich im Winkelhaken.
2 Legt seitlich am Zeilenende eure Daumen hinter die Zeile und die Zeigefinger davor. Die geknickten Mittelfinger nutzt ihr, um die Zeile zusammenzupressen.
3 Dreht die Zeile nach vorne aus eurem Winkelhaken heraus. Eventuell müssen die restlichen Finger dabei den Winkelhaken nach unten drücken.
4 Die Zeile liegt nun fast waagerecht auf der Setzlinie. So bewegt ihr sie zum Satzschiff und setzt sie in umgekehrter Drehbewegung wieder ab.

1 Der Knoten wird an einer Ecke der Kolumne angelegt und mit einem Finger fest an den Satz gedrückt. Mit der anderen Hand fahrt ihr nun die Kolumnenschnur so stramm wie möglich um die Kolumne herum.

2 Am Anfang wieder angelangt, muss die Kolumnenschnur unter den Knoten und dann über der ersten Lage weiter. Führt die Kolumnenschnur nun noch circa dreimal ohne weitere Kreuzungen um das Satzstück.

3 Am Ende der Schnur macht ihr eine Schlaufe an einer Ecke des Satzstückes. Fixiert die Schlaufe mit einem Finger.

4 Führt eure Ahle in die Schlaufe, zieht diese unter alle Lagen der Schnur hindurch und zieht sie nochmals fest an.

durch eine passende Reglette für den Durchschuss ersetzt und geht zurück in den Winkelhaken. Da die Regletten gerne umkippen, könnt ihr euren Satz unten mit einem kurzen Steg stützen. Vergesst nicht, sie vor dem nächsten Ausheben zu entfernen!

Die fertige Kolumne

Habt ihr am Ende eine fertige Spalte vor euch, folgt noch euer Unterschlag, ein 2 cic-Steg in Satzbreite, unter der letzten Zeile.

Nehmt eine Kolumnenschnur zur Hand. Ein Knoten an einem Ende der Schnur ist euer Anfang. Um die Kolumnenschnur möglichst fest um das Satzstück zu winden, drückt ihr dieses während des Ausbindens in eine Ecke des Setzschiffes. Achtet darauf, dass sich die Zeilen nicht seitlich verschieben. Auf diese Weise ausgebunden, transportiert ihr euren Satz auf dem Satzschiff, ohne dass er euch zusammenfällt.

Auszeichnungen

Im glatten Satz, oder auch im Satz allgemein, gibt es verschiedene Möglichkeiten auszuzeichnen, also einzelne Wörter oder Textteile hervorzuheben. Die klassischen Auszeichnungsmöglichkeiten sind:

- Sperren
- *Kursiv*
- **Halbfett** oder **Fett**
- KAPITÄLCHEN
- VERSALIEN

Berufspoesie
Das Spatium, lat. für »Zwischenraum«, ist ein nichtdruckendes Blindmaterial im Bleisatz, es ermöglicht das Erweitern (Spationieren) der Wort- und Zeichenabstände.

Als weitere Auszeichnung gäbe es noch den Einsatz einer zweiten Farbe, darauf gehen wir an späterer Stelle ein.

Sperren bzw. Spationieren

Das Sperren ist eine einfache Möglichkeit, aber auch besonders im Blei und bei gebrochenen Schriften oft die einzige Auszeichnungsmöglichkeit. Dabei wird üblicherweise in den Brotschriftgraden nach jedem Buchstaben ein Punktspatium gesetzt. Auch Ligaturen werden dann gesperrt. Ausnahme bilden bei gebrochenen Schriften nur die Ligaturen ch, ck und tz. Bei breiten oder großen Graden kann man auch mit 1½ p oder 2 p spationieren.

Damit das gesperrte Wort sich leichter vom vorherigen oder nächsten Wort abgrenzt, muss auch der Wortzwischenraum vergrößert werden. Fette oder schmale Schriften sollte man nicht sperren.

Man kann das Spationieren auch zur Aufhellung nutzen, insbesondere wenn einzelne Zeilen in kleinen Schriftgraden von viel Weißraum umgeben sind. Ebenfalls nützlich ist das Spationieren bei der Gestaltung eines besseren Zeilenfalls – von einzelnen, wenigen Zeilen oder einer Überschrift.

Über- und Unterschlagen

Überschriften oder Zwischentitel können ohne Aufwand einen anderen Schriftgrad haben. Möchten wir jedoch einen anderen Schriftgrad in einer Zeile mit unserer Grund-

Über- und Unterschlagen
Beachtet, dass an eurer Schrift zunächst immer ein durchgehendes Ausschlussstück liegen muss.

schrift nutzen, wird die Sache schwieriger. Beide Schriftgrade müssen dann auf dieselbe Grundlinie gebracht werden, dank der Normalschriftlinie ist das aber kein großes Problem.

Die nachfolgende Tabelle zeigt, wie viel Punkt jeweils über und unter einen Schriftkegel gelegt werden müssen, um die verschiedenen Größen auf eine Linie zu stellen.

Kegel in Punkten	6	7	8	9	10	12	14	16	20
Überlegung	3,5	4	5	5,5	6,5	8	10	11	15
Unterlegung	0,5	1	1	1	1,5	2	2	3	3

Möchte man also eine 8 p-Schrift mit einer 12 p-Schrift auf Linie bringen, so ermittelt man die Differenz des Über- und des Unterschlags beider Schriften: Oben sind es 3 p (5 zu 8) und unten ist es 1 p (1 zu 2).

Nicht immer funktioniert diese Rechnung so einfach. Manchmal weichen Schriften von der Normalschriftlinie ab oder wirken durch ihr Schriftbild optisch anders. Hier muss man sich dann auf sein Auge verlassen.

Die Normalschriftlinie
Alle Schriftgrößen können mit dem Ausschlussmaterial auf Linie gebracht werden.

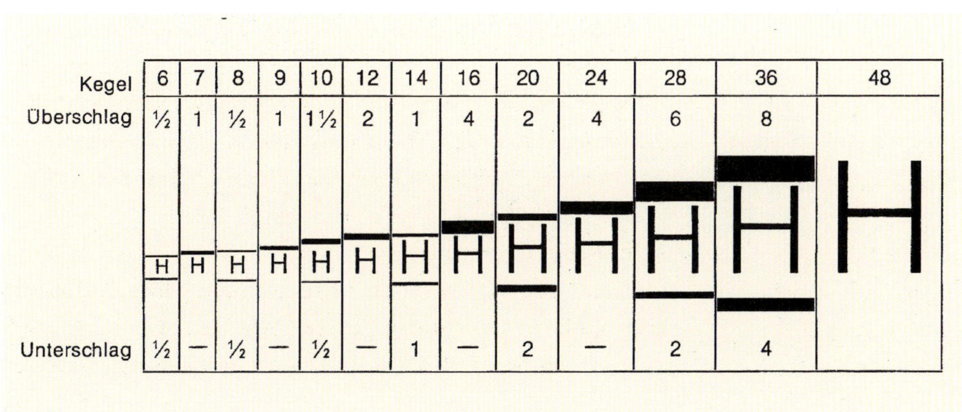

Tipps & Tricks

Nicht nur zwischen Versalien braucht es einen Ausgleich. Auch in einer normalen Textzeile sollen die Wörter optisch ausgeglichen zueinander stehen. Dazu gibt es einen Trick: Nehmt drei Wörter auf dem Abzug zwischen eure Finger. Steht das mittlere Wort mittig zwischen den beiden anderen? Dasselbe könnt ihr mit einzelnen Buchstaben machen.

Ausgleich von Versalien

Schriften sind für den gemischten Satz zugerichtet. Reiner Versalsatz braucht Nacharbeit, auch im Satz von Kapitälchen ist es wichtig, einen Ausgleich der Buchstaben vorzunehmen. Runde Buchstaben wie das Q oder offene wie das F nehmen optisch mehr Raum ein als kompakte Buchstabenformen wie I oder H. Ziel ist es also, dass alle Buchstaben optisch gleich zueinander stehen. Enger setzen geht im Blei leider nicht oder nur in Ausnahmefällen, daher bedeutet Ausgleichen immer ein Erweitern der Buchstabenabstände.

Wann gleicht man aus?

- ↘ Im Versalsatz immer.
- ↘ Wenn Versalien auf Kleinbuchstaben treffen. Hier eignen sich unterschnittene Versalbuchstaben, die sich in manchen Kästen finden. Ansonsten hilft nur, die Minuskeln ganz leicht zu erweitern.
- ↘ Bei Wörtern aus Kleinbuchstaben nur in sehr großen Graden und wenn es einem ins Auge fällt.
- ↘ Großbuchstaben haben oft viel Fleisch, daher wirkt bei einem Satz, in dem Zeilen mit Großbuchstaben beginnen, die linke Satzkante oft unruhig. Großbuchstaben sollten dann leicht nach links gerückt werden, soweit es der optische Eindruck erfordert. Das nennt man auch Randausgleich. Daher ist es auch nützlich, einen generellen Einzug mitzuplanen, denn über den kann man innerhalb der Satzbreite diesen Ausgleich vornehmen.

Milchwirtschaft ohne Versalausgleich, unten dann ausgeglichen. Das sieht klar besser aus.

MILCHWIRTSCHAFT

M I L C H W I R T S C H A F T

Ein Korrekturabzug wird oft nicht ausreichen. Man sollte sich die Veränderungen immer mitnotieren, um vergleichen zu können, was sich verbessert hat und was vielleicht rückgängig gemacht werden sollte.

Ausgeglichen wird immer nach dem größten Raum zwischen zwei Buchstaben. Käme z. B. A T vor, dann gibt uns das den Raum vor. Wer sich aber zu den glücklichen Besitzern eines Schriftkastens mit überhängenden Versalien zählt, kann damit die sehr weiten Räume reduzieren. Aber Achtung, die Überhänge brechen leicht ab.

Zu Beginn ist folgende Technik hilfreich. Man steckt zwischen alle Buchstaben z. B. einen 2 p-Ausschluss. Dann macht man einen Abzug und beurteilt die Abstände. Wichtig ist also nicht alleine das Buchstabenbild, sondern der Weißraum dazwischen. Jetzt kann man anzeichnen, wo es mehr Raum braucht und wo man verringern kann. Dann ein Kontrollabzug, den man erneut bewertet. Dieses Hin und Her macht man so lange, bis man mit dem Ergebnis zufrieden ist. Durchschuss und Wortzwischenraum sind der Weite des Wortbildes nun anzupassen. Arbeitet man mit verschiedenen Graden einer Schrift im Versalsatz, so sollten diese so ausgeglichen sein, dass sie optisch den gleichen Eindruck vermitteln.

Beim Bewerten des Weißraumes hilft Distanz. Schaut euch den Abzug aus größerer Entfernung an, schaut ihn euch mit zusammengekniffenen Augen an, legt ihn auf den Boden und betrachtet ihn von verschiedenen Seiten, dreht ihn auf den Kopf, wendet das Blatt und betrachtet den Abzug gegen das Licht. Oder ihr lasst das Blatt eine Weile liegen und schaut es eine Stunde oder einen Tag später an.

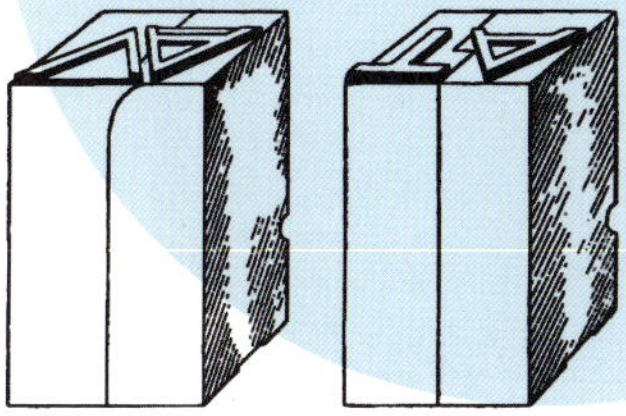

Seltenes im Setzkasten Solche Versalien sind sehr vorsichtig zu behandeln, sie werden in Steckkästen wechselnd über Kopf eingestellt, um Beschädigungen zu vermeiden. Links mit Überhang, rechts mit Ausklinkung.

Komplexe Formen

Nachdem ihr euch an glattem Satz versucht habt, gehen wir nun weiter zu komplexeren Formen. Es kommt eine kleine Herausforderung: die Tabelle.

Die Tabelle ist der steile Weg zum Berggipfel und wird euch strukturelle Satztechnik so nahe bringen, dass ihr das für alle komplexen Satzformen gut gebrauchen könnt. Ging es im glatten Satz mehr um das Zusammenspiel von Buchstaben und Zeilen, so geht es jetzt um die Form als solche.

Muss eine Tabelle langweilig sein? Ganz und gar nicht! Denkt euch etwas aus, was nützlich ist oder Spaß macht, werdet erfinderisch, vielleicht entwerft ihr ja tatsächlich eine Tabelle über Langeweile?

Das Verschränken

Das richtige Verschränken des Satzmaterials ist eine wichtige Voraussetzung beim Bau von Satzformen und wird euch bei der Tabelle das erste Mal begegnen. Verschränken heißt, dass ihr Satzmaterial wie Regletten, Stege, aber auch Quadraten in Längen, die ihr nicht als ein Stück habt, so kombiniert, dass euer Satz stabil bleibt. Wichtig ist dabei, dass ihr nicht einfach z. B. 24 cic halbiert auf 12 cic, sondern in asymmetrische, größere und kleinere Stücke unterteilt. In oder nach jeder Zeile wird das Material vertauscht, mal kommt das kurze Stück zuerst, mal das längere. So gebt ihr eurer Form Stabilität.

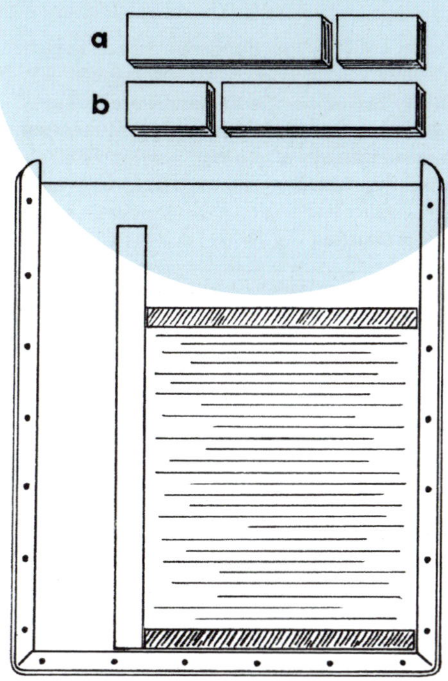

So wird es gemacht
Die Reglettenhäufchen helfen euch. Nach jeder Zeile wechselt der Durchschuss von a nach b nach a und so weiter.

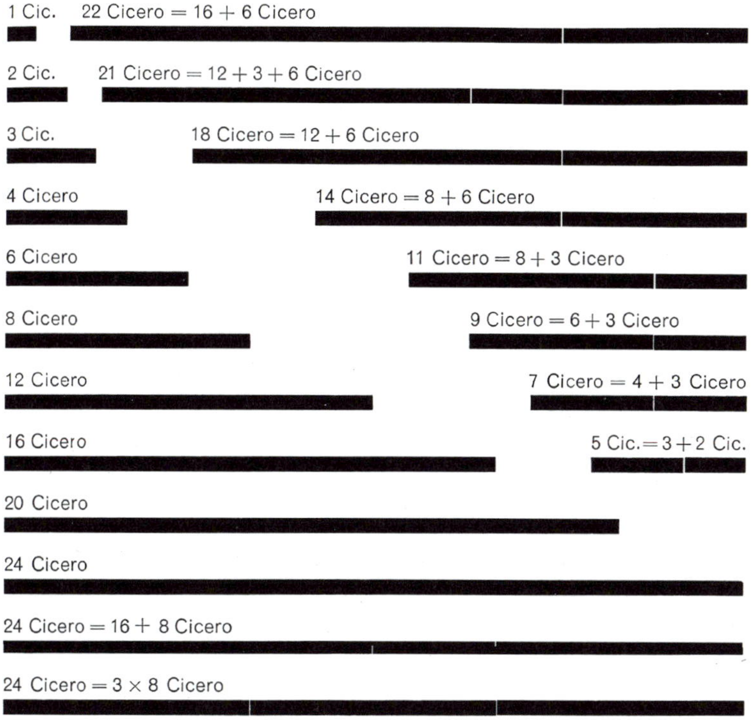

Diese Zusammenstellung gibt euch eine Hilfestellung für mögliche Kombinationen.

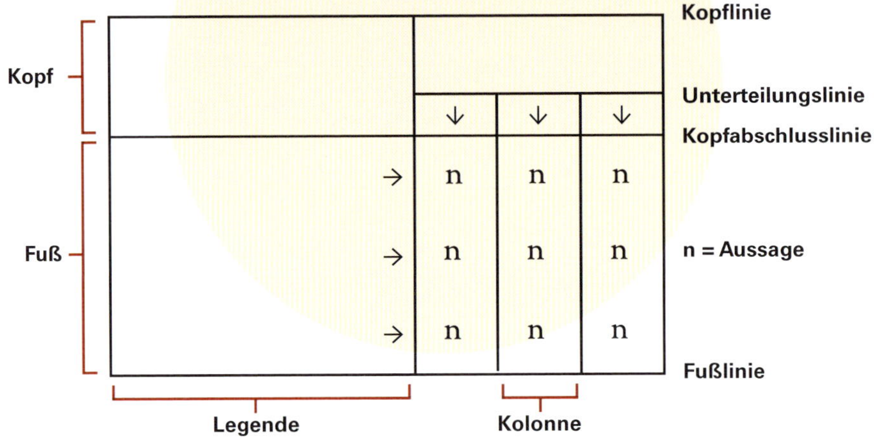

Der Aufbau einer Tabelle, ganz klassisch mit Tabellenkopf und Tabellenfuß.

Aufbau und Arten

Neben der Ausrichtung einer Tabelle (Querformat oder Hochformat) unterscheiden wir offene, halboffene und geschlossene Tabellen.

- Offen: Die Tabelle hat keine Linien.
- Halboffen: Die Tabelle hat Quer- und/oder Längslinien, aber keine Seitenränder.
- Geschlossen: Ein geschlossener Rahmen umgibt die Tabelle, die auch Längs- und Querlinien hat.

Für eure erste Tabelle ist eine geschlossene Form geeignet.

Gestaltungsleitfaden für Tabellensatz

Eine Tabelle ist in erster Linie eine Übersicht. Sie soll gliedernd und ordnend wirken. Damit eine Tabelle optisch übersichtlich wirkt und nicht vom Inhalt ablenkt, hilft es, ein paar Dinge zu beachten.

Die Breite der Kolonnen wird durch den Fuß bestimmt. Den Kopf kann man danach anpassen, bei zu langem oder ungleich kurzem Inhalt kann man sich im Kopf durch Trennungen, Abkürzungen, einen kleineren Schriftgrad oder Senkrechtstellen des Inhaltes behelfen.

Der Kopf der Tabelle wird kleiner oder so groß gesetzt wie der Fuß, niemals größer. Der Fuß selbst wird im gleichen Schriftgrad wie der Fließtext gesetzt, wenn die Tabelle zum Beispiel Teil eines Buches ist. Bis auf die Schriftgröße haben wir alle anderen Auszeichnungsmöglichkeiten. Fette oder kursive Schnitte für den Kopf sind also eine gute Idee.

In einfachen Tabellen genügt meist eine Linienart. Linien verschiedener Stärke werden nur genutzt, um Kolonnen zusammenzufassen (beispielsweise bei der Verwendung von Unterkategorien, die zu einer Hauptkategorie zählen) oder zu betonen. Nach Möglichkeit beschränkt man sich auf feine, stumpffeine und halbfette 2 p-Linien. Die Kopfabschlusslinie darf nicht unterbrochen werden. Stärkere Linien dürfen außerdem auch nicht durch schwächere unterbrochen werden. Summierungslinien in rechnerischen Tabellen unterbrechen aber alle senkrechten Linien.

Doppelter Satz

Nun gibt es für uns im Satz zwei Möglichkeiten, eine Tabelle anzulegen: Tabellen in einer Form und Tabellen in zwei Formen. Bei Tabellen in einer Form werden wir Stellen haben, an denen senkrechte und waagerechte Linien aufeinanderstoßen, wo also immer eine von beiden durchbrochen sein wird. Unter Umständen wird man solche Anschlussstellen sehen.

Bei Tabellen in zwei Formen können wir die senkrechten und die waagerechten Linien in zwei separate Formen teilen und so weniger kleines und gestückeltes Linienmaterial verbrauchen. Das klingt aufwändiger, als es am Ende ist. Wir setzen zunächst jedoch unsere Tabelle in einer Form, mit dem Erstellen einer zweiten Form beschäftigen wir uns später.

Richtig oder falsch?
Die Tabellen oben und unten links sind ziemlich verkehrt. Die erste hat eine unterbrochene Kopfabschlusslinie, die zweite eine stärkere Linie, durchschnitten von einer schwächeren. Die Tabelle unten rechts ist dagegen korrekt.

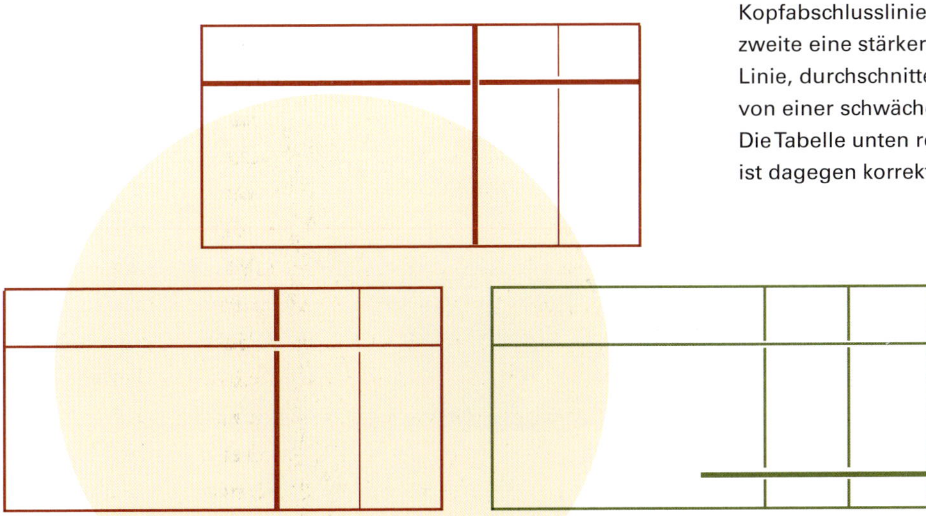

Der Winkelhaken neu gedacht

Um eine Tabelle zu setzen, muss man also erst einmal probeweise Zahlen und Wörter des Fußes absetzen. Zunächst solltet ihr eine ungefähre Vorstellung davon haben, wie groß eure Tabelle wird. Begrenzt euch das Papierformat? Oder muss die Tabelle wie bei unserer Schwitters-Broschüre in den Satzspiegel passen?

Stellt euch also erst einmal den Winkelhaken auf die richtige Cicero-Breite ein. Dann nehmt ihr euch Quadraten und Ausschlussstücke, die eure Feldbreite bestimmen. Zwischen die Quadraten gebt ihr kurze Linienstücke der Linienart, die ihr verwenden möchtet. Nach Möglichkeit solltet ihr

Geteilt So oder so ähnlich wird euer Winkelhaken aussehen.

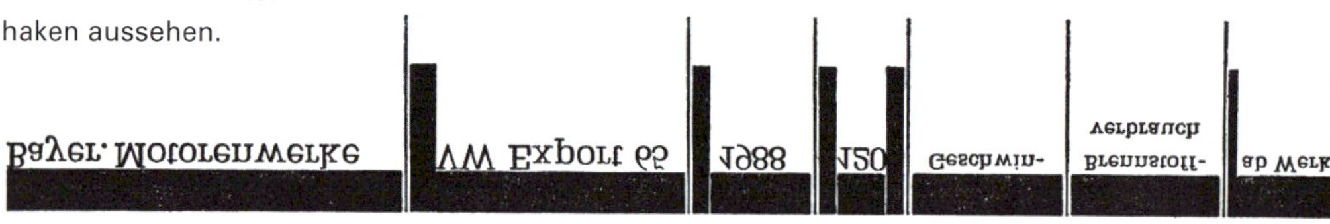

Probe Nachdem wir die geplanten Spaltenbreiten im Winkelhaken mit Quadraten eingestellt haben, ersetzen wir sie durch Inhalte aus dem Fuß der Tabelle. So können wir mögliche Änderungen der Breiten rechtzeitig vornehmen.

Abteilung	Belegschaft	Fläche
Setzerei	Berger	10 qm
	Sauermann	10 qm
Druckerei	Sprenger	20 qm
	Tiegler	11 qm

Abteilung	Belegschaft	Fläche
Setzerei	Berger	10 qm
	Sauermann	10 qm

Abteilung	Belegschaft	Fläche
Setzerei	Berger	10 qm
	Sauermann	10 qm

Abteilung	Belegschaft	Fläche
Setzerei	Berger	10 qm
	Sauermann	10 qm
Druckerei	Springer	20 qm
	Tiegler	20 qm

eure Feldbreiten auf volle Cicero ausgehen lassen. Durch die Linien werdet ihr am Ende Raum übrig haben, den ihr zunächst rechts der Tabelle anschlagt. Sucht euch nun die Inhalte aus dem Fuß der Tabelle, die für euch maßgebend für die Breite einer Kolonne sind. Diese setzt ihr in euren Winkelhaken. Achtet darauf, dass ihr mindestens 2 p Abstand zwischen euren Feldinhalten und den Linien habt. Ihr könnt nun noch an der Einteilung der Kolonnen Änderungen vornehmen, bis ihr mit dem Ergebnis zufrieden seid. Wenn ihr eure Tabelle nun noch erweitern möchtet, um auf eine bestimmte Breite zu kommen, könnt ihr den übrigen Raum auf die Kolumnen sinnvoll aufteilen.

Nachdem ihr eure Kolonnenbreiten festgelegt habt, ist es hilfreich, euch den Aufbau auf ein Blatt Papier zu notieren. Setzt dann in euren Winkelhaken den Kopf der Tabelle ab. Sollte eure Tabelle Unterkategorien haben, die sich zu Hauptkategorien zusammenfassen lassen, so hilft euch nun euer Plan auf dem Papier. Ihr errechnet euch hier von unten nach oben die Feldbreite. Dabei müsst ihr mehrere Fußfelder plus die Linienbreite(n) zur Feldbreite eines Oberbegriffes zusammenrechnen. Den Kopf der Tabelle könnt ihr so Zeile für Zeile mit den richtigen Breiten und Linienmaterial im Winkelhaken zusammensetzen.

Dieselbe Tabelle in zwei Varianten Oben seht ihr eine halboffene Tabelle, darunter eine geschlossene. Die jeweils rechts danebenstehenden Darstellungen zeigen das tabellenstützende Blindmaterial.

Tipps & Tricks

Die einzelnen Teile einer Tabelle geben sich im besten Fall gegenseitig Halt. Wenn ihr das bedenkt, dann wird schnell deutlich, wie ihr am besten welchen Ausschluss verwendet.

Steht euer Tabellenkopf auf dem Satzschiff, könnt ihr nun euren Winkelhaken umstellen zur Breite der ersten zu setzenden Kolonne. Setzt die Kolonne von oben nach unten durch, um danach die nächste Breite im Winkelhaken für die nächste Kolonne einzustellen, bis ihr alle Kolonnen auf eurem Satzschiff fertig stehen habt.

Denkt daran, dass ihr euren Winkelhaken im Tabellensatz exakt ohne Zuschuss eines Kartonspans einstellt und jede Zeile sehr gut ausschließt. Kleine Ungenauigkeiten bauen sich schnell auf und verursachen Fehler und Probleme beim Druck. Wenn euer Satz auf dem Satzschiff eine wackelige Stelle hat, überprüft euer Ausschlussmaterial und eure Linien. Das Material muss, wenn ihr stückelt, immer verschränkt sein.

Damit nichts fällt kann man die Tabelle mit Stegen oder Quadraten abstützen und so langsam anbauen.

Wichtig ist die rechnerische Richtigkeit. Manchmal treibt eine bestimmte Stelle den Satz aus, die Ursache könnte in einem verbogenen Punktspatium liegen. Manchmal liegt der Fehler gar nicht da, wo ihr ihn bemerkt, sondern drei Zeilen weiter oben, wo sich zwischen den 9 p-Ausschluss ein 10 p-Stück eingeschlichen hat. Besonders stark verschmutzte

Fertig Unsere fertig ausgebundene Seite 1 mit der Tabelle für die Broschüre.

EINFUHR					AUSFUHR				
Jahr	Wein und Most in Fässern		Wein in Flaschen		Jahr	Wein und Most in Fässern		Wein in Flaschen	
	Menge Doppelzentner	Wert 1000 Mark	Menge Doppelzentner	Wert 1000 Mark		Menge Doppelzentner	Wert 1000 Mark	Menge Doppelzentner	Wert 1000 Mark
1898	679 501	35 008	6 961	1 108	1898	130 640	9 018	79 651	10 984
1897	668 620	34 709	7 827	1 317	1897	134 776	9 018	76 872	11 189
1896	636 923	33 248	7 806	1 418	1896	132 642	9 228	71 283	11 420
1895	673 694	34 880	6 382	1 293	1895	121 500	8 726	64 944	10 244
1894	705 870	34 713	6 613	1 327	1894	114 371	7 903	56 691	8 835

Geht es schwieriger? Ein Beispiel mit komplexem Tabellenkopf. Hier muss ordentlich gerechnet werden.

Linien können sich auch bemerkbar machen. Manchmal hilft es schon, eine Linie um 180° zu drehen oder eine Reglette zu wechseln, die kaum merklich zu lang ist.

Korrigiert auf jeden Fall erst eine Stelle und überprüft, ob diese das Problem gelöst hat. Wenn ihr drei Möglichkeiten als Ursache findet und alle drei gleichzeitig ändert, werdet ihr das Problem nicht finden. Arbeitet euch also Schritt für Schritt vor und kreist den Fehler so ein.

Weitere Satzformen

Bisher haben wir uns mit Werksatz beschäftigt, also Satz, wie er in Büchern üblich ist. Einerseits glatten Satz, andererseits die – zumindest in Fachbüchern vorkommenden – Tabellen. Wer beides beherrscht, hat mit den jetzt folgenden Satzarten keine großen Probleme mehr. Daher reicht eine kurze Übersicht.

Wissenswert
Eine Leerzeile ist eine Zeile in Schriftgröße plus dem Durchschuss. Bei einer 10 p-Schrift mit 2 p Durchschuss ist die Höhe der Leerzeile 12 p.

Gedichtsatz oder Flattersatz

Alle linksbündigen Satzformen werden auch als Gedichtsatz bezeichnet. Das betrifft nicht nur Gedichte und Überschriften, sondern sämtliche Arbeiten, die sich die Schreibmaschine zum Vorbild nehmen.

Gedichtsatz ist schnell erklärt. Handelt es sich um ein Gedicht im eigentlichen Sinne oder müsst ihr einen vorgegebenen Zeilenfall einhalten, setzt ihr euch zuerst die längste Zeile im Winkelhaken ab. Nehmt euch dafür zu Beginn eine ungefähre Cicero-Satzbreite mit Quadraten und Setzlinie in den Winkelhaken, und vergesst nicht, einen Einzug mitzusetzen, wenn ihr einen Randausgleich benötigt. Geht nun beim finalen Einstellen des Winkelhakens auf eine volle Konkordanz.

Im Gedichtsatz macht die Unterscheidung zwischen rechnerischer und optischer Mitte Sinn. Eine rechnerisch mittige Überschrift muss oft optisch nachkorrigiert werden.

Angelus Sileſius

Menſch, werde weſentlich: denn wann die Welt vergeht,
So fällt der Zufall weg: das Weſen das beſteht.

Das größte Wunderding iſt doch der Menſch allein:
Er kann, nachdem er's macht, Gott oder Teufel ſein.

Menſch, geh nur in dich ſelbſt! Denn nach dem Stein der Weiſen
Darf man nicht allererſt in fremde Länder reiſen.

Der Weiſe ſucht nur eins, und zwar das höchſte Gut:
Ein Narr nach vielerlei und Kleinem ſtreben tut.

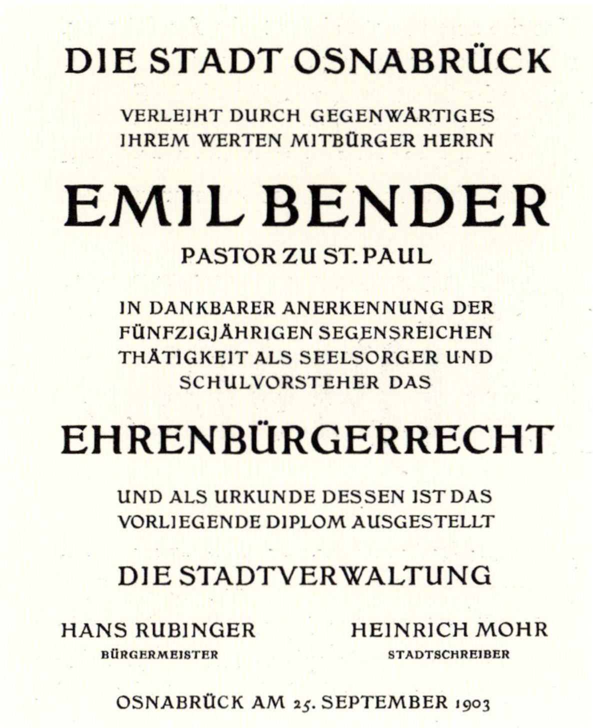
DIE STADT OSNABRÜCK

VERLEIHT DURCH GEGENWÄRTIGES
IHREM WERTEN MITBÜRGER HERRN

EMIL BENDER

PASTOR ZU ST. PAUL

IN DANKBARER ANERKENNUNG DER
FÜNFZIGJÄHRIGEN SEGENSREICHEN
THÄTIGKEIT ALS SEELSORGER UND
SCHULVORSTEHER DAS

EHRENBÜRGERRECHT

UND ALS URKUNDE DESSEN IST DAS
VORLIEGENDE DIPLOM AUSGESTELLT

DIE STADTVERWALTUNG

HANS RUBINGER — BÜRGERMEISTER
HEINRICH MOHR — STADTSCHREIBER

OSNABRÜCK AM 25. SEPTEMBER 1903

Mittelachse
Für diese Urkunde wurde der Text mittig gesetzt. Dabei sieht man mehrere Möglichkeiten: Freie, axiale Zeilen wechseln hier mit glattem Blocksatz, der mittig gestellt wurde.

Eure längste Zeile habt ihr schon mit den typografisch richtigen Wortabständen gesetzt. Diese sollte jetzt nach rechts noch etwas Raum haben. Um ihn auszuschließen, beginnt ihr von rechts mit dem größten möglichen Ausschlussstück und füllt nach und nach mit kleineren Stücken nach innen auf, sodass der kleinste Ausschluss direkt am Satz anliegt. Sollte zwischen Strophen eine Leerzeile sein, dann setzt ihr die auch gleich mit.

Das gleiche Satzprinzip könnt ihr beim rechtsbündigen Flattersatz anwenden. Nur wird hier dann das größte Ausschlussstück ganz links im Winkelhaken platziert.

Mittelachsensatz

Mittelachsensatz ist die erste Wahl, wenn ihr an Überschriften und Titeleien denkt, das wäre klassisch, auch traditioneller gestaltet. Stellt euren Winkelhaken auf die Satzbreite eurer Grundschrift ein. Nachdem eure Wortabstände typografisch richtig gesetzt sind, könnt ihr eure Zeile von links und rechts gleichzeitig ausschließen. Verwendet wieder außen die größten Ausschlussstücke, die kleinsten Füllstücke kommen direkt an den Satz.

Reihensatz

Ihr findet sogenannten Reihensatz unter anderem in Aufzählungen, als Inhaltsverzeichnis und in Übersichten. Wenig überraschend ist, dass sich hier das Wissen um den Tabellensatz lohnt.

Reihensatz erfordert mehrfaches Ausschließen jeder einzelnen Zeile. Nehmen wir das Beispiel der Seite 2 unserer Laborratte. Hier gibt es ein zweispaltiges Inhaltsverzeichnis. Unser Winkelhaken ist auf volle Satzbreite eingestellt und auch den Einzug können wir schon hineinsetzen. Wir nehmen zunächst die längste Zeile der ersten Spalte in den Winkelhaken: »Topographie der Typographie«. Nun setzen wir nicht wie in der Vorlage »Seite 16«, sondern wir suchen uns erneut die längste Zeile der zweiten Spalte, nehmen wir also einmal »Seite 14 und 15«. Wir schauen, wie viel Cicero diese zweite Spalte benötigt: Es sind 6 cic. Diese 6 cic kommen als Quadraten in den Winkelhaken rechts. Unsere erste Spalte können wir nun vor diesen Quadraten fest ausschließen. Dann nehmen wir die 6cic rechts wieder heraus, setzen »Seite 16« und können die Zeile im Winkelhaken ein zweites Mal fest ausschließen. Unsere Zeile ist nun fertig. Für die nächste Zeile nehmen wir zuerst erneut rechts die 6 cic in den Winkelhaken und wiederholen den Vorgang.

Zuerst ... die Quadraten im Winkelhaken geben uns die zweite Spalte an. Danach wird die erste Spalte gesetzt.

Dann ... ist die erste Spalte gesetzt, man entfernt die Quadraten und setzt die nächste Spalte auf gleiche Weise.

Möchte man Führungspunkte setzen, so geht man genauso vor. Erst setzt man die erste Spalte, rechts im Winkelhaken sind Quadraten für die zweite Spalte. Vor den Quadraten beginnt man nun, von rechts nach links die Führungspunkte mit festem Abstand zu setzen, bis ein letzter Führungspunkt nicht mehr möglich ist. Dann kann man den Raum zwischen den Führungspunkten und dem letzten Wort ausschließen und die zweite Spalte setzen.

Bei sehr großen Aufzählungen lohnt es sich, die schmalen Kolonnen einzeln zu setzen und diese dann wie bei einer Tabelle erst auf dem Satzschiff nebeneinanderzustellen.

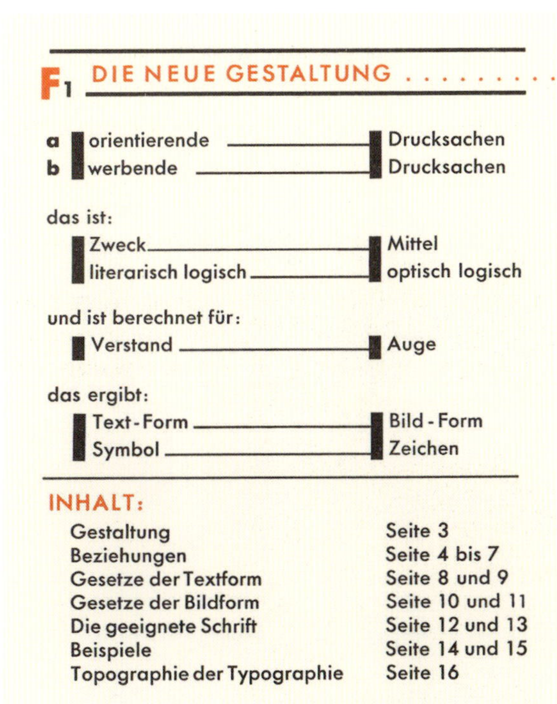

F1 DIE NEUE GESTALTUNG . . . .

a orientierende —— Drucksachen
b werbende —— Drucksachen

das ist:

Zweck —— Mittel
literarisch logisch —— optisch logisch

und ist berechnet für:

Verstand —— Auge

das ergibt:

Text-Form —— Bild-Form
Symbol —— Zeichen

INHALT:

Gestaltung	Seite 3
Beziehungen	Seite 4 bis 7
Gesetze der Textform	Seite 8 und 9
Gesetze der Bildform	Seite 10 und 11
Die geeignete Schrift	Seite 12 und 13
Beispiele	Seite 14 und 15
Topographie der Typographie	Seite 16

Der Satz der Seite 2 unserer Schwitters-Broschüre ist fast vollständig Reihensatz.

Spezielle Satzformen

Neben den grundlegenden Satzformen gibt es deutlich speziellere. Darunter fallen: Figurensatz, schräg laufende Zeilen oder Linien, gestürzte Zeilen. Man kann sich an Bogensatz oder Rundsatz wagen oder Ornamente zu einem Rahmen zusammensetzen. Alle diese Dinge fielen früher in das Aufgabengebiet der Akzidenzsetzer. Wenn ihr die Möglichkeit habt, besucht Ausstellungen und Werkstätten, schaut euch gedruckte Beispiele und die entsprechenden Satzformen an. Oft wird in noch existierenden Werkstätten Stehsatz aufgehoben, danach zu fragen lohnt sich. An dieser Stelle können wir nicht auf alle Besonderheiten eingehen, möchten euch aber das ein oder andere mit auf den Weg geben.

Für **Figurensatz** ist es manchmal hilfreich, sich eine Vorlage zusammenzustellen und auf ein Satzschiff zu legen, worauf ihr große Schriften oder Formen erst einmal platzieren könnt. Dann nutzt das Typometer und messt die Abstände eurer Elemente zueinander aus. Bei detaillierteren Sachen macht ihr euch am besten auf eurer Vorlage schon Anmerkungen zu den Abmessungen. Macht ausreichend Skizzen und Notizen, insbesondere zu Größen und Abständen

Für Puzzlefreunde
Beispiel zweier Figurensätze in alten Anzeigen. Beide Anzeigen konnten durch Verwendung von Linienmaterial gestaltet werden.

Kreuz und quer
Auf diese Weisen kann ein Satz schräg gestellt werden. Die Darstellungen aus einem Lehrbuch zeigen den Umgang mit Blindmaterial.

und dazu, wo ihr welches Element aus welchem Regal entnommen habt.

Füllt auch hier wieder euren Weißraum immer nach dem Prinzip: möglichst wenig Materialverbrauch, möglichst großes Material. Dabei kann euch die Erfahrung der Tabelle helfen. Denkt in Spalten und Zeilen, mindestens aber in rechteckigen Formen, innerhalb derer sich die Elemente befinden, die ihr dann miteinander kombiniert.

Für **schräg** liegende Zeilen und Linien findet ihr mit etwas Glück in eurer Werkstatt sogenannten Schrägausschluss. Diese keilförmigen Ausschlussstücke oder einseitig schräg gezackten Regletten werden euch sehr helfen. Solltet ihr so etwas nicht haben, müsst ihr euch durch die Verwendung von Ausschluss Schrägen selbst schaffen. Dabei ist wichtig, sich im Voraus den Raum zu untergliedern und vor, nach oder zwischen mehreren schrägen Elementen immer wieder Raum für gerade Regletten oder Stege zu finden.

Nun könnt ihr zwischen diesen geraden eure schrägen Elemente einklemmen. Auch hier müsst ihr rechnen. Wenn ihr beispielsweise über einer Schräge auf der linken Seite 6 p-Ausschluss habt und auf der rechten Seite 12 p-Ausschluss, dann müsst ihr unter dem schrägen Element genau das Umgekehrte verwenden, also links die 12 p und rechts die 6 p.

Nicht ganz einfach Hier wurde mit Gummiregletten gearbeitet. Alternativ könnte man auch Regletten biegen. Die extremste Form eines Rundsatzes wäre der Kreis.

Schmuck Manchmal findet man runden Schmuck, diesen kann man so einbauen, wie es hier gezeigt ist.

Mit **gestützten Zeilen** ist gemeint, Satz um 90° zu drehen, Buchstaben also nicht etwa untereinanderzusetzen. Wichtig ist, dass ihr den Satz in Regletten einfasst. Traditionell wurde gestürzter Satz stets von unten nach oben gelesen, Rückengestaltungen deutscher Bücher sind so gearbeitet. Falls es aber zu eurem Projekt passt, könnt ihr das natürlich auch anders machen.

Etwas Unmögliches möglich machen, das versucht man beim **Bogen- oder Rundsatz**. Aus rechtwinkligen Einzelelementen also etwas Rundes bauen. Das dachten sich schon Generationen von Setzern, mal mehr, mal weniger fluchend. Hierzu gibt es ganz unterschiedliche Methoden. Einige haben das Glück, Gummiregletten zu besitzen, andere arbeiten mit Papierstreifen, die zu kleinen Röllchen gedreht werden und zwischen die Buchstaben kommen. Einige können auf Schrägausschluss zurückgreifen, andere nutzen wie beim

Schrägsatz unterschiedlich breiten Ausschluss. Einige kleben ihre Buchstaben mit wasserlöslichem Klebstoff an eine gerade Oberfläche und gießen die Form mit Gips aus. Die Buchstaben sind danach fest in der Masse.

Rahmenbau wird man häufiger verwenden als Rundsatz. Wer schöne Ornamente oder auch ausreichend Linienmaterial besitzt, wird früher oder später etwas einrahmen wollen. Wichtig ist, dass ihr eure Rahmen zuerst vorskizziert und durchrechnet. Im Voraus also errechnen, wie hoch und breit ein Rahmen mit den gegebenen Linienstücken oder wie groß er bei einem Ornament werden kann. Gerade bei mehreren Linien und Ornamenten, die ihr zu einem großen Rahmen kombinieren wollt, ist das zwingend notwendig.

Folgende Regeln sind wichtig:

- Gebaut werden Rahmen von außen nach innen.
- Die waagerechten oberen und unteren Linien greifen/ragen immer über die senkrechten seitlichen Linien.
- Wenn möglich und vorhanden, verwendet man Linien mit Fleisch und fette Linien mit Gehrungen.
- Erst wenn der Rahmen fertig ist, wird der innere Satz erstellt.
- Zwischen Rahmen und Satzstück ist immer Füllmaterial einzufügen.

Durch geschicktes, sparsames Stückeln von Blindmaterial, Linien und Ornamenten sowie Verschränken eures Materials wird eure Satzform am Ende dann auch stabil sein.

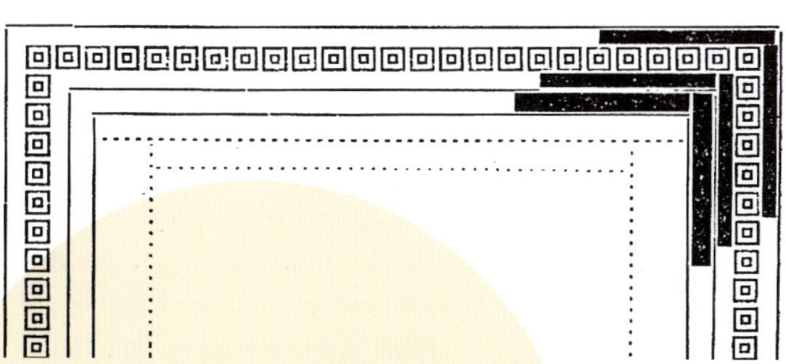

Wichtig ist, was man nicht sieht. Das richtige Benutzen von Blindmaterial ist beim Bau eines Rahmens besonders wichtig.

Korrekturen

Trotz sorgfältiger Arbeit beim Setzen werdet ihr bei euren Abzügen Fehler finden. Dabei können neben den üblichen Rechtschreib- oder Grammatikfehlern beim Bleisatz eine Reihe von Dingen vorkommen, die am Computer »ausgerottet« sind: kaputte oder kopfstehende Buchstaben, Spieße, Fische und Ähnliches. Für all diese Dinge gibt es Korrekturzeichen, sie werden an der betreffenden Textstelle vermerkt sowie jeweils am rechten Rand wiederholt.

Berufspoesie
Imprimatur: Der Auftraggeber hat nichts mehr zu bemängeln und gibt sein Okay zum Druck. Am Ende gibt es auch noch die Imprimatur des Revisors und die Auflage kann gedruckt werden.

Warum so kompliziert? Es erleichtert zum einen die Zusammenarbeit mit anderen Bearbeitern, vermeidet missverständliche Korrekturwünsche. Aber auch wenn ihr alleine arbeitet, hilft das. Lasst einmal einen vorläufig gedruckten Korrekturbogen längere Zeit liegen und versucht euch dann ohne erneutes Manuskriptstudium an der Korrektur ...

Für die Korrekturrunden gibt es spezielle Bezeichnungen:

- Vorauskorrektur: Sie findet vor dem Setzen statt, bei der Überprüfung des Manuskripts.
- Hauskorrektur: Findet nach dem Setzen statt. Zeile um Zeile wird mit dem Manuskript verglichen.
- Autorkorrektur: Die intern korrigierten Bögen gehen an den Auftraggeber. Unter Umständen kommt es zu mehrmaligen Korrekturrunden, dazwischen befinden sich oft interne Zwischenkorrekturen.
- Revision: Diese überprüft die vorgenommenen Änderungen. Es wird mit der jeweils letzten Korrektur abgeglichen.
- Maschinenrevision: Der sogenannte Revisor beschäftigt sich mit den Korrekturen in der Maschine nach dem Andruck, also vor dem eigentlichen Fortdruck. Die Überprüfung erfolgt anhand der letzten Korrektur. Besonders gründlich wird auf mögliche Problemstellen geachtet: Seitenzahlen, Linienanschlüsse, lädierte Buchstaben. Wichtig ist auch das Überprüfen des Standes. Gibt es etwas zu bemängeln, muss direkt in der Maschine bzw. im Schließrahmen korrigiert werden.

In Grün wirken Korrekturen weniger schlimm! Korrekturzeichen findet ihr noch immer im Duden, dennoch an dieser Stelle eine Übersicht.

Korrekturzeichen (nach DIN 16511)

Hauptregel: *In den Satz eingezeichnete Korrekturzeichen sind auf dem Rand zu wiederholen*

Andere Schrift für Wörter oder Zeilen — 1 fett — 2 kursiv
Beschädigte Buchstaben
Buchstaben aus einer anderen Schrift
Unreine Buchstaben
Verkehrt oder quer stehende Buchstaben 1
Falsche sowie auf dem Kopf stehende Lettern
Mehrere Fehler in einer Zeile
Ligatur getrennt gesetzt: Silberfisch
Ligatur falsch angewandt: Auflage
Falsch gesetzte Wörter mit teilweise falsche Wörter — und — sch
Zwei Korrekturzeichen sind notwendig bei falschen Teilungen 2
Fehlende uchstaben — Bu
Im fehlende Wörter — Satz
Fehlende Satzteile größere Leiche — s. Mskpt. Seite …
Überflüssige Buchstaaben oder auch Wörter
Vrestellte Buchstaben Wörter oder
Bei großer Umstellung werden die Wörter beziffert — 1 2 3 4 5 6 7
Unliche im Manuskript — leser ?
Das Wort soll gesperrt werden
Die Sperrung soll wieder aufgehoben werden
FehlenderWortzwischenraum
Zwischenraum verringern
Der Zwischenraum soll weg fallen
Mitgedrucktes Blindmaterial (Spieße)
Verschobener Durchschuß
Fehlender Durchschuß
Zu großer Durchschuß

Es wird ein Absatz verlangt. Eine neue Zeile
Ein Absatz soll angehängt werden.
Der Absatz wurde aus Versehen gemacht
Eine Zeile einrücken
Eine Zeile nach vorn rücken
Aus Versehen Angestrichenes — sagen
Neu zu setzende Zeilen im Zeilenguß-Maschinensatz, in denen nur „Kratzer" oder nicht Linie haltende Buchstaben vorkommen
Verstellte Zeilen im Zeilenguß-Maschinensatz

Senefelder ohne Unterstützung; er faßte daher den Entschluß, sich der — 2
Nach Abschluß seiner Studien nach München zurückgekehrt, war Alois — 1
dramatischen Kunst als Dichter und Schauspieler zu widmen. Zwei Jahre

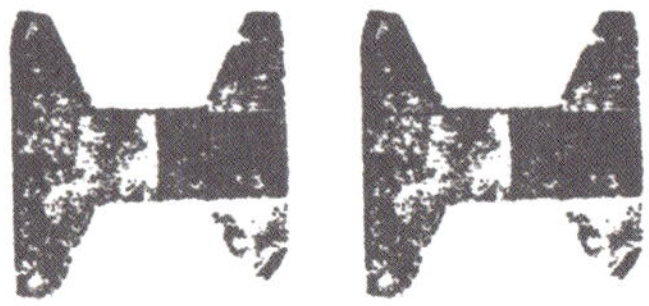

Ablegen will gelernt sein

Man könnte annehmen, dass das Ablegen von Satz früher sicher den Lehrlingen überlassen wurde. Aber weit gefehlt, das ist eine Arbeit, die erst der ausführen durfte, der bereits routiniert setzen konnte. Wichtig ist hier wieder die Satzanweisung; sie dient dazu, Linien und Schriften richtig zu identifizieren und korrekt abzulegen. Das solltet ihr beachten:

- Stimmt der Schriftkegel der abzulegenden Schrift mit der Schrift des Kastens überein?
- Stimmen die Schriftbilder überein?
- Stimmt die Signatur überein?

Wenn ihr eine Kolumne vor euch habt, die ihr ablegen wollt, dann könnt ihr zunächst den Satz »ausschlachten«. Das heißt, ihr werdet Linienstücke und Ornamente entfernen und richtig zurücksortieren, die Klischees und andere Druckstöcke aus dem Satz nehmen, große Stege und Regletten entfernen und dort einsortieren, wo sie hingehören. Dann trennt ihr die verschiedenen Schriften und Schriftgrößen, wenn nötig auf verschiedene Satzschiffe. Titelschriften kommen wieder in die Steckkästen, und am Schluss steht nur noch der Handsatz auf eurem Schiff.

»Brutaler« Anfang
Der Satz wird (ganz unblutig) ausgeschlachtet.

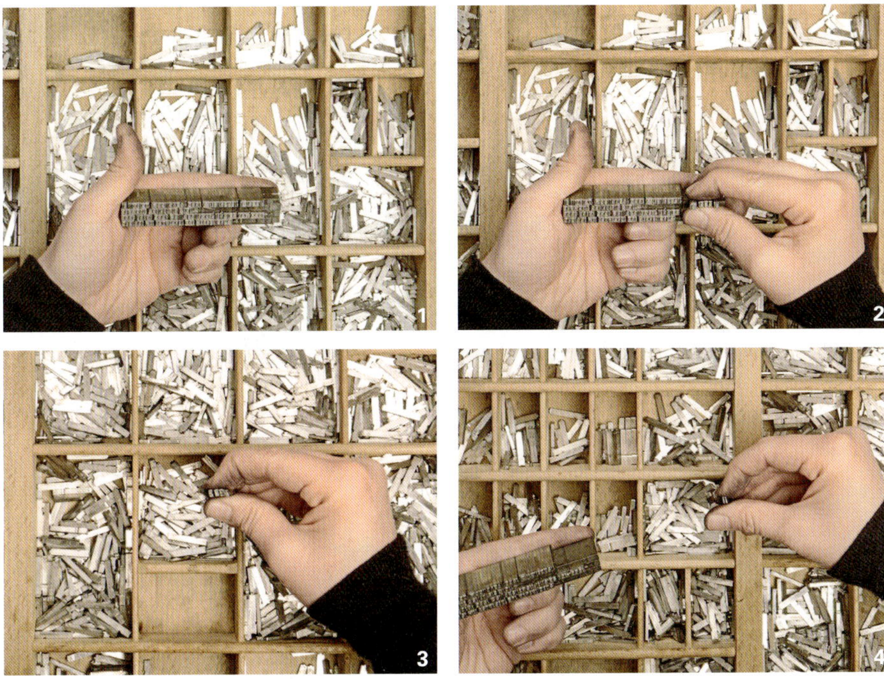

1 Nehmt Zeilen auf einer Reglette liegend in eure Hand. Gestützt wird durch Daumenballen links, Mittelfinger unten und Zeigefinger hinten.

2 Die Buchstaben liegen so, dass ihr sie lesen könnt. Mit der rechten Hand nehmt ihr ein Wort oder einen Wortteil zwischen eure Finger.

3 Quirlt die Lettern leicht, damit sie sich voneinander lösen. Fahrt mit der Hand locker über den Setzkasten zu den Fächern.

4 Einzeln fallen die Lettern in das jeweils richtige Fach. Verfolgt das mit den Augen, um Fische gleich wieder auszusortieren.

Ähnlich wie beim Ausheben von Satz aus dem Winkelhaken solltet ihr auch beim Ablegen mit einer Zeile beginnen und euch langsam steigern. Hier bewährt sich dann, wenn ihr euren Ausschluss systematisch verwendet habt. Das kleinere Stück ist immer rechts vom größeren, das hilft beim Ablegen des Blindmaterials. Ihr könnt das Blindmaterial aber auch erst mal auf dem Satzschiff sammeln und dann später wegsortieren. Wenn ihr schon routiniert im Ablegen seid, könnt ihr mehrere Zeilen auf eure Reglette oder einen hölzernen Ablegespan nehmen. Dabei hilft Anfeuchten des Satzes auf dem Satzschiff mit etwas Wasser. Der Satz soll aber nicht schwimmen! Anfeuchten ist aber nur dann ratsam, wenn euer Kasten danach noch etwas offen stehen bleiben kann. Wenn sich Feuchtigkeit im Kasten festsetzt, kann eure Schrift anfangen zu oxidieren und dabei Schaden nehmen. Linienmaterial darf nicht angefeuchtet werden.

☛ Einblick

Von Matern und flüssigem Blei – der Schriftguss

Winkelhaken sind in einer Schriftgießerei lang und aus Holz. Auf ihnen werden die Lettern von der Gießmaschine bis zur Teilerin transportiert und gelagert.

Der Urknall des Schriftgewerbes

Neben der Druckpresse gilt eine weitere Erfindung Gutenbergs als Anfang der Buchdruckkunst: das Handgießinstrument. Es erlaubte erstmals, bewegliche Lettern mithilfe einer Gießform und einer Mater in beliebiger Anzahl zu gießen. Druckereien setzten und druckten über Jahrhunderte hinweg nicht nur, sondern sie gestalteten und gossen auch ihre Schrift selbst. Aber es gab bereits 1572 eine erste Schriftgießerei: die Egenolff-Luthersche Schriftgießerei des Jakob Sabon. Er produzierte erstmals Schrift ausschließlich im Auftrag anderer. Dennoch breitete sich dieses Gewerbe nicht so rasant aus wie der Buchdruck selbst. Schuld waren unter anderem Schriftgrößen und -höhen, die sich von Druckerei zu Druckerei unterschieden. Erst deren Standardisierung und die technische Weiterentwicklung vom Handgießinstrument zur Komplettgießmaschine im 19. Jahrhundert führten zum Aufschwung der Schriftgießereien. Dazu trug auch der Bedarf an Metalllettern bei, er wuchs bis zum Ende der Bleisatzära rasant.

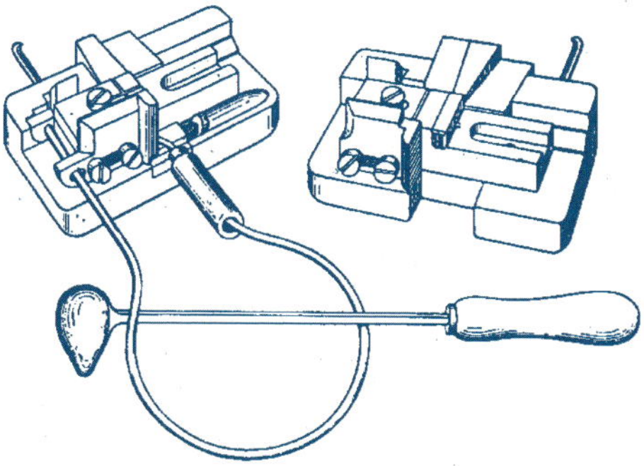

Handgießinstrument

Das Material

Tatsächlich bestehen unsere Bleischriften nicht aus reinem Blei. Dem Schriftmetall beigemischt sind Antimon und Zinn. Ersteres lässt das Blei härter werden, aber auch spröder. Das zweite macht es geschmeidiger und verhindert eine allzu große Brüchigkeit. Die typischste Mischung für Lettern ist circa 5 % Zinn, 28 % Antimon und 67 % Blei. Das Verhältnis der Legierung unterscheidet sich allerdings auch danach, ob es sich um Komplettguss, also Schrift einer Schriftgießerei, oder um Maschinensatz für Linotype oder Monotype handelt. Auch bei Komplettguss gibt es unterschiedliche Mischungen, zum Beispiel für stark überhängende Schreibschriften oder für Ausschluss.

Prüfender Blick – Rainer Gerstenberg, der letzte tätige Schriftgießer, prüft mit einer Lupe die frisch gegossenen Lettern.

Wie Bleilettern entstehen

Zunächst braucht es eine Mater. Ein Stempelschneider überträgt dazu das Bild eines Buchstabens auf einen Stahlstift. Dann schneidet er dieses erhaben heraus und der fertige Stahlstempel wird in eine Kupfermater eingeprägt. Ein weiterer Weg ist die Herstellung eines Zeugschnitts. Dabei überträgt der Stempelschneider ein Bild auf einen weichen Metallklotz, das Zeug, und schneidet es vertiefend heraus. Anschließend wird das Zeug galvanisiert. Bei einer gebohrten Mater wird das Bild mithilfe eines Pantografen und einer vergrößerten Schablone übertragen.
Unabhängig von Gerät oder Maschine funktioniert der Schriftguss dann nach dem folgenden Prinzip: Die Mater wird in ein Gießinstrument eingespannt. Dabei werden zwei verstellbare Winkel über dem Bild eingestellt, die den Schriftkegel bestimmen. Blei wird nun eingegossen. Das Material erstarrt blitzschnell, das Gießinstrument kann geöffnet werden und die fertige Letter wird freigegeben. Der unförmige Anguss wird anschließend abgeschlagen. Der Schriftgießer muss jede Mater exakt auf einen Schriftkegel justieren. Dabei spielt besonders die Prüfung der Kegeldickte, der Weite sowie der Schriftlinie eine Rolle. Auch das Bild der gegossenen Letter wird genaustens überprüft.
Nach dem Guss werden die Lettern auf Schrifthöhe gefräst, gegebenenfalls unterschnitten und mit der Signatur versehen. Anschließend werden sie von Teilerinnen nach den Angaben des Gießzettels abgezählt und verpackt.

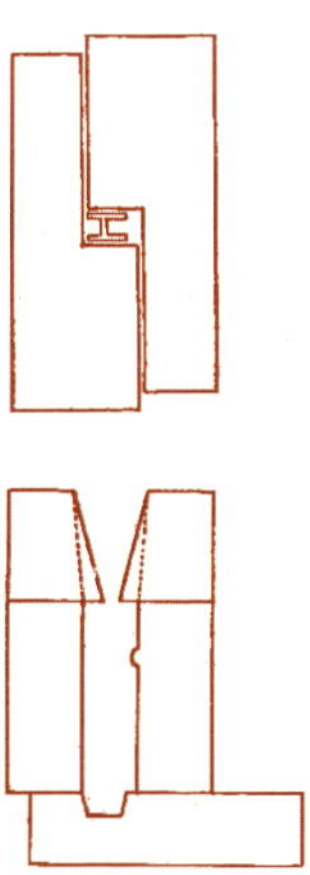

Letternform: Rechts die zwei Winkel des Gießinstruments von oben über dem Maternbild, darunter eine seitliche Ansicht, unten die Letter mit dem Anguss.

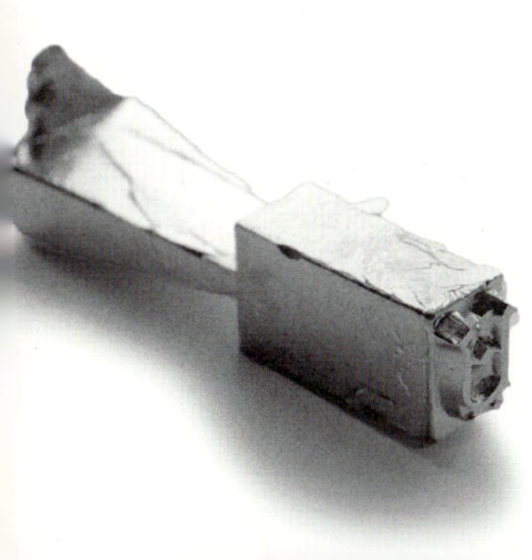

Maternarten von links nach rechts: Kupfermater, Zamakmater mit einem Galvanoauge (Zamak ist ein Zink-Alu-Gemisch, das die Mater einfasst), gebohrte Messingmater, gebohrte Stahlmater.

☛ Einblick

Birne, Ahorn, Maulbeerbaum – wie entstehen Holzschriften?

Holzbuchstaben

Die Geschichte der Holzletternherstellung für den Buchdruck ist im Vergleich zur Produktion von Bleisatzschriften relativ kurz. Sie begann mit dem Druck grafischer Plakate in Auflage ab etwa der Mitte des 19. Jahrhunderts, dem Beginn von Werbung und Anzeigen. Für den Aushang im öffentlichen Raum wurden größere Schriften benötigt, als im Bleisatz verfügbar waren. Die Erfindung der Holzletternfräse durch William Leavenworth im Jahr 1834 in den USA machte dann die industrielle Herstellung von Holzbuchstaben erstmals möglich.
Die Grenze zwischen Blei- und Holzschriften verlief üblicherweise etwa bei 96 Punkt bzw. 8 Cicero, alles darunter war in Blei gegossen, wenn es größer sein sollte, nahm man aus Gründen des Gewichts und der Materialersparnis Holz. Das Ende des Hochdrucks und der

Holzlager – Das Holz, Obsthölzer oder Ahorn muss lange gelagert sein, bevor es in Scheiben geschnitten verarbeitet werden kann.

Bleisatzära in den 50er bzw. 60er Jahren bedeutete auch das Ende der Nachfrage nach Holzschriften, die Schriftgießereien stellten die Produktion ein.

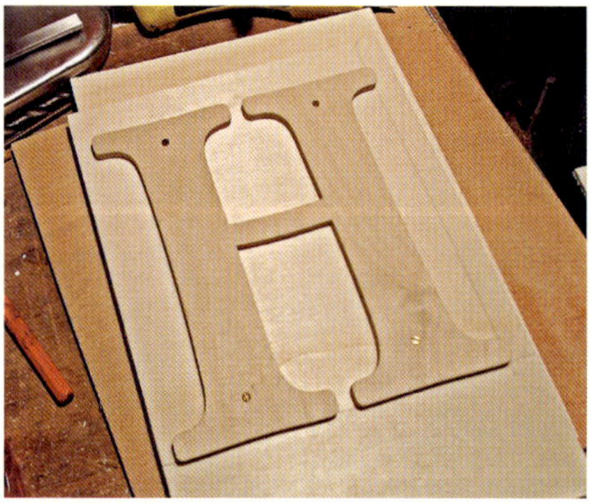

Schablonen dienen zum Abtasten der Formen mit dem Pantografen.

Die Herstellung

Die Herstellung erfolgte im Wesentlichen nach dem immer gleichen Verfahren. Der erste Schritt war bei Neuentwürfen eine Zeichnung, sehr oft wurden aber bereits in Blei vorliegende Schriften einfach vergrößert. Darauf folgte die Herstellung der Schablonen zum Abtasten mit dem Pantografen, ca. 24 cm hoch, aus Sperrholz gesägt, gesäubert und auf Holzplatten fixiert. Die Vorlagen waren damit fertig, rund 100 für einen vollständigen Satz.

Das Material

Die Bearbeitung des eigentlichen Holzes für die Buchstaben ist sehr aufwändig,

Pantograf – für die Holzschriftenproduktion wurden umgebaute Graviermaschinen verwendet.

denn nur wenn die Holzscheiben absolut plan sind – für mittlere Grade nahm man Stirnholz, für ganz große Schriften Langholz – drucken sie gleichmäßig. Und die Lettern bleiben auf Dauer nur dann formstabil, wenn das Holz ausreichend lange gelagert ist, 10 Jahre sind die Regel. Man verwendete in Deutschland überwiegend Birnbaum, Obsthölzer oder Maulbeere, in den USA war kanadischer Ahorn üblich.

Holzschriften »schneiden«

Das eigentliche Schneiden ist dann ein Fräsen mit einer abgewandelten Graviermaschine, die über einen Pantografen das Bild des Buchstabens von der Schablone abtastet und auf den Fräskopf überträgt. Da die inneren Ecken beim Fräsen rund bleiben, werden sie anschließend von Hand nachgestochen. Abschließend folgt eine präzise Zurichtung der Buchstaben in der Kegelhöhe sowie seitlich. Holzbuchstaben weisen keine Vor- und Nachbreiten auf, der Ausgleich der Buchstabenabstände geschieht klassischerweise erst im Satz bzw. in der Druckmaschine. Zum Schluss fehlt dann noch die Signatur, auch die wird bei Holzlettern unten eingefräst.

Die Produktion einer kompletten Holzschrift dauert, für 200 Buchstaben, an die 300 Arbeitsstunden, schneller geht es kaum, aus heutiger Sicht unbezahlbar. Es sind daher auch keine neuen oder unbenutzten Holzschriften mehr zu finden, sie sind allesamt mindestens 40 Jahre alt.

Genzsch Antiqua in Holz, schmalfetter Schnitt, das Ergebnis eines Forschungsprojektes zur Herstellung einer Holzschrift – es gibt sie daher auch nur einmal. Der gesamte Satz füllt in 16 cic Größe zwei Kästen.

DRUCKFORMEN BAUEN

Vom Umbruch zur fertigen Kolumne

Kehren wir von den Tabellen und anderen Satzformen zurück zum Glatten Satz. Ihr habt die Korrekturen fertig und nun soll das Satzstück von Bildern, typografischen Elementen, Tabellen oder Überschriften unterbrochen werden. Was ist zu tun, wenn aus einer langen Spalte zwei, drei oder mehr Seiten werden sollen, die dann eine kleine Broschüre ergeben? Wir müssen umbrechen.

Eine Kolumne planen

Ziel des Umbruchs ist es, einen Text auf mehrere Seiten zu verteilen, ohne Fehler wie Schusterjungen oder Hurenkinder. Zeitgleich werden auch Überschriften, Bilder, Tabellen, Kopf- und Fußzeilen eingefügt. Natürlich sollen alle Seiten am Ende gleich hoch und breit sein und Register halten. Um dieses Ziel zu erreichen, müssen wir zurückkehren zu unserem Manuskript und den Maßen des Satzspiegels.

Berufspoesie

Ein Hurenkind ist die letzte Zeile eines Absatzes auf einer neuen Seite. Sie steht dort allein. Der Schusterjunge ist eine andere unschöne Form: Hier steht die erste Zeile eines neuen Absatzes allein am Seitenende. Beides sind Satzfehler, die die Ästhetik und Lesbarkeit negativ beeinflussen.

Zunächst möchten wir wissen, wie viele Zeilen auf eine Seite passen. Die vorbereiteten Satzanweisungen geben die Höhe des Satzspiegels in Cicero vor. Bei unserer Schwitters-Broschüre konnten wir 30 cic 6 p bedruckter Fläche als Höhe des Satzspiegels messen. Eine Kolumne wird jedoch auf volle Cicero geplant, dazu kommen noch Vor- und Unterschlag.

30 cic 6 p *(bedruckter Bereich)*
\+ 6 p *(aufrunden auf volle Cicero)*
= 31 cic
\+ 1 cic Vorschlag
\+ 1 cic Unterschlag
= 33 cic Kolumnenhöhe

Wissenswert
Auf Vorder- und Rückseite und auch auf gegenüberliegenden Seiten von Drucken sollten Zeilen immer auf gleicher Grundlinie stehen. Sie halten dann Register. Stehen die Zeilen auf unterschiedlicher Höhe, so fällt das störend auf bei Papieren mit geringer Opazität oder wenn Seiten sich gegenüberstehen.

Unsere fertige Kolumne wird also 33 cic hoch sein. Nehmt nun wieder Papier und Stift zur Hand und notiert euch:

- Wie viele Zeilen Satz (Schriftgröße + Durchschuss) passen auf euren Satzspiegel?
- Wie viel Raum brauchen Überschrift und Seitenzahl?
- Wie viel Raum brauchen Kopf- und Fußzeilen?
- Wie viel Raum brauchen andere Elemente des Satzes?

Gerade bei Überschriften und Satzteilen, bei denen ihr einen Abstand zum Grundtext einplant, müsst ihr immer in Zeilenabständen denken. Kommen nach eurem Titel ein oder zwei Leerzeilen? Wie viel Leerzeilen sind es bis zur Pagina? Dieser Abstand sollte sich nicht auf jeder Seite ändern, sondern gleich bleiben. Dieses gleichmäßige Ausrichten der Höhe nennt man auch Justieren.

Justierung
Euer Kolumnenmaß kann aus mehreren Stegen bestehen oder ein langer Eisensteg mit einer Markierung sein.

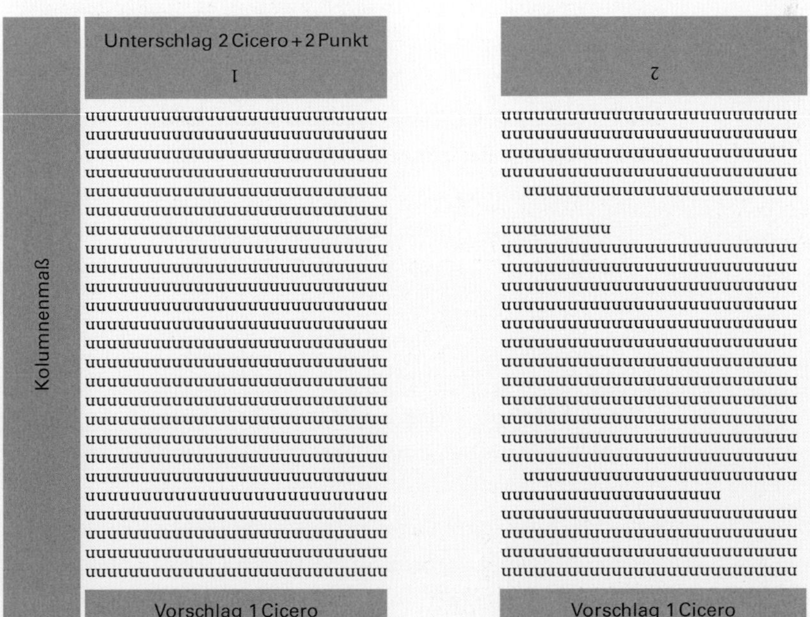

Hier wird gerechnet
Die farbliche Überlappung zeigt, wo wir später auf dem Satzschiff Leerraum verringern, damit die Überschrift Register halten kann.

Berufspoesie
Blaupause – ein Lichtdruckverfahren, auch Cyanotypie genannt, damit wurden früher Korrekturabzüge erstellt.

Der Klebeumbruch als Arbeitshilfe

Den Klebeumbruch habt ihr schon unter »Layout und Satzspiegel« kennengelernt. Nun werden wir nochmal etwas konkreter. Leere Papierbögen, die am besten schon dem Druckbogenformat entsprechen, werden entsprechend den Vorgaben gefalzt. Der Satzspiegel in Millimetern wird auf jede Seite eingezeichnet und die Positionen von Kopf- und Fußzeilen sowie der Pagina bestimmt. Kommt nun beispielsweise auf die erste Seite eine Überschrift über dem Text, so wird diese nun dort aufgeklebt. Wichtig sind die Abstände: Wie viele Leerzeilen sollen über und unter der Überschrift sein? Hilfreich kann dabei ein untergelegtes Linienblatt sein, auf dem im typografischen Maßsystem eure Zeilen vorgezogen sind.

Der Klebeumbruch für den Umschlag unserer Broschüre zeigt die Korrekturabzüge unserer einzelnen Formen, wie sie später im Format stehen sollen.

Während auf dem Klebelayout noch nicht abschließend gerechnet wird, muss beim Justieren auf dem Satzschiff etwas getüftelt werden. Beispielsweise ist der Text eine 10 p-Schrift mit 2 p Durchschuss, eure Zeilenhöhe ist also genau 1 cic. Angenommen, euren Text platziert ihr immer 3 cic vom oberen Rand entfernt. Nun habt ihr aber auf einer Seite eine 14 p-Überschrift, unter der stets noch zwei Leerzeilen folgen. Wie kommt man wieder zu den vollen Cicero, um mit der Grundschrift registerhaltig zu bleiben? Ihr könnt entweder den Raum über eurer Zeile verringern auf 2 cic 10 p, oder unter eurer Zeile auf 1 cic 10 p. Damit kommt die erste Zeile eures Glatten Satzes wieder auf die gewünschten vollen Cicero. Am besten ist es natürlich, wenn die Überschrift auch Register hält, das heißt, ihr verringert den Raum über der Überschrift um 2 p, um darunter wie gewohnt noch 2 p Durchschuss anzulegen. Messt und rechnet nun die übrig bleibenden Zeilen eures Satzspiegels ab und klebt exakt so viele Zeilen eures Glatten Satzes auf euren Klebeumbruch.

Berufspoesie
Lückenbüßer – kurze Notizen oder kleine Inserate, die der Metteur im Text- und Anzeigenteil einer Zeitung einfügte, um Lücken oder großflächigere Umstellungen des Textsatzes zu vermeiden.

Geht nun so Seite für Seite vor. Klebt auch Grafiken, Tabellen und Pagina ein und errechnet die Abstände auf gleiche Weise. Am Ende solltet ihr eine genaue Vorgabe vor euch haben, wie jede Seite aussieht.

Tipps & Tricks
Macht euch eine einheitliche Anlage für Form und Bögen. Zieht nun die Seiten auf dünnem Papier ab. Auf einem Leuchttisch oder an einem Fenster könnt ihr die Bögen übereinanderlegen und sehen, ob Grundlinien und Zeilenanzahl stimmen.

Der Umbruch

Jetzt geht es daran, unser Layout im Satz nachzubauen. Wir benötigen einen flachen, großen Arbeitsplatz und neben den bisherigen Satzschiffen mit dem Glatten Satz, den Überschriften und Kopf- und Fußzeilen auch noch einige leere. Zählt die Zeilen des Satzstückes und trennt die Anzahl ab, die ihr für die erste Seite benötigt. Die nicht benötigten Zeilen kommen auf ein neues Satzschiff. Dort kommen dann womöglich wieder Zeilen weg oder von einem nächsten Satzstück welche hinzu, je nachdem, wie viele Zeilen die zweite Seite hat.

Aber wir bleiben zunächst bei den Zeilen für die erste Seite. Setzt die benötigten Überschriften und Seitenzahlen hinzu, fügt Leerzeilen und Räume ein. Wie ihr dabei rechnerisch vorgeht, um das Grundlinienraster zu halten, habt ihr auf der vorherigen Seite erfahren.

Es kann hier aber noch zu anderen Problemen kommen: Ihr habt einen Schusterjungen vor euch, oder die nächste Seite beginnt mit einem Hurenkind? Oder eine unschöne Worttrennung am Ende der Seite? Steht eine der Überschriften alleine oder nur mit einer Zeile am Seitenende? Gegebenenfalls muss man also seinen Glatten Satz erneut austreiben oder einbringen. Der zu verändernde Zeilenumbruch kann sich dabei auf nur zwei Zeilen auswirken oder auch, im schlimmsten Fall, auf eine halbe Seite.

Geht immer Seite für Seite vor, um nicht später nochmals umbrechen zu müssen, wenn sich durch mehrmaliges Ändern auf unterschiedlichen Seiten eine neue Zeile ergibt oder eine Zeile ganz eingespart wird. Denkt auch hier wieder voraus:

Viele Satzschiffe
Hier sieht man den Umbruch wie auf einem Fließband verdeutlicht. Auf dem zweiten Satzschiff ist ein Steg, der die Länge der Kolumne vorgibt. Überschüssiger Satz kommt auf das dritte Schiff, ein viertes steht zur Reserve bereit.

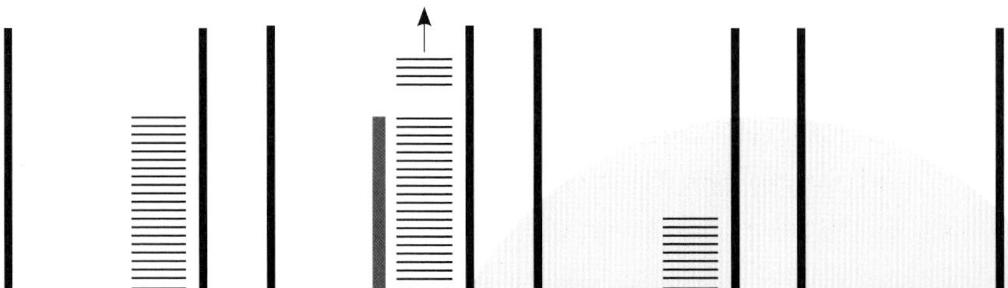

Die Teile kommen zusammen, unsere im Klebelayout erstellte Seite wird nun auf dem Satzschiff zusammengesetzt.

Geht dieses oder jenes Wort noch in die vorherige Zeile, wenn hier und da etwas geändert wird? Wenn an einer Stelle eine Zeile eingespart wird, entsteht dann später ein größeres Problem an anderer, sollte es daher besser eine Zeile mehr werden?

Wenn sich ein Problem durch das Austreiben oder Einbringen von Zeilen nicht ändern lässt, muss man bei den Leerräumen ansetzen: Kann man eine Anfangskolumne um eine Zeile mehr oder weniger senken, kann man den Raum für eine Überschrift verändern? Hier kommt es wieder auf die Optik an: Habt ihr beispielsweise eine stumpfe Ausgangszeile, kann der Raum leicht vergrößert werden. Ist die Ausgangszeile dagegen sehr kurz, könnte man den Raum verringern, ohne dass es stark auffällt. Wichtig ist jedoch immer: Die Satzhöhe muss stets gleich bleiben!

Wenn die erste Seite fertig ist, könnt ihr nun zur nächsten Seite auf dem nächsten Satzschiff vorrücken. Am Ende sollten für jede Seite fertig ausgebundene Kolumnen stehen, die alle gleich hoch, breit und registerhaltig sind.

Das Satzgefüge

Der Grundtext ist nun aufgeteilt und Überschriften, eventuell auch Fuß- und Kopfzeilen, sind bereits am richtigen Platz. Ihr habt aber ein Klischee oder eine Tabelle in einer anderen Breite als eure Satzbreite? Oder die Seitenzahl steht seitlich außerhalb eurer Textspalte? Um also eine schlüssige und stabile Kolumne zu bauen, müsst ihr einiges beachten.

Einige Grundsätze kennen wir schon. Man arbeitet immer mit dem größtmöglichen Stück Füllmaterial, und je weniger man benutzt, desto stabiler wird die Form. Nun stellt euch vor, ihr habt eine Kolumne mit einer Breite von 32 cic. So lange Regletten für den Durchschuss werdet ihr wahrscheinlich nicht haben. Ihr müsst also verschränken. Und wie bei einer Tabelle sollten sich in einer Kolumne die einzelnen Teile und Satzstücke gegenseitig Halt geben.

Generell sollten niemals Satzstücke ohne Füllmaterial nebeneinanderstehen. Dieses Füllmaterial nennt man dann auch **Zwischenschlag**, der angeschlagen wird. Schriftzeilen können, wie bereits besprochen, an gestückeltem Füllmaterial anliegen. Dabei darf das Füllmaterial jedoch nicht aus Stegen oder Regletten bestehen, die gleichzeitig teils waagerecht und teils senkrecht genutzt werden. Besonders kleine Stücke sollten an einer festen Anlage stehen.

Während es beim Bau von Rahmen und der Verwendung von Linienrändern wichtig ist, dass die obere und untere Einfassung oder Linie über die seitlichen hinübergreift, gilt dies nicht für das Füllmaterial. Hier steht im Vordergrund, was die sparsamste und beste Stückelung ist. Wichtig ist nur, dass Vor- und Unterschlag die volle Breite haben und so alles innerhalb der Kolumne eine feste Anlage hat.

Detailaufnahme
Unser Satzgefüge der Kopfzeile im Schwitters-Heft. Futura in fetten Versalien mit einer kleinen eingebauten Ziffer.

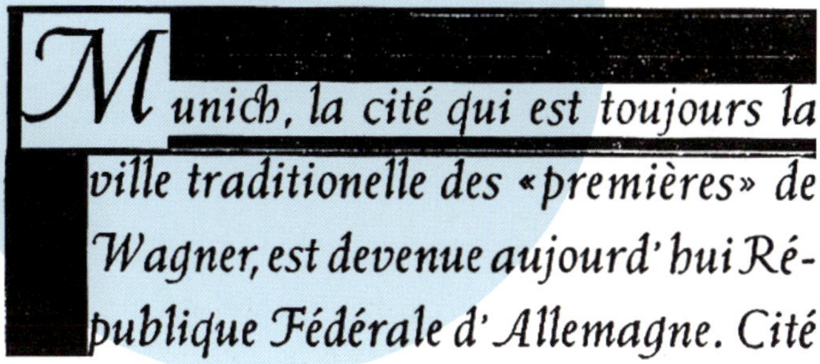

Einzelbehandlung
Auch Initialen brauchen Stabilität. Das Prinzip ist bekannt vom Mischen verschiedener Schriftgrößen.

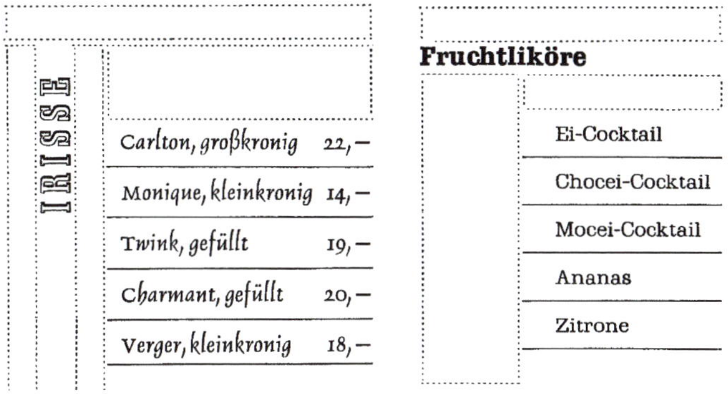

Richtig und falsch
Das linke Beispiel ist korrekt. Beim rechten treffen waagerechte und senkrechte Teile fälschlicherweise aufeinander.

Mehr als Lettern: Klischees

In Werkstätten und auf Flohmärkten finden sich viele unterschiedlicher Druckstöcke, auch Klischees genannt, von Zierbuchstaben über comichafte Zeichnungen bis hin zu fotografischen Vierfarben-Druckformen. Aber auch neue Klischees könnt ihr euch nach euren Vorlagen anfertigen lassen.

Klischeearten

Als Vorlage für **Zinkätzungen/Strichätzungen und Autotypien** dienen gerasterte Halbtonvorlagen (z.B. Fotografien), aber auch Zeichnungen. Mit einem Negativ der Vorlage wird eine lichtempfindliche Schicht auf einer Zinkplatte gehärtet. Unbelichtete Stellen werden durch mehrstufige Ätzprozesse vertieft. Ein druckbares Relief entsteht.

Für **Galvanos** wird eine bestehende Druckform abgeprägt (meist in Maternpappe). Durch ein galvanisches Bad wird aus dieser Matrize dann eine Kupferhaut gewonnen, die mit Blei ausgegossen wird. Das so entstandene Galvano mit dem Bleifuß wird nun noch auf Schrifthöhe gehobelt.

Magnesium- und Messingklischees werden geätzt, graviert oder gefräst. Vor allem Messingklischees dienen

Tipps & Tricks
Ihr könnt auch selbst Klischees anfertigen. So sind Holz- und Linolschnitte sehr gut zum Druck geeignet.

aufgrund ihrer Härte zum Prägen. Sie haben im Druckbild meist schärfere Ränder als Polymer-Klischees.

Polymer-Klischees gibt es in unterschiedlichen Plattenarten mit verschiedenen Stärken und Härten, die für unterschiedliche Druckarten genutzt werden. Die häufigste Herstellungsart sind Auswaschplatten. Auf einem Träger aus Kunststoff oder Metall ist eine lichtempfindliche (Photo-) Polymerschicht. Nach Belichtung mit einem Negativ werden unbelichtete Stellen ausgewaschen. Ähnlich funktionieren Laserplatten, auf denen eine Laserschicht weggebrannt wird und so eine Negativmaske entsteht. Eine mechanische Herstellung von Polymerklischees erfolgt durch Lasergravur, bei dem durch einen Laser Kunststoff partiell zerstört wird.

Klischees bestellen

Die meisten Anbieter für die Herstellung von Klischees werden von euch Vektordateien als PDF verlangen. Pixelformate und Daten wie Fotografien oder Scans werden meistens abgelehnt, da keine randscharfe Qualität gewährleistet werden kann. Wenn ihr euch bei den vielen Arten der Polymer-Klischees unsicher seid, sprecht mit dem Anbieter und erklärt, wie ihr das Klischee später nutzen wollt. Auch Fragen zu Dateiformat und Größe können euch beantwortet werden.

Klischees justieren

Damit weder das Klischee noch unser Druckaufzug später zu Schaden kommen, ist es wichtig, jedes Klischee vor dem

Klischees für das Schwitters-Projekt
Links eine Messinggravur, in der Mitte eine Magnesiumfräsung. Die Klischees sind bereits auf einem Klischeefuß. Für unsere Broschüre benötigten wir einige dieser Klischees, um Teile, die wir mit Satzmaterial nicht nachsetzen konnten, zu reproduzieren.

ersten Andruck auf seine Höhe zu prüfen. Am besten gelingt das mit einem Klischeehöhenmesser, der auf die Schrifthöhe misst. Ist kein Klischeehöhenmesser vorhanden, kann man sich mit einem Messschieber behelfen oder zwei schrifthohe Stege nutzen. Diese Stege können seitlich des Klischees angelegt werden, und mit einer Reglette, die man quer darüberlegt, kann man die Höhe zumindest ungefähr erkennen. Manchmal sind alte Klischees oder solche mit sehr zarten Linien empfindlich, und eine zu hastige Handhabung mit dem Klischeehöhenmesser könnte ungewollt Spuren hinterlassen. Hier kann es hilfreich sein, das Klischee auf den Kopf gedreht auszumessen.

Gerade alte Klischees, die auf einen Holzfuß aufgenagelt sind, können sich mit der Zeit stark in der Höhe geändert haben. Deshalb ist es bei diesen ratsam, jede Ecke zu prüfen. Ist ein Klischee zu hoch, sollte man es entweder von seinem Fuß lösen oder versuchen, von unten glatt wegzuhobeln.

Solltet ihr neue Klischees oder Klischees ohne Klischeefuß haben, findet ihr in eurer Werkstatt vermutlich sogenannte Unterlegstege. Diese sind meist aus leichtem Aluminium und haben auf ihrer Unterseite ein oder mehrere Hohlkehlen, die oft rot oder blau sind und damit auf die zwei unterschiedlichen Höhen dieser Stege verweisen. Alternativ könntet ihr euch Holz zurichten lassen, wobei sich hartes Stirnholz wie beispielsweise Birne sehr gut eignet. Wichtig ist, dass der Klischeefuß möglichst die gleiche Größe hat wie euer Klischee und dass er genau rechtwinklige, senkrechte Seiten hat.

Sind die Unterlegstege zu hoch für euer Klischee, können Satzstege helfen, die auf die Seite gelegt werden. Ist ein Klischeefuß zu niedrig, wird von unten mit Pressspan und Zurichtepapieren die Höhe angepasst.

Polymer-Klischee und Holzfuß
Fotopolymerdruckplatten waren bis zum Ende des Bleisatzes sehr verbreitet zur Herstellung von Hochdruckformen. Klischees wurden früher oft auf Holz aufgeklotzt. Aufgeklebte Papiere seitlich und unten schafften Abhilfe bei Druckproblemen.

Wissenswert
Habt ihr euer Klischee noch gar nicht zur Hand oder müsst es später extra eindrucken, füllt ihr die betreffende Stelle zunächst mit Blindmaterial wie Stegen und Quadraten. Ihr schlagt sie also blind.

Tipps & Tricks
Klischees justiert man bei vollen Flächen einige Hundertstel höher, bei zarten Linien dagegen niedriger.

Um diese oder auch das Klischee selbst zu befestigen, gibt es starke, doppelseitige Klischeeklebefolien in verschiedenen Stärken. Die Stärke gibt an, wie viel die Folie zur Höhe des Klischees beiträgt. Wenn ihr also ein Klischee für eine erste Messung auf einen Fuß legt, dann müsst ihr die Stärke der Folie hinzurechnen. Für Polymer-Klischees mit Metallträger könnt ihr auch magnetische Klischeefundamente nutzen.

Ein Klischeefuß kann wie im mittleren Bild aus einem oder mehreren Unterlegstegen bestehen. Auch diese halten im Zweifelsfall mit Klischeefolie zusammen. Das linke Bild zeigt dagegen einen Klischeefuß aus seitlich gedrehten Satzstegen. Pressspan und Zurichtepapier auf der Unterseite bringen dann das aufgeklebte Messingklischee auf Schrifthöhe. Rechts ist ein Magnetfundament zu sehen.

Das Klischee kommt in die Form

Um die Klischees in eine Satzarbeit einzubauen, werden sie von Blindmaterial eingefasst. Gerade bei alten Klischees oder sehr großen Bildern kann es aber vorkommen, dass die Klischees leicht schief stehen. Hier ist es gut, das Klischee auf Drehpunkt zu schließen. Dazu baut man sich mit Blindmaterial einen größeren Rahmen, in dem das Klischee von zwischenliegenden Quadraten von wenigstens 2 cic Stärke gehalten wird. Durch Verlagern der Quadrate und Zugeben der Stärke auf der einen und Wegnehmen auf der jeweils anderen Seite kann man das Klischee innerhalb des rechtwinkligen Rahmens drehen und ausrichten.

Aufbewahren

Klischees sollten trocken und sorgfältig gesäubert gelagert werden. Gegen die zerstörerische Oxidation der Metallklischees hilft, sie mit etwas Öl oder Vaseline zu versehen und in Papier zu hüllen.

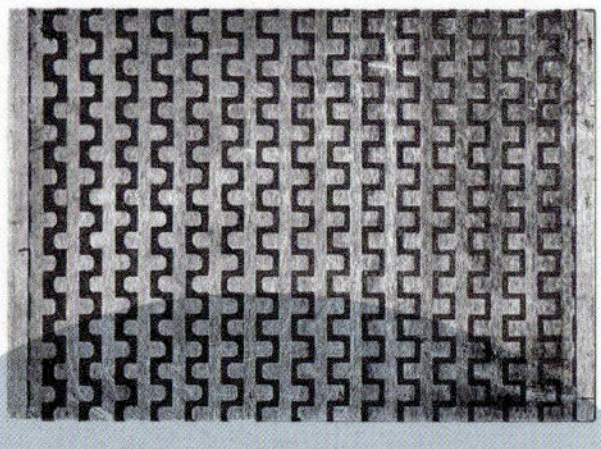

1 Alles bereit: Ihr habt euer Werkzeug, die passende Klischeefolie und die passenden Unterlegstege für das Klischee vor euch.

2 Klebt das Klischee an der Folie fest und schneidet das Stück grob von der Rolle los.

3 Losgelöst von der Rolle könnt ihr nun die Klebefolie exakt am Rand des Klischees zuschneiden.

4 Mit der Ahle stecht ihr nun unter die Schutzfolie und löst diese langsam ab, ohne die Klebeschicht wieder von eurem Klischee zu entfernen.

5 Richtet das Klischee exakt über den kombinierten Unterlegstegen aus und klebt es auf. Schief aufgeklebte Klischees erschweren die genaue Positionierung in der Druckform.

6 Prüft am Schluss nochmals die Höhe.

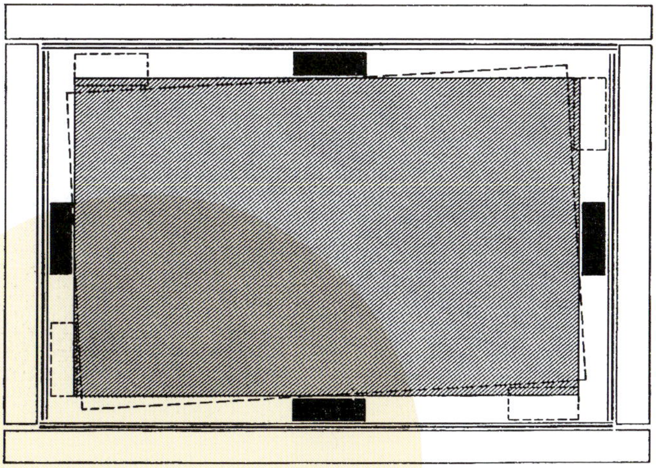

Drehpunkte
Klischees sollten, wenn sie nicht akkurat waagerecht sind oder sein sollen, auf Drehpunkt geschlossen werden.

Die richtige Umrandung
So werden rechteckige Klischees umrandet von Füllmaterial richtig in den Satz eingebaut.

In der Form
Die blindgeschlagenen Positionen für die Klischees werden mit Unterlegstegen ersetzt und die Klischees aufgeklebt. Beim rechten Klischee war der Platz sehr eng, und Blindmaterial der Überschriftzeile wurde mit Unterlegstegen ersetzt. Das Klischee hängt zwar noch über, aber die druckenden Bereiche sind unterlegt.

Mehrfarbige Formen

Immer nur einfarbig drucken, ginge natürlich auch. Aber was wäre die Welt ohne das bisschen Farbe hier und da mehr? Dachte sich Kurt Schwitters auch und machte seine Broschüre zweifarbig. Das tun wir ihm jetzt gleich und zeigen, wie ihr einfach zu einer mehrfarbigen Form kommt.

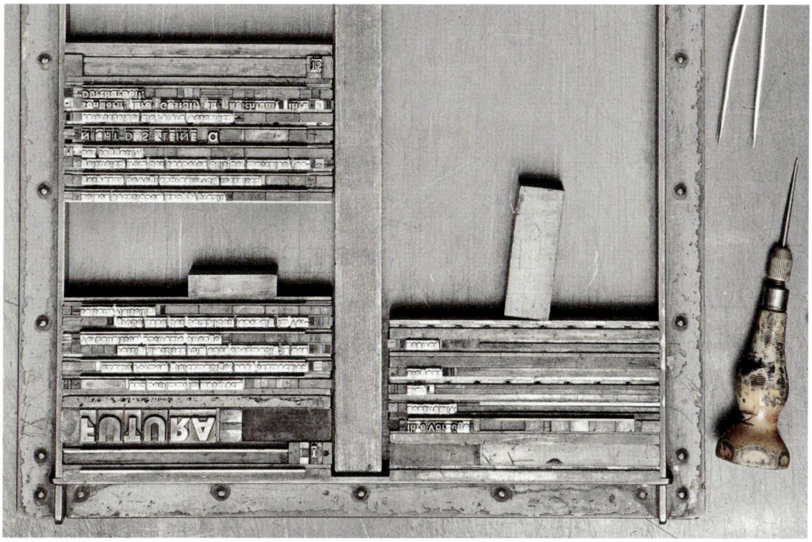

Einfarbig bauen, mehrfarbig werden

Die Überschrift sagt es schon: Ihr setzt und baut eure komplette Seite in einer Form. Wir haben das bei einigen unserer Broschürenseiten bereits getan. Nun wollen wir die Rotformen erstellen. Dazu nehmen wir die betreffende Form auf ein Satzschiff mit ausreichend Platz für eine zweite Kolumne und bauen sie von oben beginnend mit Blindmaterial nach. Das heißt, an die Stelle einer 24 p-Schriftzeile setzen wir einen 2 cic-Steg, dann folgt der 2 p-Durchschluss, dann ein Cicerosteg für eine 12 p-Schrift und so weiter. Ihr könnt auch mehrere Abschnitte zusammenrechnen und dann in größeren Stücken Blindmaterial setzen.

Wenn ihr dann bei der ersten Zeile mit der geplanten Farbauszeichnung angelangt seid, könnt ihr aus eurer ersten Form die Teile, die in Farbe gedruckt werden sollen, herausnehmen. Habt ihr es mit Text zu tun, dann ist es wichtig, die genaue Breite des Textes durch Blindmaterial zu ersetzen. Nehmt die ganze Zeile in den Winkelhaken und ersetzt die Textstelle durch Blindmaterial. Darüber setzt ihr dann gleich eine zweite Zeile im Winkelhaken, nur andersherum: erst Blindmaterial bis zur farbigen Textstelle auffüllen, dann den herausgenommenen Text in diese Zeile einsetzen und die Zeile mit Blindmaterial auffüllen. Da nun beide Zeilen im Winkelhaken übereinanderstehen, könnt ihr gleich den Stand das erste Mal sehen und gegebenenfalls korrigieren. Alternativ zu dieser Methode könnt ihr euren letzten Abzug ausmessen und so das Blindmaterial und die Farbauszeichnung genau ermitteln.

Aus eins wird zwei

Hier werden die Anfangswörter jedes Absatzes später rot. Die Höhendifferenz der beiden Kolumnen kommt dadurch zustande, dass die extra gebaute Kopfzeile mit der Überschrift in der Farbform rechts noch fehlt.

Textzeilen zweifarbig
Für große Genauigkeit wird der Winkelhaken die beste Wahl sein. Hier werden die umgekippten Wörter für die zweite Farbe gerade durch Blindmaterial ersetzt. Danach werden sie in einer eigenen Zeile ausgeschlossen.

Wenn einfarbig bauen nicht geht

Wenn Klischees einen breiten Rand haben oder an Ornamenten und Zierversalien zuviel Fleisch ist, dann funktioniert die Herangehensweise mit einer Ausgangsform nicht immer. Hier könnt ihr dennoch die bereits genannten Methoden mit etwas Abwandlung verwenden. Messt eure Satzelemente und errechnet die Abstände. Baut die einzelnen Formen möglichst gleich (aber ohne Materialverschwendung) und setzt dann an den entsprechenden Stellen euer druckendes Material ein. Natürlich werden hier eventuell mehrere Probeabzüge nötig sein, bis ihr das richtige Ergebnis vor euch habt.

Mehrseitige Formen

Durch unseren Umbruch haben wir bereits die Grundlage für eine mehrseitige Drucksache gelegt. Dennoch wollen wir nicht jede Seite einzeln drucken, sondern möglichst viele Seiten in einem Druckdurchgang. Dazu müssen wir einen Druckbogen ausschießen.

Der Druckbogen

Unter dem Ausschießen versteht man die Zusammenstellung der einzelnen Seiten auf einem Druckbogen. Je nach Bogengröße, Seitenanzahl auf dem Bogen, Falzart und Art der Bogenwendung gibt es die unterschiedlichsten Kombinationen. Ziel ist, dass sich nach der Weiterverarbeitung alle Seiten in der richtigen Reihenfolge befinden.

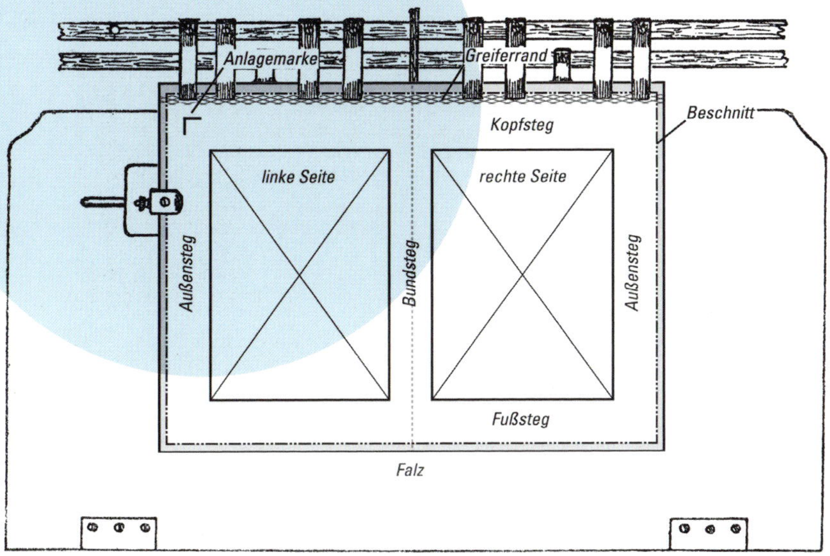

Blick von oben
So werden die Teile eines zweiseitigen Druckbogens benannt. Dieser hier liegt bereits auf einem Anlagetisch.

Um solche Ausschießschemata zu verstehen, sehen wir uns zunächst den Aufbau eines Druckbogens an. Gehen wir von einer aufgeschlagenen Doppelseite mit Text aus, so befindet sich mittig der Bundsteg, der Abstand zwischen den zwei bedruckten Flächen. In der Mitte wird die Seite später auch gefalzt. Über eurem Text befindet sich der Kopfsteg, unter ihm der Fußsteg. Auf einer Seite muss ein Greiferrand eingeplant werden, dort wird das Papier von eurer Druckmaschine während des Druckens mit den Greifern gehalten. Wenn wir den Druckbogen später falzen, eventuell sogar mit anderen Bögen zusammen zu einem Buch oder einer Broschüre binden, planen wir einen kleinen Raum rings um den Druckbogen ein, der später bei der Weiterverarbeitung abgeschnitten wird. Dieser nennt sich einfach Beschnitt. Neben dem Beschnitt und den Stegen gibt es noch eine sehr wichtige Angabe auf unserem Druckbogen: die Anlage.

Wissenswert
Kleinteiliges Material trägt anders in der Größe auf als Großteiliges. Wenn ihr Formen schließt und druckt, müsst ihr also eventuell am Stand nachkorrigieren, auch wenn ihr rechnerisch richtig gearbeitet habt.

Anlage und Druckbogenwendung

Wir greifen etwas vor und schauen uns unsere Druckmaschine genauer an. Um es besser zu veranschaulichen, gehen wir von einer Abziehpresse aus und legen einen Papierbogen auf den Anlagetisch. Vorn wird er durch die Greifer am Zylinder festgehalten, diese Seite ist eine Anlageseite. Nun haben wir auf dem Anlagentisch einen eigentümlichen kleinen, verstellbaren Block. Gegen diesen wird unser Papier seitlich geschoben. Es ist unsere Seitenmarke, die im rechten Winkel zu unserer ersten Anlage steht. Die Bogenecke, die

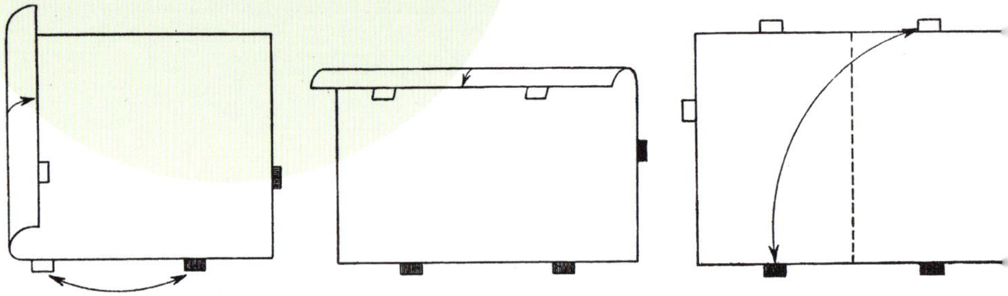

Wendearten von links nach rechts: Umschlagen, Umstülpen und Umdrehen. Die grauen Kästchen zeigen die Anlage.

also durch die beiden Anlagen bestimmt wird, bekommt die rechtwinklige Markierung und dient als Orientierung, wie der Druckbogen an der Maschine auszurichten ist.

Nun möchten wir unsere Doppelseite nicht nur einseitig, sondern natürlich zweiseitig bedrucken. Um zu wissen, wie man die Seiten anordnet, ist es wichtig zu wissen, wie der Druckbogen gewendet wird. Das **Umschlagen** ist das wohl Einfachste, da wir es vom Blättern in einem Buch kennen. Hier wechselt unsere seitliche Anlagemarke, beim Widerdruck stellt man also die Anlage beispielsweise von der linken Seite auf die rechte Seite herüber. Die Vordermarken bleiben, die Seitenmarke wechselt.

Umstülpen heißt es, wenn der Bogen für den Druck auf der Rückseite von vorn nach hinten gewendet wird und umgekehrt, sodass die vordere Bogenkante hinten und die hintere vorn zu liegen kommt. Die Seitenmarke bleibt an der gleichen Stelle wie beim Schöndruck, der Greiferrand wechselt.

Beim **Umdrehen** wird der Bogen nicht gewendet, vielmehr erfolgt der zweite Druck auf die gleiche Seite wie der erste. Das wird gebraucht, wenn mehrere Nutzen auf einen Bogen sollen, zum Beispiel wird ein Flyer zweimal auf den Bogen gedruckt, ehe dieser geschnitten wird. Eine andere Anwendung ist das Ineinanderdrucken von Formen. So ist es denkbar, dass ihr zwei zusammen gehörende Formen in der Maschine habt, wobei eine auf den Fuß und eine auf den Kopf gestellt ist. Die Form muss nicht getauscht werden, die Bögen sind lediglich nach einem ersten Druckdurchgang umzudrehen. Es ist wohl die schwierigste Wendeart, denn hier wechseln alle Anlagen die Seite. Dies erschwert das Registermachen beim zweiten Druckdurchgang. Man braucht beim Umdrehen sehr genau geschnittenes Papier, weil sonst Passerdifferenzen entstehen.

Berufspoesie
Wir unterscheiden Schön- und Widerdruck. Der Schöndruck ist der erste Druckdurchgang. Widerdruck heißt der zweite Druckdurchgang, bei dem der Bogen bereits einseitig bedruckt wurde.

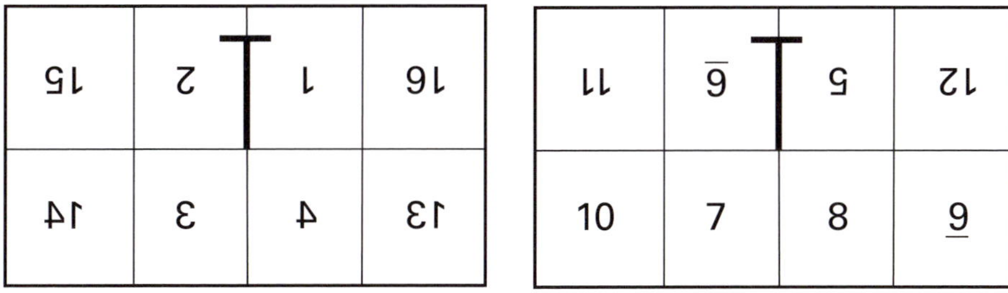

Das Ausschießschema

Bevor wir nun ein Ausschießschema erstellen können, müssen wir einiges bedenken.

- Wie groß ist das maximale Druckformat unserer Maschine? Wie groß ist der Druckbogen und die einzelne Seite inklusive eines Beschnittrandes?
- Wie ist die Laufrichtung des Papiers?
- Wie wird der Druckbogen weiterverarbeitet? Welche Falzart wird angewandt und kommen zu unserem gefalzten Druckbogen dann noch weitere hinzu? Werden diese dann gesammelt wie bei einem Buch oder ineinandergesteckt wie in einem Heft?

Wir greifen also wieder ein Stückchen vor, denn die Weiterverarbeitung wird in einem späteren Kapitel ausführlich behandelt. Solltet ihr planen, dass die Weiterverarbeitung eine Buchbinderei übernimmt, dann sprecht mit dieser vorher über das Papier, benötigte Laufrichtung, Falzarten und Beschnittzugabe. Abhängig von der Laufrichtung des Papiers und der geplanten Falzart werdet ihr dann wissen, wie ihr den Druckbogen in der Anlage anordnen könnt und ob die Seiten auf dem Druckbogen im Hoch- oder Querformat stehen. Am Ende dieser Vorbereitung wisst ihr auch die Anzahl der Seiten auf dem Druckbogen.

Der einfachste Weg zu einem Ausschießschema ist das Falten eines Dummys. Markiert euch eure Anlage in der betreffenden Ecke. Faltet dann das Papier genau so, wie es später in der Weiterverarbeitung geschehen wird. Möchtet ihr mehrere gefaltete Bögen ineinanderstecken, macht ihr das auch bei eurem Papierdummy. Ist der Dummy gefaltet, könnt ihr die Seiten im unteren Eck außen durchnummerieren; wenn ihr ihn nun wieder auffaltet, seht ihr die Anordnung der Seiten auf eurem Druckbogen.

Ausschießschema
So oder so ähnlich werden diese Schemata oft dargestellt. Was mittig wie ein T aussieht, ist die Anlagemarke. Die Schöndruckform wird also bei Seite 5 angelegt, die Widerdruckform bei Seite 6.

Obwohl es eine große Anzahl an Ausschießmöglichkeiten gibt, lassen sich einige grundlegende Regeln nennen. Sie helfen, das Ergebnis zu überprüfen, und geben Hilfestellung bei der Planung. Die vier wichtigsten sind:

- ↘ Die erste Seite sowie alle ungeraden Seiten müssen den Zeilenanfang im Bund haben.
- ↘ Die erste und die letzte Seite eines Bogens in einer Form stehen am Bundsteg nebeneinander.
- ↘ Die zwei Seiten über dem Bundsteg zusammengezählt ergeben gleich viel wie die erste und die letzte Seite.

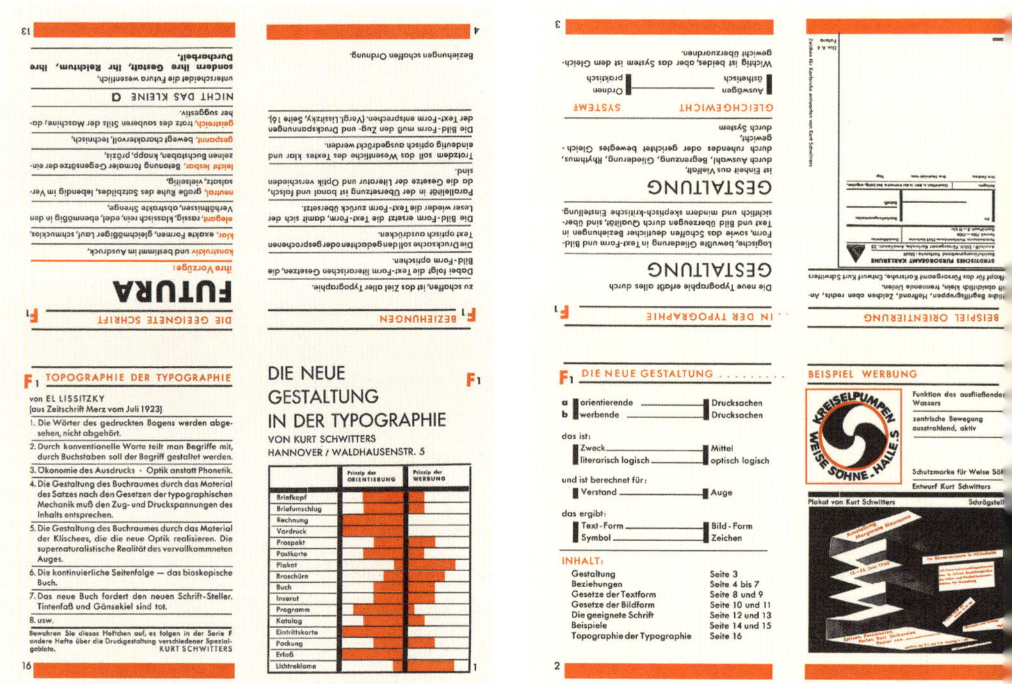

Schwitter-Broschüre, die Druckformen ausgeschossen zu 8 Seiten zum Umstülpen. Das bedeutet 4 Seiten im Schöndruck und weitere 4 Seiten Widerdruck. Die Broschüre hat 16 Seiten, der zweite Bogen wird eingesteckt in den hier gezeigten äußeren Bogen. Ungefalzt nennt man das Planobogen, die Seiten stehen so, dass sie nach dem Falzen ihre richtige Reihenfolge bekommen.

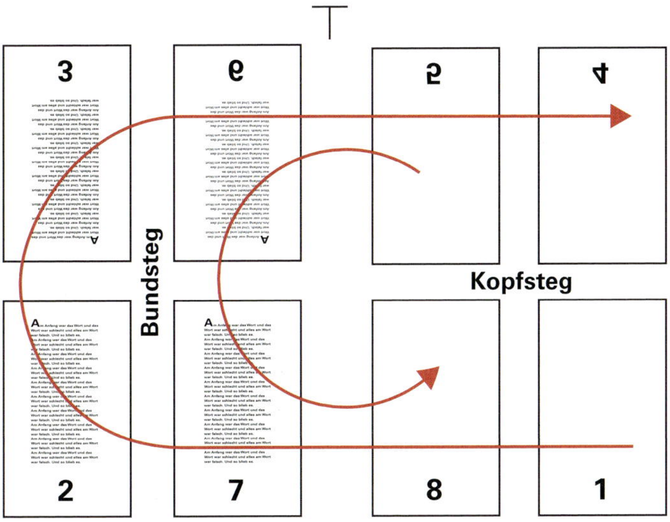

Ausschießregeln
Am Beispiel eines 8-Seiters zum Umschlagen lassen sich gut alle Regeln verdeutlichen. Die Pfeile zeigen die vierte Regel.

↘ Bei Formen, die normal ausgeschossen sind und nicht in Streifen, entsteht bei 4 Seiten ein Kreislauf. Bei Formen von 8 / 16 / 32 Seiten entsteht bei je 4 weiteren Seiten ein neuer Kreislauf.

Die Anordnung der Seiten auf einer Papierseite unseres Dummys ist die Grundlage einer Druckform. Für jeden Bogen brauchen wir also zwei Druckformen, für Vorder- und Rückseite beziehungsweise Schön- und Widerdruck.

Wissenswert
Angenommen ihr habt ein Ausschießschema, in dem ein Bogen mehr Seiten hat als ein anderer, dann wird dieser schwerere Bogen in den leichteren eingesteckt. So wie ein Buchblock in einen Umschlag.

Ausschießen der Form

Wir nehmen nun also die Kolumnen der ersten Druckform und stellen diese auf unserer Schließplatte in die richtige Position. Solltet ihr auf einer Abziehpresse drucken, dann könnt ihr die Seiten direkt auf das Fundament eurer Maschine stellen. Die Form ist dabei das Spiegelbild des Abdrucks, was auf diesem oben steht, muss in der Druckform unten stehen. Vor dem Anlegen der Formatstege und dem Entfernen der Kolumnenschnüre an den Seiten einer ausgeschossenen Form sollte ein Abgleich mit dem Ausschießschema nicht fehlen.

Ein Klebelayout hilft hier weiter. Falzt euch dazu einen Bogen in der Größe der späteren Druckbögen, so wie ihr auch euren Dummy gefalzt habt. Klebt dann fertige Abzüge eurer Seiten entsprechend des Ausschießschemas auf den aufgeklappten Bogen. Wenn ihr nun die Anlage eures Druckbogens mit der Seite nach unten deckungsgleich auf die Form haltet, könnt ihr eure ausgeschossene Form überprüfen.

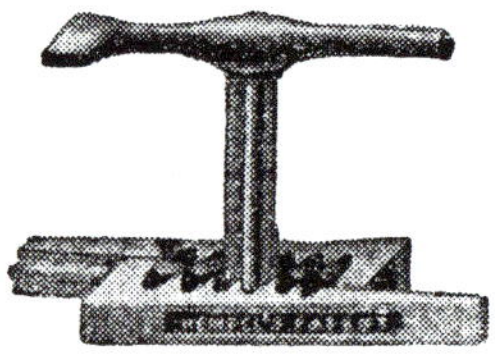

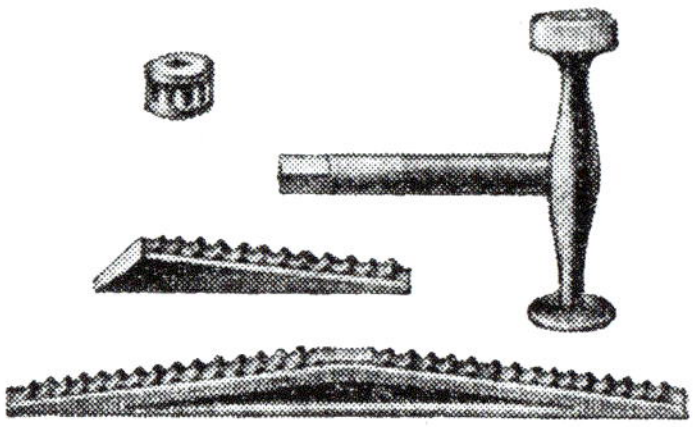

Von der Kolumne zur Druckform

Nun habt ihr auf der Schließplatte beziehungsweise auf dem Fundament der Abziehpresse eure ausgebundenen Seiten ausgeschossen hingestellt. Wie geht es weiter? In der folgenden Beschreibung beschränken wir uns auf das Schließen auf der Schließplatte, ehe wir später zur Abziehpresse ein paar Hinweise geben.

Vorbereitung

Nehmt als Erstes einen für eure Maschine passenden Schließrahmen und legt ihn um eure noch ausgebundenen Seiten. Mithilfe von Druckstegen und Regletten wird nun der Platz zwischen den Seiten bestimmt. Hier gibt das Klebelayout wieder Auskunft, wie viel Weißraum zwischen den druckenden Bereichen eurer Kolumnen ist, also wie groß die Stege zwischen den Kolumnen werden. Beim Kopfsteg der Druckform werdet ihr den Kopfsteg der einen sowie der anderen Seite eures Endformates in Punkt und Cicero bestimmen, plus den Beschnitt. Der Vorschlag eurer Kolumnen ist dabei bereits Teil dieses Abstandes. Sobald ihr diese positioniert habt, könnt ihr nun vorsichtig die Kolumnenschnüre lösen. Die Stege und Regletten um und zwischen den Seiten liegen nun direkt am Satz an.

Form prüfen
Damit alle Kolumnen in der Form den richtigen Platz haben, sollte man den Stand mit dem Layout überprüfen.

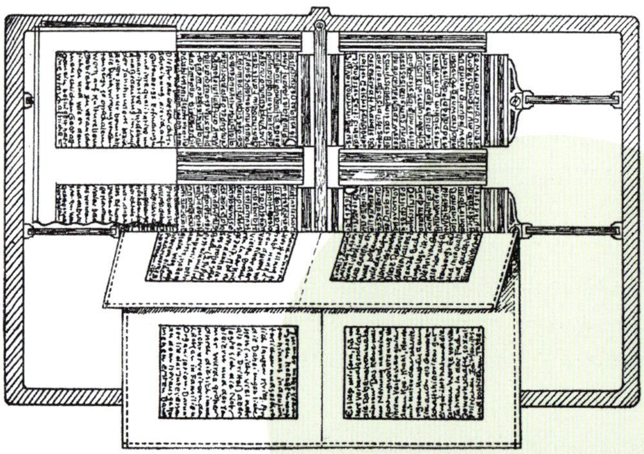

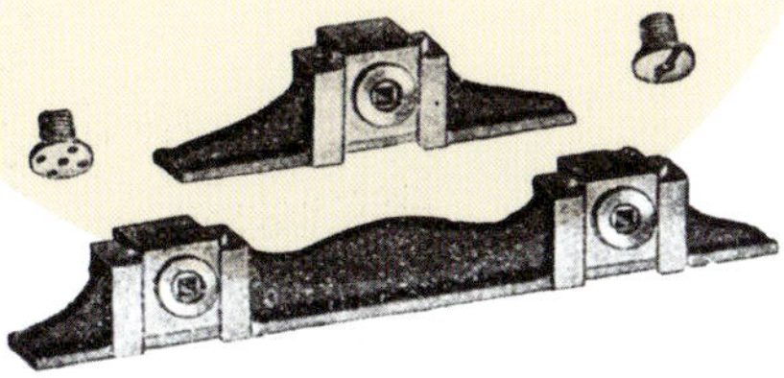

Schließzeuge
Im Laufe der Zeit gab es verschiedene Schließzeug-Systeme. Heute findet man in den Werkstätten fast ausschließlich das System von Hölzle, rechts zu sehen.

Ausgeschossen
Die Schöndruckform unseres äußeren Bogens für die Schwitters-Broschüre. Platziert, aber noch ausgebunden, stehen die Kolumnen auf der Schließplatte im Schließrahmen.

Nun kommen noch die Schließzeuge hinzu. Sie pressen die Form zusammen, so dass sich nichts mehr bewegen kann. Dabei werden sie nicht wahllos eingesetzt, Schließzeuge werden immer auf zwei Seiten der Druckform verwendet, einer langen und einer kurzen Seite. Die anderen beiden Seiten sind durch Stege und Regletten bis zum Schließrahmen gefüllt. Zwischen den Schließzeugen und eurer Form sollte sich immer ein stabilisierender Steg befinden. Die Länge des Schließzeuges richtet sich nach der Größe der Form, dadurch verteilt sich der Druck gleichmäßig. Die darüber hinaus nötigen Stege und Regletten platziert man hinter dem Schließzeug, hier soll der Druck wieder gleichmäßig auf die Seiten des Schließrahmens verteilt werden. Daher wird hinter dem Schließzeug mit kurzen Stegen begonnen, die weiteren Stege und Regletten werden dann immer länger. Regletten sollten nach Möglichkeit nicht direkt hinter dem Schließzeug benutzt werden, da das Blei weich ist und sich verformen würde. Die Form wird so eng wie möglich mit Material ausgefüllt.

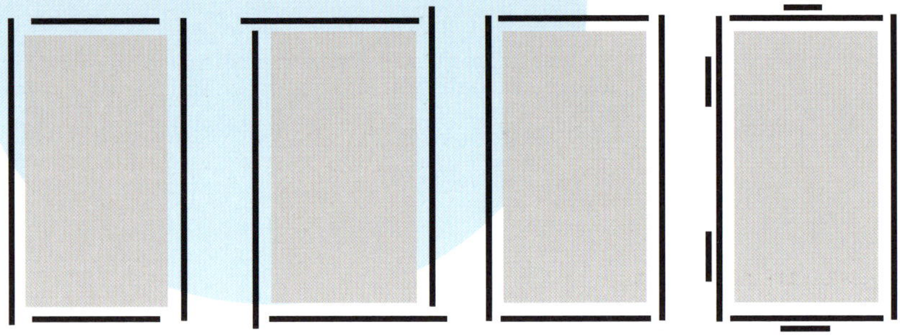

Schließarten
von links nach rechts: normales Schließen, verschränktes Schließen, Kastenschließen und das Schließen auf Drehpunkt.

Schließarten

Grundsätzlich gibt es vier Arten, eine Form zu schließen.

1. **Normales Schließen**: Die Stege sind so um die Seitenkolumne gelegt, dass sie weder sperren noch zu kurz sind. An den Ecken der Kolumne ist also genug Luft, dass sie sich während des Schließens nicht gegenseitig behindern und so eine Seite nicht fest genug geschlossen werden kann.
2. Das **verschränkte Schließen**: Hier werden Schließstege windmühlenartig um die Kolumne gelegt. Auf diese Art bleibt beim Schließen genug Raum, damit sich die Stege nicht gegenseitig behindern. Die Schließzeuge sind etwas länger gewählt als die Kolumnen, damit sie die Kolumnen vollständig kompakt an den folgenden Schließsteg anstoßen. Geeignet ist diese Schließart für Tabellen, Linieneinfassungen und kleinteilige Satzarbeiten.
3. Das **Kastenschließen**: Die oberen und die unteren Schließstege weisen genau die gleiche Breite auf wie die Kolumne selbst. Die Stege der Längsseiten erstrecken sich auf die gesamte Länge. Die Schließzeuge selbst sollten annährend die gleiche Länge wie die Schließstege haben. Auf diese Weise ist die Kolumne in den Kasten geschlossen, und jede Seite bildet für sich eine Form. Diese Art eignet sich besonders für konischen Satz und Klischeeseiten.
4. Das **Schließen auf Drehpunkt**: Diese Art des Schließens haben wir bereits im Abschnitt »Mehr als nur Lettern: Klischees« kennengelernt. Quadrate an allen Seiten der Form helfen, sie in eine Position einzudrehen.

Berufspoesie
Anlage bezeichnet die Positionierung der Kolumnen an den Schließstegen. Muss man die Position später nachbessern, verändert man die Anlage in der Form. Wird der Druckbogen anders positioniert, verändert man auch die Anlage: die des Papiers.

Tipps & Tricks
Beim Schließen hilft es, sich vorzustellen, dass die Kolumnen immer in eine Ecke »hineingeschlossen«, also hineingepresst werden.

Bürsten und Klopfen

Schließzeug, Stege und Kolumnen sind nun fertig positioniert im Schließrahmen. Nun wird die Form geschlossen. Hier ist Geduld gefragt.

Besonders kleinteilige Formen pressen sich beim Schließen sichtbar zusammen. Es ist daher wichtig, die Schließzeuge langsam und behutsam anzuziehen. Dabei geht man schrittweise vor: Erst wird ein Schließzeug ein Stück angezogen, dann das zweite, dann das dritte. Dann wieder das erste ein Stückchen mehr geschlossen und so weiter. Die Reihenfolge des Schließens ist auch relevant. Am besten schließt es sich über Kreuz, also abwechselnd ein Schließzeug der langen und ein Schließzeug der kurzen Seite.

Ist das erste Mal fest geschlossen, wird der Schließrahmen an einer Seite leicht angehoben. Wenn jetzt nichts sichtbar und hörbar auf die Schließplatte zurücksinkt, könnt ihr mit den Fingern die Form von oben etwas drücken. Sitzen alle Teile fest, ist die Form gut ausgeschlossen. Bewegt sich hier und da etwas nach unten oder fällt etwas durch, bleibt nichts übrig, als die Form wieder zu öffnen und nach Fehlern zu suchen. Die Ursachen können vielfältig sein, oft fehlt es nur an etwas Ausschluss, manchmal sind minimal längere

Fertig geschlossen
Bei unserem Schwitters geht es sehr eng im Schließrahmen zu. So dient uns als Mittelsteg kein Steg, sondern ausnahmsweise nur eine 2 p-Reglette.

Bürsten und Klopfen
Das Bürsten ist nur im Schließrahmen möglich, die Form muss aber vor jedem Druck, egal ob in einem Rahmen oder einer Presse, geklopft werden.

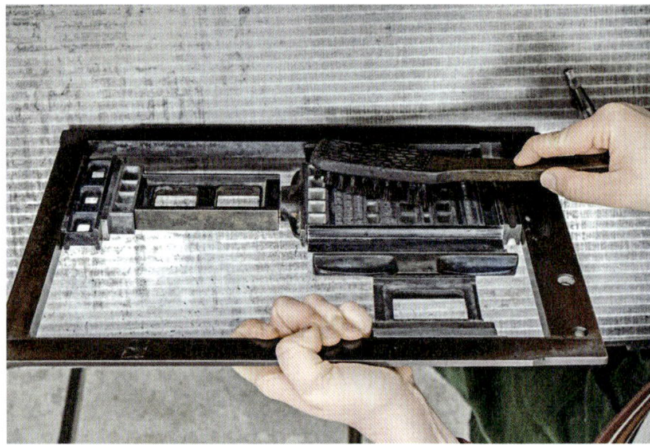

Regletten schuld, wenn Zeilen durchfallen. Auch Rechenfehler in der Kolumnenhöhe oder versehentlich verwendete Ausschlussstücke aus einem anderen Schriftgrad können Ursache dafür sein, dass die Form nicht hält. Wichtig ist, nicht alle möglichen Fehlerquellen auf einmal zu ändern, sonst lauft ihr Gefahr, neue Fehler zu verursachen. Oft kommt man also um ein mehrmaliges Auf- und Zuschließen der Druckform nicht herum.

Wenn schließlich alles hält und der Schließrahmen angehoben werden kann, ohne dass Teile verloren gehen, kommen zwei weitere wichtige Schritte, bevor die Form in die Druckpresse kann. Als erstes wird der Schließrahmen senkrecht auf die Seite gestellt und die Form von unten abgebürstet. Schmutz, Papierspäne oder Fusseln werden so entfernt. Die Schließplatte muss mit einem Lappen abgewischt werden, bevor der Schließrahmen wieder abgelegt wird. Nun wird nochmals leicht aufgeschlossen, und die Form wird mithilfe eines Hammers und eines Klopfholzes von oben leicht geklopft. Dadurch werden auch die Teile der Form nach

Tipps & Tricks
Orientiert euch beim Schließen der Form in der Abziehpresse an der Mitte, das hilft, bei der Papieranlage den korrekten Stand zu finden.

unten geklopft, die noch leicht nach oben stehen oder unter denen vorher noch etwas gelegen hat. Abschließend wird die Druckform erneut fest geschlossen und ist bereit zum Druck.

Schließen in der Abziehpresse

Für das Schließen einer Form in der Abziehpresse gibt es zwei Möglichkeiten. Entweder ihr verwendet einen Schließrahmen, der auf das Druckbett passt und seinerseits mithilfe von Schließzeug fest positioniert wird. Dann ist das Vorgehen das gleiche wie eben beschrieben. Oder ihr nutzt das Fundament selbst als Schließrahmen, dafür benötigt ihr allerdings auch noch einen Riegel als Abschluss zum vorderen Ende des Fundaments. Dies ist meist als Zubehör bei einer Abziehpresse vorhanden.

Da die Form direkt in der Presse geschlossen wird, ist es wichtig, das Druckbett vorher einmal abgewischt zu haben, um Fusseln und Schmutz zu entfernen. Unbedingt erforderlich ist es auch, wieder die Form zu klopfen, damit wirklich alle Teile auf dem Fundament aufsitzen. Das eigentliche Positionieren der Seiten, Schließzeuge und Stege erfolgt wie bereits beschrieben.

Das Fundament als Schließrahmen
Hier haben wir eine Farbform unseres äußeren Bogens des Schwitters direkt in einer Abziehpresse ausgeschlossen.

Überblick: Setzmaschinen – die eisernen Kollegen

Nur die wenigsten Werkstätten können heute noch funktionierende Setzmaschinen benutzen. Dabei waren diese früher die stolzen Errungenschaften der Technik und des Fortschrittes, machten sie doch das Setzen schneller, effektiver und profitabler. Zum Vergleich: Ein Handsetzer hatte eine maximale Stundenleistung von etwa 1400 Zeichen / Stunde, mit einer Zeilensetzmaschine stieg diese Leistung auf ca. 10 000 Zeichen / Stunde.
Im Jahr 1808 wurde die Erfindung einer ersten Setzmaschine in England veröffentlicht. Allein in Amerika wurden bis 1904 so 1024, in England 575 Patente auf Setzmaschinen vergeben. Durchgesetzt haben sich am Ende nur eine Handvoll, die wir hier kurz beschreiben wollen.

Linotype

»Oh, it's a line o' type!«, dieser berühmt gewordene Ausspruch wurde namensgebend für Otto Mergenthalers Erfindung von 1885. Gesetzt und gegossen wird nämlich eine komplette Zeile. Das Wesentliche der Erfindung sind die freiumlaufenden Matrizen. Diese sind in sogenannten Magazinen sortiert, fallen bei Betätigung der Klaviatur in einen Sammelschlitten, der zur Gießeinrichtung geführt und ausgegossen wird. Anschließend werden die Matrizen mithilfe ihrer Zahnung von der Maschine selbstständig in ihr Fach des Magazins zurückgeführt. Die Klaviatur einer Linotype ähnelt schon sehr unserer heutigen Tastatur. Die Wortabstände bestimmen hier Spatienkeile. Auf den Matrizen finden sich meist zwei Buchstaben, zum Beispiel eine Antiqua sowie eine Kursiv. Dadurch kann man während des Tastens bereits Schriften mischen. Zudem gibt es unterschiedliche Modelle, die verschieden viele Magazine aufnehmen können, wodurch weitere Auszeichnungen möglich sind. Fast identisch zur Linotype ist die Intertype-Setzmaschine.

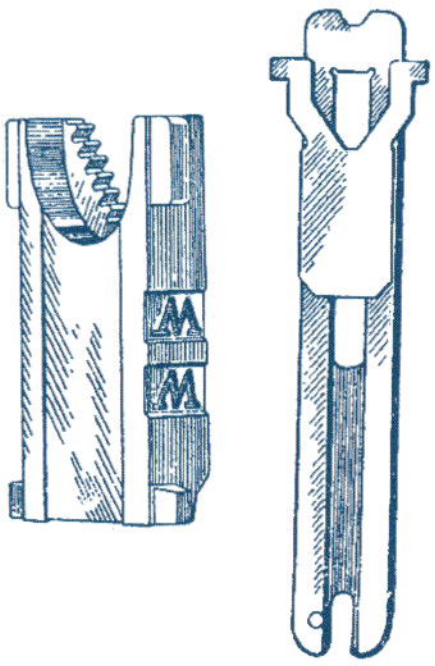

Eine Linotype-Setzmaschine oben, unten eine Zweibuchstabenmatrize, daneben ein Spatienkeil.

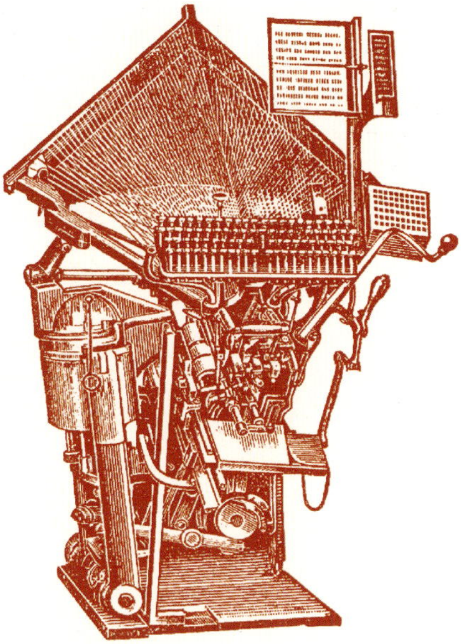

Typograph, rechts ein Spatienring und eine Stabmatrize.

Typograph

Drei Jahre nach der Linotype wurde der Typograph vom Amerikaner John Rogers erfunden, ebenfalls eine Zeilengießmaschine. Simpel in der Bedienung und preislich günstiger als die Linotype, erfreute sich der Typograph einiger Beliebtheit. Sehr markant ist der Matrizenkorb. Hier hängen geordnet an einem Rechen längliche Stäbe, an deren Ende die eigentliche Matrize ist, zumeist sind es Zweibuchstabenmatrizen. Durch das Tasten an der Klaviatur werden diese Stäbe mechanisch ausgelöst und gleiten an Drähten herunter in eine Sammelrinne. Wortabstände werden durch »Spatienringe« bestimmt. Nach dem fertigen Ausschließen der Zeile neigt sich die seitlich angebrachte Gießapparatur zur Sammelrinne, gießt die Matrizen aus, und die Zeile wird bei der rückführenden Bewegung ausgestoßen. Durch Zurückkippen des Korbes sortieren sich die Stäbe wieder an ihrer Ursprungsposition ein. Das Wechseln einer Schrift ist möglich durch das Wechseln des Rechens. Anders als die Linotype ist der Typograph in der Anwendung etwas eingeschränkter.

Vor 100 Jahren

In der Anfangszeit der Setzmaschinen fürchteten die Handsetzer um ihre Arbeitsplätze. Es kam zu Protesten und auch zu Streit darum, wer nun schneller arbeite – der Mensch oder die Maschine. Das Misstrauen ging so weit, dass viele Setzer sich weigerten, die neue Technik zu erlernen – im Vertrauen auf ihr traditionsreiches Handwerk. Daher wurden in der Folge oft Jugendliche und Frauen an den Maschinen angelernt.

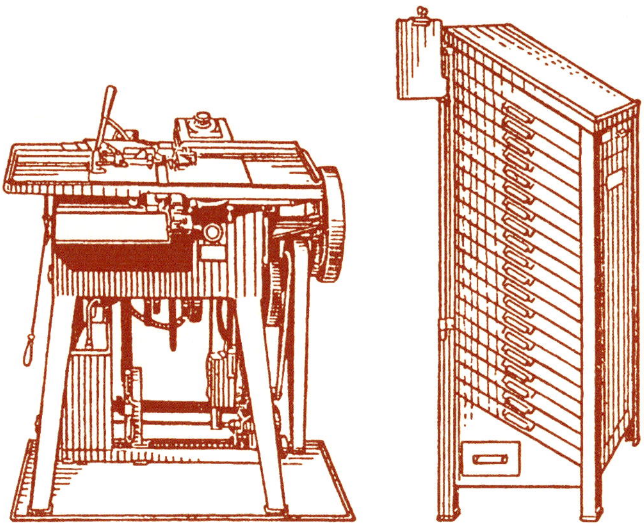

Das Matrizenregal für die Ludlow, links die Gießmaschine. Darunter die Matrizen und der »Winkelhaken«.

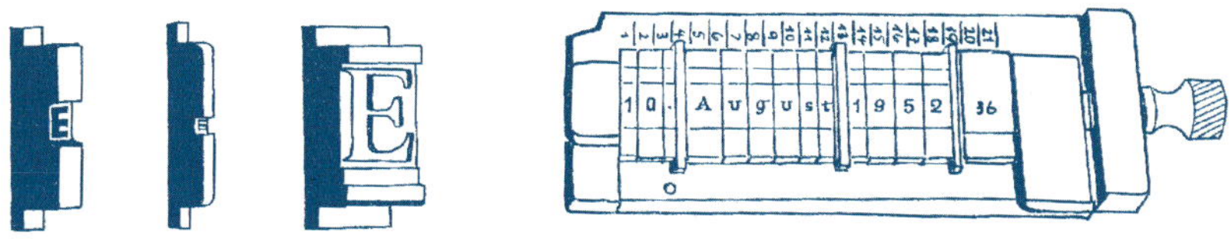

Ludlow

Eine weitere Zeilengussmaschine ist die Ludlow. Sie wurde 1909 von William A. Reade in Amerika entwickelt und ist keine eigentliche Setzmaschine, sondern ein sehr einfaches System für den Handsatz. Hier können Schriften bis 12 cic gegossen werden, allerdings nur auf 6 p- oder 12 p-Kegel. Daher sehen die Zeilen im Querschnitt meist T-förmig aus und müssen entsprechend unterlegt werden. Die Matrizenregale wirken wie schräge, schmale Schriftregale. Zieht man sie heraus, stecken die Matrizen ähnlich wie Steckschriften darin. Auf der Oberseite sieht man eingraviert den Buchstaben, auf der Unterseite befindet sich die eigentliche Matrize. Der Setzer sortiert diese in einen Setzrahmen, auch Winkelhaken genannt, dazu stehen verschiedene Ausschlussstücke zur Verfügung. Das Ergebnis ist so schon sichtbar. Der ausgeschlossene Setzrahmen wird dann in die Maschine eingespannt. Von unten wird per Knopfdruck das flüssige Metall an die Form geschossen, und die fertige Zeile wird ausgegeben. Die Matrizen können sofort wieder abgelegt werden. Genutzt wurde diese Setzmaschine früher hauptsächlich für Überschriften in Zeitungen.

Monotype
1893 von Tolbert Lanston erfunden, ist die Monotype ein System aus zwei Maschinen: dem Setzapparat, Taster genannt, und der Gießmaschine. Es werden so zwar zwei Personen benötigt, der entscheidende Vorteil ist jedoch der Guss von Einzeltypen. Dadurch können, neben der Herstellung von Mengentext auch Schriftkästen und Ausschlussstücke für den Handsatz aufgefüllt werden. Die Matrizen werden in einem Rahmen nach Plänen verlegt, die auf einem Einheiten-System beruhen. Durch das Zusammenspiel zwischen Matrizenplan, weiteren auswechselbaren Bestandteilen des Tasters und der Tastatur ist es möglich, verschiedene Schriften, teils auch zwei oder drei Schnitte gleichzeitig zu nutzen. Im Grunde handelt es sich um eine Additionsmaschine, basierend auf den Einheiten. Die Maschine rechnet während des Tastens den verbleibenden Ausschluss der Zeile aus und teilt diesen auf die Anzahl der Wortzwischenräume auf. Das Ergebnis des Setzers ist ein Lochstreifen, der dem Gießer übergeben wird. Die Gießmaschine kann nun durch den Lochstreifen den getasteten Text auf den Matrizenrahmen übertragen und gießen. Besonders geschätzt wurde die Monotype für komplizierte wissenschaftliche Werke, Formeln und Tabellen.

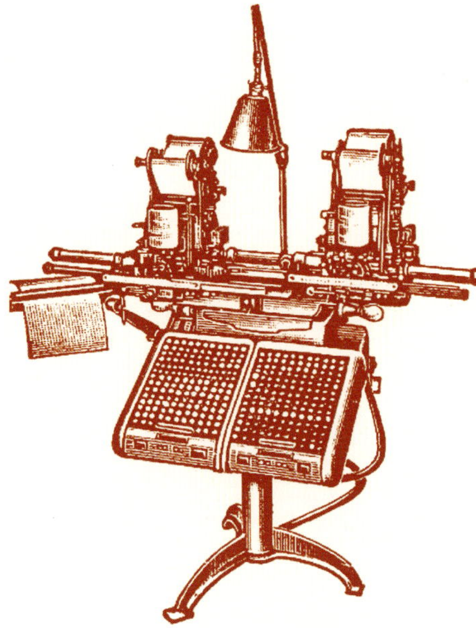

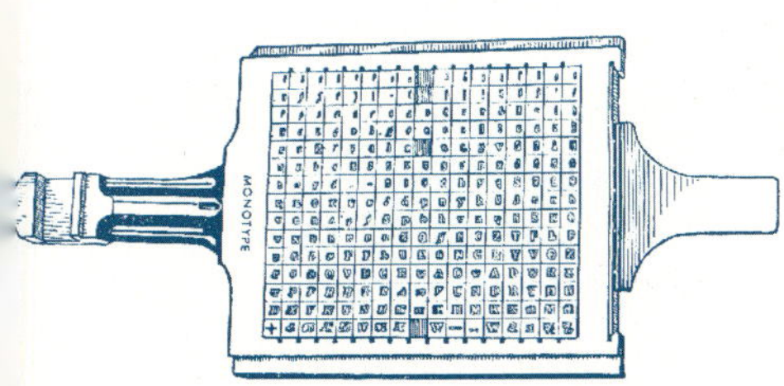

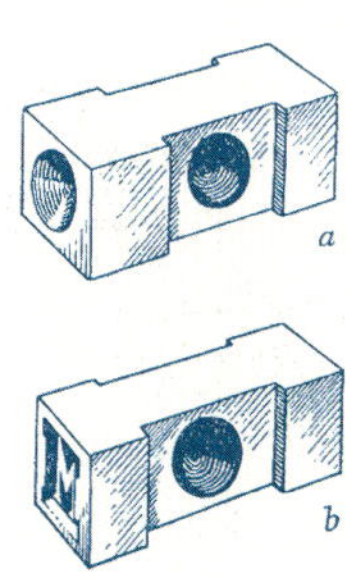

Monotype Taster ganz oben, darunter die Gießmaschine. Links außen der Matrizenrahmen und daneben die Einzelmatrize seitlich von unten (a) und oben (b).

PAPIER UND MEHR

Papyrus – Pergament – Papier

Im Hochdruck kann man fast auf allen Untergründen drucken, auf Folien, Kunststoff, Textilien, Leder, Holz ... aber natürlich ist Papier das Material der Wahl. Das war aber nicht immer so.

Der Beginn: Papyrus

Papier leitet sich vom Wort Papyrus ab, die Herstellung von Papyrus war eine Erfindung der Ägypter. Sie verarbeiteten ein Geflecht aus dünnen Streifen der Papyrusstaude, legten die Streifen kreuzweise übereinander, pressten sie und schlugen sie mit einem Hammer breit. Für längere Texte klebte man einfach einzelne Blätter zu Rollen zusammen. Die Papyrusrolle war die früheste Form für längere Texte, die Ägypter beschrieben sie mit Federn und Tinte. Das älteste heute erhaltene Papyrus stammt aus der Zeit von ca. 3500 v. Chr.

Um das 6. Jahrhundert v. Chr. übernahmen die Griechen und Römer die Verwendung von Papyrusrollen, die Technik verbreitete sich, Schriftlichkeit nahm Fahrt auf – in der Bibliothek von Alexandria soll es 400 000 beschriebene Papyrusrollen gegeben haben.

Wissenswert

Das geht »auf keine Kuhhaut«. Ein geflügeltes Wort, es bezieht sich auf die Größe von Büchern seit der Römerzeit. Ein Foliant (lat. folium, »Blatt«) ist ein Buch im Folio-Format, es hat die ungefähre Größe von 30 × 40 cm. Das entspricht der Größe eines einmal gefalzten, römischen Pergamentbogens, einer Kuhhaut.

Aus Pergament wird Papier

Pergament folgte dem Papyrus als Beschreibstoff, es ist nach der Stadt Pergamon benannt und besteht aus Tierhäuten. Diese überwiegend von Schafen, Ziegen oder Kälbern stammenden Häute wurden in Kalkwasser enthaart, mit Bimsstein geglättet und unter fortwährender Dehnung getrocknet. Sie wurden ab etwa 300 v. Chr. hergestellt und entwickelten sich in Europa bis ins hohe Mittelalter zum einzigen verfügbaren Beschreibmaterial, gut 1500 Jahre, bis in die Tage Gutenbergs.

Dabei hätte es längst aber schon guten Ersatz gegeben, denn das Papier war schon kurz nach Christi Geburt in China erfunden – nur kam es nicht bis Europa. Die Chinesen nutzten für die Herstellung Fasern des Maulbeerbaums, Chinagras oder Baumwolle. Sie mischten sie mit reichlich Wasser

Ein Fresco aus dem 14. Jahrhundert in der kleinen Kirche St. Georg auf der Insel Reichenau im Bodensee. Es zeigt eine von vier Teufeln gehaltene Kuhhaut, ein Pergament. Die Teufel versuchen mit ihr das »Geschwätz« zweier dahinter stehender Frauen zu bannen.

zu einem Brei und erhielten durch Schöpfen mit einem Sieb, Pressen und Trocknen einen Untergrund, der sich für das Beschreiben ausgesprochen gut eignete. Und das so genutzte Rohmaterial, pflanzliche Fasern, gab es in Hülle und Fülle.

Um 750 n. Chr. gelangte das erste Papier dann nach Europa und wurde dort ab etwa 1150 auch produziert. In Italien lässt sich um 1270 die Herstellung nachweisen, ca. 1400 in Nürnberg, auch die Fugger nutzten es in Augsburg. So war eine weitere Bedingung für den sich ausbreitenden Buchdruck in Auflage gegeben, der geeignete Bedruckstoff war vorhanden.

Papierherstellung

Für die Herstellung von Papier wird im Prinzip nicht viel benötigt – Faserstoffe, Wasser und ein paar Hilfsstoffe, vor allem Leim. Doch der Reihe nach.

Faserstoffe

Die Qualität von Papier wird ganz wesentlich durch die verwendeten Faserstoffe bestimmt, das sind ca. 70 %. Der wichtigste und auch billigste Faserstoff stammt von langfaserigem Nadelholz. Auch andere Pflanzen liefern Fasern, das können Stroh, Schilf, diverse andere Gräser (beispielsweise Zuckerrohr) sein, fast alles lässt sich einsetzen, was lange

Der Papyrer aus Jost Ammans Ständebuch, 1568. Der Geselle steht an einer Bütt und schöpft die Bögen, dann folgt das Gautschen. In seiner ursprünglichen Bedeutung bedeutete dies das Entwässern des Papiers nach dem Schöpfen und Ablegen eines frisch geschöpften Papierbogens auf eine Filzunterlage.

Fasern hat. Dazu kommen noch die auch in Textilien verwendeten Leinen und Baumwolle. Eine Fichtenholzfaser ist ca. 3,5 mm lang, sie besteht aus Zellulose und Lignin. Das ist wichtig, denn Lignin bewirkt bei holzhaltigen Papieren die Vergilbung.

Holz kann man auf mechanische oder chemische Weise in Fasern zerlegen und zu einem verfilzenden Brei verarbeiten. Wenn man dann mit einem Sieb den Faserbrei abschöpft und das Wasser ablaufen lässt, entsteht eine Rohpapierschicht, die getrocknet und zusammengepresst das fertige Papier ergibt. So weit das Grundprinzip.

Holzschliff

So nennt man mechanisch zerfasertes Holz, der Vorteil liegt in einer fast 100 %igen Rohstoffausbeute – aber das entstehende Papier ist eher minderwertig. Holzschliffhaltiges Papier ist relativ undurchsichtig (opak), aber auch rau an der Oberfläche und hat eine geringe Festigkeit. 100 %iges Holzschliffpapier ist technisch praktisch unmöglich, der Holzschliffgehalt liegt immer zwischen 6 % und 75 %, bei Zeitungspapieren bei bis zu 90 %. Nur Papiere mit einem Holzschliffgehalt unter 5 % bezeichnet man als holzfrei (holzschlifffrei).

Holzhaltiges Papier vergilbt durch das enthaltene Lignin sehr schnell. Zeitungspapier ist bereits nach einem Tag vergilbt, wenn es in der Sonne liegt, man kennt das.

Zellstoff

Zellstoff entsteht dagegen durch chemischen Aufschluss des Holzes und enthält nur wenig Lignin. Die Rohstoffausbeute ist geringer, holzfreies Papier ist teurer, aber auch haltbarer, weißer und weniger vergilbungsanfällig. Und die Fasern des holzfreien Papiers haben eine gleichmäßigere Länge, die Reißfestigkeit ist daher höher.

Andere Rohstoffe und Hilfsstoffe

Auch Stroh und Gras finden, wie erwähnt, bei der Papierherstellung Verwendung, darüber hinaus ein großer Anteil Altpapier und Recycling-Papiere. Praktisch jedes Industriepapier enthält Altpapieranteile, das sind z. B. Makulaturen aus der Druckproduktion.

Textilreste, sogenannte Hadern, lassen sich zu sehr hochwertigen Papieren verarbeiten, das Papier ist dann reißfester, es wird z. B. für Dünndruck oder Geldscheine verwendet.

Füllstoffe füllen die Faserzwischenräume aus und schaffen eine glattere Oberfläche des Papiers. Es können Aufheller enthalten sein, Leime und Farben. Gelblichweiße Papiere enthalten solche Farbzusätze.

Mahlung

Eine große Rolle für die Papiereigenschaften spielt die Mahlung der Fasern. Eine sogenannte »rösche Mahlung« lässt Werkdruckpapier (Naturpapier) entstehen. Diese Papiere sind relativ opak (undurchsichtig), saugfähig für Farben, auftragend (voluminös), haben eine raue Oberfläche. Mit einer »schmierigen Mahlung« bekommt man z. B. Transparentpapier. Das sind eher durchscheinende, wasserdichte, harte, nicht auftragende Papiere mit glatter Oberfläche, die Druckfarbe oxidiert hier oberflächlich.

Papiermaschinen

Papiere wird überwiegend auf Langsiebmaschinen hergestellt, das Papier bewegt sich in der Produktion fortlaufend in großer Geschwindigkeit über ein langes Sieb. Das hat zur Folge, dass sich die Fasern in der Längsrichtung des Siebes ausrichten, Papier erhält also eine Laufrichtung (Maschinenlaufrichtung, Faserlaufrichtung) und bekommt bestimmte Eigenschaften mit auf den Weg: In der Laufrichtung ist das Papier zugfester, falzfester und dehnfester.

Bücher und auch alle anderen mittengefalzten Produkte müssen in allen Teilen immer der Laufrichtung entsprechend, parallel zum Buchrücken bzw. zur Buchhöhe, gefertigt werden. Der Buchblock hat dann eine Dehn- oder Streckmöglichkeit zur Buchdeckelvorderkante. Wenn sich der Buchblock nach vorne ausdehnt, kann nichts passieren, dehnt sich das Papier bei falscher Laufrichtung nach oben und unten, wird es wellig. Vorsatzpapiere, Umschläge, Karten usw. lassen sich außerdem parallel zur Laufrichtung besser falzen.

Noch eine weitere Eigenschaft des Papiers rührt von der Siebmaschine her, die Zweiseitigkeit. Papier wird zweiseitig, wenn es nicht danach gestrichen oder kalandriert wird, denn die füllstoffreichere und glattere Oberseite wird zur Filzseite oder Schönseite. Die Unterseite, man nennt sie Siebseite, ist pigmentreicher, damit dunkler und rauer.

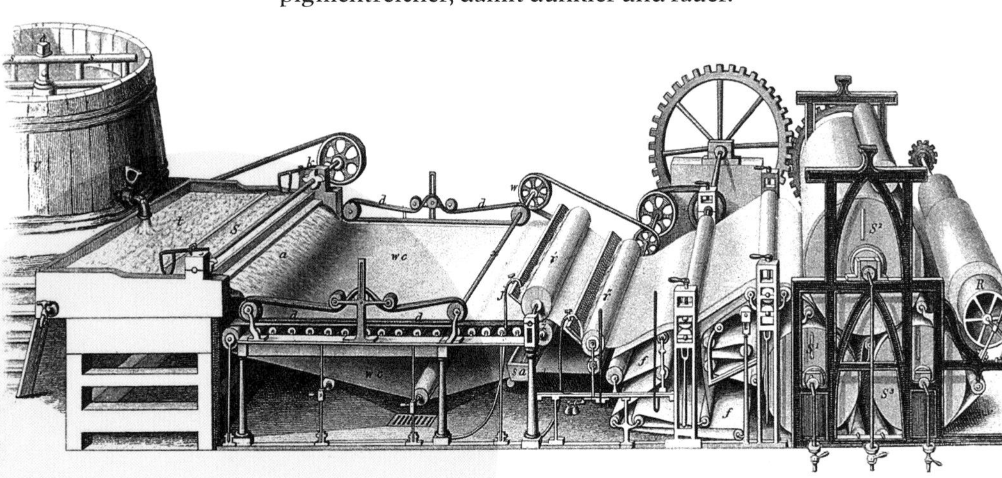

Papiermaschine
Ein durchlaufender Prozess, die im Wasser gelösten Faserstoffe laufen über das Sieb, entwässern und werden in einem Trocknungsprozess bis zur abschließenden Glättung und dem Aufrollen in einem Stück gefertigt.

Papierrollen mit Einbandpapieren. Das sind ca. 130 g schwere, durchgefärbte und sehr widerstandsfähige Papiere. Papier wird industriell auf Rolle produziert und erst danach in Bogenware geschnitten.

Papierarten

Man unterscheidet zwei große Vertreter von Papieren, gestrichene (coated) und ungestrichene (uncoated). Mit Strich (oder Streichen) meint man eine nachträgliche Beschichtung der Oberfläche mit kreideähnlichen Substanzen (Titandioxid, Bariumsulfat usw.), die die Oberfläche der Papiere glatter und auch opaker werden lassen.

Gestrichene Papiere

Auf gestrichenen Papieren lassen sich farbige Abbildungen, detailreiche Elemente, Zeichnungen oder kontrastreiche Schriften, wie klassizistische Antiquaschriften mit feinen Haarstrichen, besonders präzise drucken. Der Kontrast dieser Papiere ist groß, sie haben kein oder nur ein geringes Volumen. Mehr zur Bedruckbarkeit im Hochdruck im Kapitel »Es werde gedruckt«.

Man unterscheidet folgende gestrichene Papiere

- einseitig gestrichen = Chromopapier
- matt gestrichen = gestrichen, nicht oder wenig satiniert
- glänzend gestrichen = gestrichen, satiniert
- gussgestrichen = spiegelglatt, sehr stark satiniert.

Auch »Kunstdruckpapiere« und »Bilderdruckpapiere« findet ihr, sie werden oft synonym für »gestrichen« verwendet.

Wissenswert
Satinieren bedeutet, dass die Papieroberfläche durch Walzen geglättet wird.

Werkdruckpapiere

Ungestrichene, holzfreie oder leicht holzhaltige Papiere, Naturpapier genannt, eignen sich vor allem für Mengentext. Werkdruckpapiere sind maschinenglatt und wenig ge-

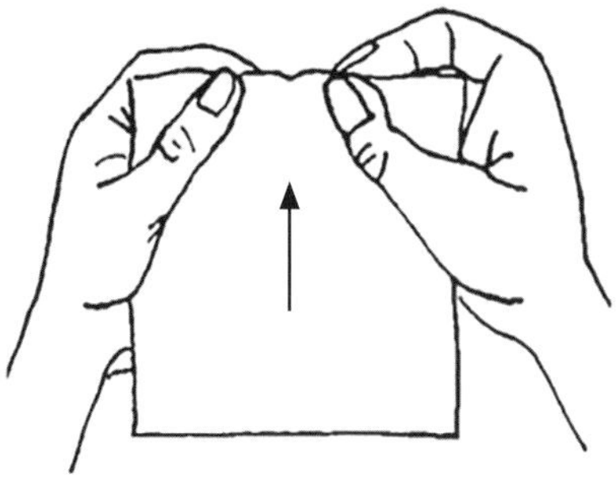

Nagelprobe mit den Fingernägeln über die Papierkante fahren, das Papier wellt sich zwischen den Fasern. Die Laufrichtung verläuft dann senkrecht entlang der Wellen.

leimt. Sie sind weniger kontrastreich, was dem Lesen sehr zugutekommt, aber für den Druck von Bildern weniger geeignet. Werkdruck hat immer Volumen, ist saugfähiger, das Trocknen der Druckfarbe geschieht dann auch physikalisch, d.h. durch Wegschlagen der enthaltenen Öle ins Papier, im Gegensatz zur chemischen Trocknung durch Oxidation. Diese Papiere lassen sich gut falzen und eignen sich gut für alle Arten von Prägetechniken, da sie elastischer sind.

Die Laufrichtung hat Bedeutung für fast alle Teile der Produktion, sie ist bedeutsam beim Drucken und in der Weiterverarbeitung. Sie wird im Papiereinkauf mit einer Unterstreichung gekennzeichnet.

Laufrichtung

Papier wird im Verkauf immer entsprechend gekennzeichnet, in Breit- oder Schmalbahn (BB bzw. SB). Das ist abhängig

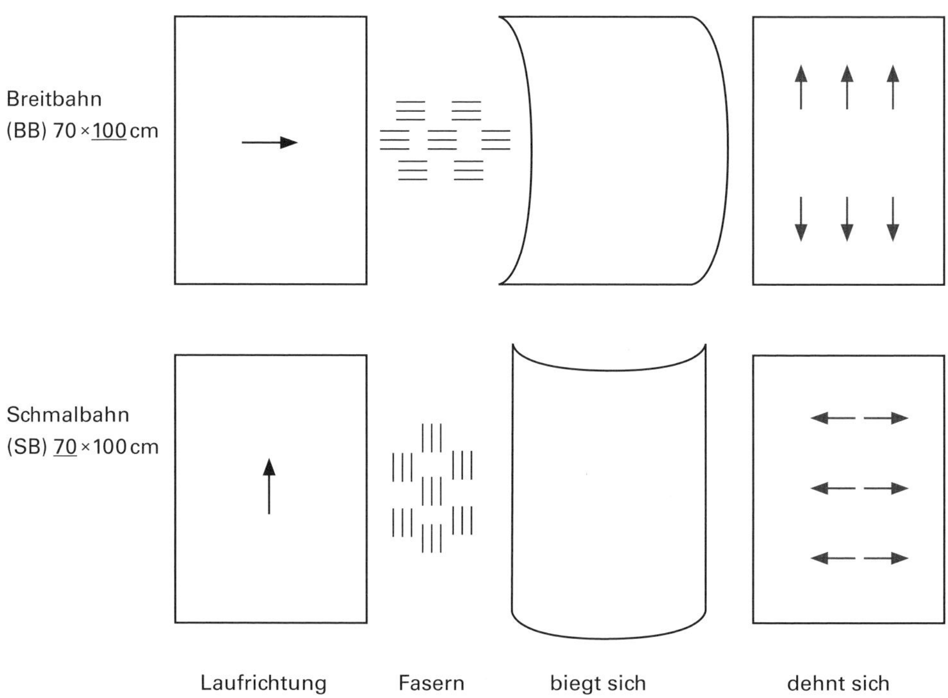

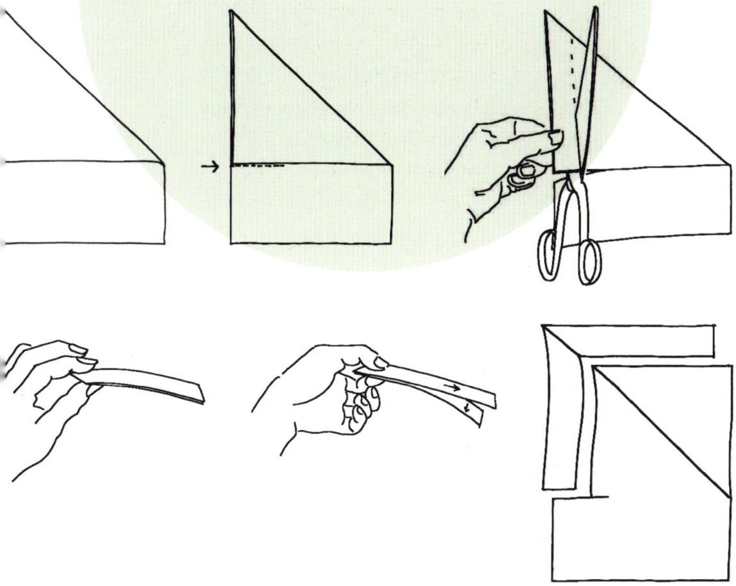

Die Streifendurchhangprobe
Nehmt euch ein Blatt eures Papiers, falzt eine Ecke, danach das unten liegende Stück entlang der gestrichelten Kante ein-, und einen Streifen herausschneiden. Am Knick halten und durch Wenden herausfinden, wo sich das Papier am stärksten nach unten biegt. Das Papier ist elastischer, dehnfähiger entgegen der Faserrichtung. Am Schluss dann am ursprünglichen Bogen anlegen und man hat die Laufrichtung auch für den ganzen Bogen.

davon, wie die Bögen aus der Papierbahn geschnitten wurden, also in Richtung des Papierlaufs in der Maschine oder quer dazu.

Zur Feststellung der Laufrichtung gibt es einige Tests, die ihr einfach selbst vornehmen könnt, die Feuchtprobe, Reißprobe, Streifendurchhangprobe, Nagelprobe (bei Papier) und Biegeprobe (bei Karton). Das Biegen ist am einfachsten, funktioniert bei kräftigeren Materialien fast immer. Die Nagelprobe macht ihr bei dünneren Papieren und wenn ihr ganz sicher gehen wollt, dann nehmt ihr die gezeigte Streifendurchhangmethode.

Tipps & Tricks
Ein anschaulicher Test zur Laufrichtung von Papier geht so: Ihr nehmt zwei Zeitungsseiten, reißt schmale Streifen einmal in Richtung der Laufrichtung, einmal dagegen. Ihr werdet sehen, wie groß der Unterschied ist, in Laufrichtung reißt es sich wesentlich glatter.

Papier berechnen

Bei der Planung eurer Drucksachen müsst ihr ein paar weitere Dinge im Zusammenhang mit Papier beachten.

Das Flächengewicht

Papiere und Karton haben ein Flächengewicht, auch Quadratmetergewicht genannt. Das ist das Gewicht bzw. die Masse eines Bogens mit einer exakten Größe von 1 m², oder anders ausgedrückt, und besser zu rechnen, 10 000 cm². Ein 120 g-Papier wiegt in dieser Normgröße? Ja klar, 120 g.

Ein typisches Papierformat im Papierhandel ist 70 × 100 cm groß, das sind 7000 cm² – also 70 % unseres 1 m²-Bogens.

Tipps & Tricks

Die Rückenstärke von Büchern lässt sich auf verschiedenste Weise steuern. Zuallererst natürlich über den Umfang, aber auch über das Papiergewicht und das Volumen des Papiers.

Dünndruckpapiere haben ein Gewicht von unter 60 g/m^2, auf den 1 m^2-Bogen bezogen, Werkdruckpapiere 60 – 120 g/m^2, Karton 150 – 600 g/m^2, Pappen haben über 600 g/m^2.

Volumen

Eine weitere wichtige Besonderheit von Papieren ist das Volumen. Werkdruckpapiere haben immer Volumen, ausgedrückt in 1-fach, 1,3-fach, 1,5-fach usw. Volumen bedeutet mehr Dicke bei gleichem Papiergewicht, d.h. die Masse ist gleich, aber der Einschluss von Luft ist größer. Das Papier ist weniger geglättet, damit auch offener, und eben dicker.

Rückenstärke

Welche Rückenstärke bekommt mein Buch? Ein Buchblock von 208 Seiten, gedruckt auf einem 90g-Werkdruckpapier mit 1,8-fachem Volumen? Ganz einfach, das wäre die Rechnung:

104 (Blätter) × 0,9 (Grammatur) × 1,8 (Volumen) ÷ 10
= 16,85 oder aufgerundet 17 mm für den Buchblock.

Bei einem Deckenband (einem Hardcover) kommt zweimal die Pappenstärke (z.B. 2 × 2 mm) dazu. Eine Zugabe für einen runden Rücken und eventuell stark auftragendes Überzugsmaterial wäre ebenfalls hinzuzurechnen – fertig ist das Maß für den Buchrücken.

Papier für den Druck

Neben unserem Auflagenpapier, also dem Papier, das wir bedrucken möchten, haben wir noch eine Reihe anderer Papiere, die wir für den Druck benötigen. Papier ist ein lebendiger Werkstoff, das heißt, Temperatur und Feuchtigkeit, aber auch Lichteinwirkung verändern seine Eigenschaften. Für einen reibungslosen Druckablauf sollte man daher einiges beachten.

Papierlagerung

Im Druckraum herrscht nach Möglichkeit eine konstante Temperatur und Luftfeuchtigkeit. Ideal sind ca. 20° Celsius und 60 % Luftfeuchte. Solltet ihr euer Papier in einem anderen Raum lagern, ist es ratsam, es ein paar Tage vorher in den Druckraum zu bringen, damit es sich akklimatisieren kann. Der Stapel Papier sollte gut belüftet, also nicht in Plastik verpackt sein. Einige Bögen Makulatur auf dem Auflagenpapier schützen außerdem vor Lichteinwirkung und Schmutz. Egal welches Papier ihr später an euren Maschinen nutzt, es sollte auf keinen Fall faltig oder wellig sein, denn das führt zu großen Problemen beim Druck.

Wissenswert

Kein Papier wird verschwendet! So werden fehlerhaft bedruckte Bögen, sogenannte Makulaturen, gerne auch ein zweites oder drittes Mal genutzt. Zum Einrichten neuer Druckformen oder für gestalterische Versuche.

Mehr als nur Auflagenpapier

Neben dem Auflagenpapier benötigt man vor allem verschieden starke Papiere und Kartons für den Aufzug am Drucktiegel oder Zylinder und zum Zurichten der Druckform. Diese Papiere sollten möglichst gleichmäßig glatt sein. Wenn ihr einen Bogen gegen das Licht haltet, sollte er nicht wolkig, sondern ebenmäßig erscheinen. Sogenannte Unterlagebogen gibt es als kalibrierte Bögen auch zu kaufen. Sie haben dann beispielsweise Stärken von 0,15 mm oder 0,25 mm. Wichtig ist auch Seidenpapier, das für die Zurichtung einer Druckform eine große Rolle spielt.

Tauen oder auch Druckstraffen ist das genaue Gegenteil des feinen Seidenpapiers: Es ist besonders reißfest und strapazierfähig und wird als Deckbogen des Aufzugs verwendet. Mehr zu den Papieren für den Aufzug und die Zurichtung erfahrt ihr später.

Neben diesen ganzen Verbrauchsbögen wird sich im Laufe der Zeit sicher einiges an verschiedenen Auflagepapieren ansammeln. Es hilft, wenn man sich eine Ordnung schafft und die verschiedenen Papiere beschriftet, mit Name oder Verwendung, mit Grammatur und Laufrichtung.

☛ Ausblick
Pressendrucke, Buchkunst, artists' books – ‹usus›

Privatpressen
Pressendrucke
Malerbücher

Das Künstlerbuch hat sehr verschiedene Traditionen, in kurzen Worten ist das kaum darzustellen. Es gehören dazu die sogenannten Privatpressen, die um die Jahrhundertwende in Reaktion auf Industrialisierung und Massenproduktion entstanden. Ziel war die Gesamtgestaltung des Buches, von der Auswahl der Autoren, Texte und Schrift über Illustration, Papier und Druck bis zum Bucheinband. Beispiele wären etwa die Kelmscott Press von William Morris oder die Cranach Presse von Harry Graf Kessler. Später waren Pressendrucker häufig ausgebildete Setzer, die den technischen Umbruch im grafischen Gewerbe hautnah miterlebten und mit der ihnen vertrauten Technik künstlerisch weiterarbeiteten, wie etwa die Original Hersbrucker Bücherwerkstätte. Die sogenannten Malerbücher, z. B. von Picasso, Matisse oder Leger, entsprechen im Wesentlichen den livres d'artistes.

Künstlerbücher
livres d'artistes
artists' books

Diese drei Begriffe sind nicht deckungsgleich, auch wenn es sich um wörtliche Übersetzungen handelt. Dabei steht artists' books für eine Tradition aus der Concept Art der 1960er Jahre in den USA, die das Buch als »democratic multiple« betont (z. B. Ed Ruscha). Alle Künstlerbücher, egal welcher Tradition, sind Ausdruck der jeweiligen Persönlichkeit, in der die Autoren oder Autorinnen mit Künstlern oder Künstlerinnen verschmelzen. Gedruckt oder von Hand gefertigt, mit und ohne Text, in Auflage oder als Unikat: Alles ist möglich.

‹usus›

‹usus›: Uta Schneider & Ulrike Stoltz entwickeln dieses Genre ganz eigenständig in ihrer Arbeitsweise weiter – als Buchgestalterinnen, Typografinnen und Künstlerinnen – seit vielen Jahren. Wir möchten ihre Arbeiten zeigen, denn sie repräsentieren die gegenwärtige buchkünstlerische Szene in idealer Weise. Aber hören wir sie selbst ...

»Das Linienbuch«

Dieses Buch ist dem ursprünglichen Besitzer unserer Setzerei, Johannes Klink aus Niebüll, unbekannterweise gewidmet. Angeregt von den beiden umfangreichen Linienkästen war unser Konzept, von einem Punkt eine Linie ausgehen zu lassen, zu der weitere Linien hinzustoßen, sodass eine Verdichtung entsteht, die sich dann nach und nach wieder auflöst, um zum Schluss ebenso sparsam zu enden, wie sie begonnen hat.

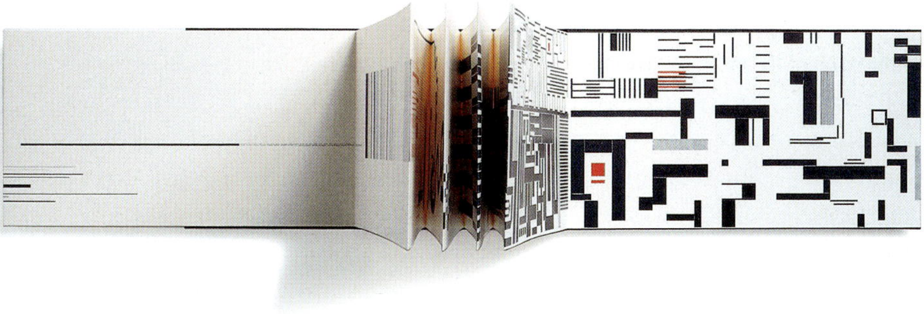

Als Akzente dienen einzelne Elemente in einer zweiten Farbe (Rot). Schon bald wurde der Satz so kompliziert, dass er nicht mehr auszubinden oder gar vom Schiff auf die Maschine zu transportieren war. Wir setzten also das Buch (immer zu zweit!) im Wesentlichen direkt auf die Maschine, die Form entstand dort: Es gab keine Skizzen oder Ähnliches, nur das offene Konzept. Schließlich stellten wir dem Buch einen Satz von John Cage als Motto voran: »Lasst uns ein für alle Mal anerkennen, dass die Linien, die wir ziehen, nicht gerade sind.«

Die Linien erinnern an zeitgenössische Partituren, die strenge, dabei offene visuelle Konzeption kommt einer Umsetzung ins Hörbare entgegen. Das Buch wurde am 22.10.1991 von Olaf Joksch an der Orgel der Peterskirche in Frankfurt am Main uraufgeführt. Eine zweite Interpretation entstand 2004 anlässlich der Eröffnung unserer Ausstellung in der Galerie der HBK Braunschweig; dort spielten Grzegorz Zgraja (Trompete) und Heinrich Römisch (Bass, Percussion). Beide griffen das Thema am 3. Dezember 2012 in der Galerie auf Zeit bei der Eröffnung der Ausstellung »Bild & Schrift, Sprache & Stimme« wieder auf und spielten schließlich das Linienbuch ein drittes Mal

Das Linienbuch Handsatz (Messinglinien), Buchdruck auf einer Korrex-Andruckpresse; 26 Seiten, Zerkall Werkdruckbütten; 24 × 13,5 cm; 30 sig. Ex.; buchbinderische Verarbeitung: ‹usus› (in der Werkstatt von Theophil Zwang); Offenbach am Main 1987.

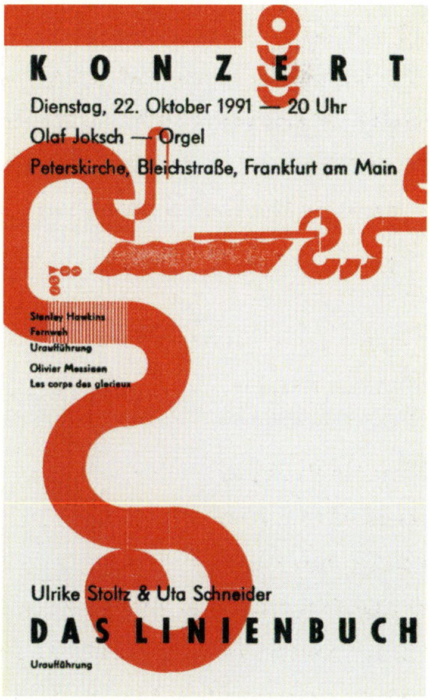

am 9. Juni 2016 bei der Eröffnung unserer Ausstellung »buch. räume. sprach. bilder. 30 Jahre Zusammenarbeit ‹usus›« in der Herzog August Bibliothek Wolfenbüttel. Das Buch erhielt eine Prämiierung der Stiftung Buchkunst (1987) und eine Silbermedaille der iba (Internationale Buchkunst Ausstellung) Leipzig 1989.

Ulrike Stoltz: wer A sagt. Hommage à Dieter Wagner.
Alle Buchstaben des Alphabets werden in diesem Buch nach und nach übereinandergedruckt. Zuerst sieht man also nur das A, dann das B auf dem A, dann das C auf A und B usw., bis das letzte Blatt 25 Druckdurchgänge auf der Vorderseite und 26 Druckdurchgänge auf der Rückseite hat. Gedruckt wurde mit Transparentmittel, d. h. mit dem Bindemittel der Druckfarbe, das kein Pigment enthält. Das A ist daher kaum zu sehen, von Seite zu Seite wird das Druckbild jedoch immer dunkler und der gemeinsame Kern der Buchstaben wird sichtbar. Gleichzeitig entsteht durch die zunehmende Farbe aber auch eine zarte, fast malerische Transparenz, die nicht vorhersehbar war und mich sofort an Pergament denken ließ. Die Vorzugsausgabe müsste also eigentlich die Normalausgabe sein!
Der Druckprozess verlangte eine eigene Logistik, die ganz einfach zu sein scheint, aber erfordert, die buchbinderische Weiterverarbeitung von Beginn an genauestens mitzudenken. Das Buch ist, insbesondere auf den ersten Seiten, extrem schwer zu reproduzieren und versteht sich daher auch als Antwort auf Walter Benjamins These vom »Kunstwerk im Zeitalter seiner technischen Reproduzierbarkeit«. Außerdem geht es um Technik-Angemessenheit: Das hier erzielte Ergebnis ist nur im Buchdruck zu erreichen und wäre mit anderen Drucktechniken (Offset, Siebdruck, Digitaldruck) nicht möglich. Buchdruck ist also mehr als rückwärtsgewandte Nostalgie.

Ulrike Stoltz: wer A sagt. Hommage à Dieter Wagner.
Ulrike Stoltz:
Wer A sagt (X—Y)
Foto: Ulrike Stoltz

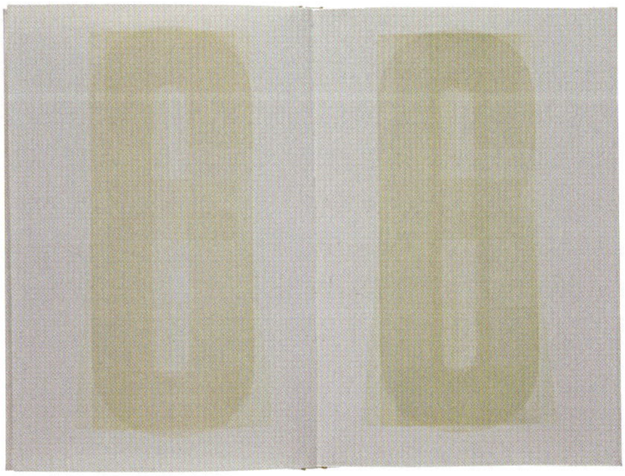

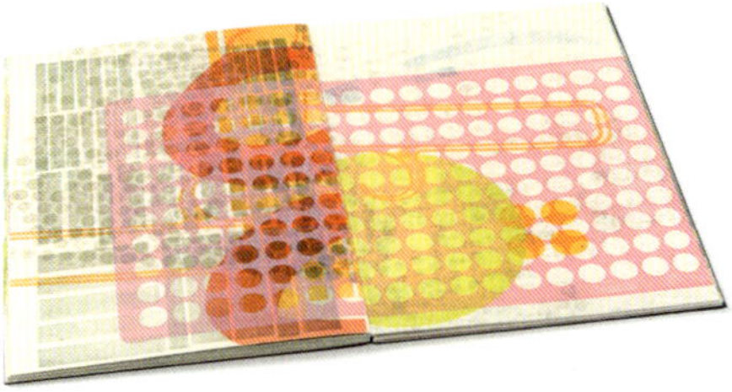

‹usus›: ohne schwarz
Fotos: Thomas Lemnitzer

‹usus›: ohne schwarz

Buchdruck von Messinglinien, Holzbuchstaben, Kurvenlinealen und verschiedenen anderen Formen und Materialien (Luftpolsterfolie, Karton) auf einer Korrex Andruckpresse in folgenden Farben: rot, blau, türkis, orange, grünliches gelb, violett, dunkelgrün, rosa, dunkelviolett, grau, weiß, hellblau, gelb in insgesamt circa 500 Druckdurchgängen auf digitale Ausdrucke der zuvor eingescannten, ähnlichen Motive, wobei jeder Bogen mehrfach durch den Laser-Printer geschickt wurde (d. h., die Überlagerungen entstanden im Druckprozess und nicht zuvor in einem Bildbearbeitungsprogramm).
68 Seiten, sortiert in 6 Lagen unterschiedlicher Stärke, Unikat in einer Kassette (buchbinderische Verarbeitung: Ricarda Rau, Darmstadt); gedruckt in verschiedenen »Sessions« im Atelier von Uta Schneider in Offenbach am Main im Zeitraum 2019 bis 2021.

Visual Jazz; Dieses Buch entstand in freier Improvisation an der Druckpresse. Die entstandenen Blätter fügten sich zu immer neuen Kombinationen und schließlich zu ihrer endgültigen Form und Reihenfolge. So gaben wir Ricarda Rau die Drucke zum Binden. Doch damit war der Arbeitsprozess keineswegs abgeschlossen. Der Gedanke der Improvisation und die Musikalität des Prozesses führten zu einem Transformationsprozess. Die Bindung selbst wurde wieder aufgelöst. Die Seiten sind nicht paginiert. Dadurch steht das Material nun zum je eigenen »Sampling« zur Verfügung, und wir geben den Betrachtern und Betrachterinnen, den Lesern und Leserinnen die Möglichkeit, ihre eigene Geschichte zu erzählen. Das Buch, ein Medium für die Hand, verwandelte sich in eine Loseblattsammlung in einer Kassette und steht damit auch als Medium für die Wand zur Verfügung. Wer immer also das Buch eines Tages betrachten wird, hat damit die Möglichkeit, sich aktiv zu beteiligen. Alle Seiten können herausgenommen und neu kombiniert werden, Kopfstand inklusive. Neue Harmonien, neue Farb- und Formklänge entstehen. Beigegeben ist ein Faltblatt, das in kleinen Thumbs das ganze Buch in seiner ursprünglichen Reihenfolge abbildet, zu der man damit immer wieder zurückkehren kann.

FARBE UND HILFSSTOFFE

So sehen wir Farbe

Farbe ist ein sehr wandelbares Phänomen, wir kennen das alle – da hatte man sich ein Kleidungsstück gekauft, farblich passend zu einem anderen, und kaum ist man zu Hause, erkennt man die Farbe nicht mehr wieder. Oder man gestaltet am Bildschirm einen Flyer mit wunderschönen leuchtenden Farben, und die tatsächlichen Farben sehen dann im Druck aber so was von anders aus. Warum ist das so?

Farben sind prinzipiell nichts Absolutes, sie sind von den Umgebungsbedingungen abhängig und davon, wie unser Sehapparat bzw. unser Hirn die Seheindrücke verarbeitet.

Licht – Körperfarben – Oberflächen

Was wir sehen, das ist ausschließlich Licht und damit Farbe. In einem vollständig dunklen Raum haben wir keine Farbeindrücke. Im Idealfall aber sehen wir das vollständige Spektrum aller Lichtbestandteile, die für uns sichtbar sind. An einem sonnigen, hellen Tag ist das der Fall, uns umgibt das fast vollständige spektrale Licht – und das ist weiß bzw. wird von unseren Rezeptoren als ausgewogenes Verhältnis der Wellenlängen (Rot, Grün, Blau) interpretiert. Es gibt auch für uns unsichtbare Wellenbereiche; UV-Strahlen oder Röntgenstrahlen sind Beispiele dafür.

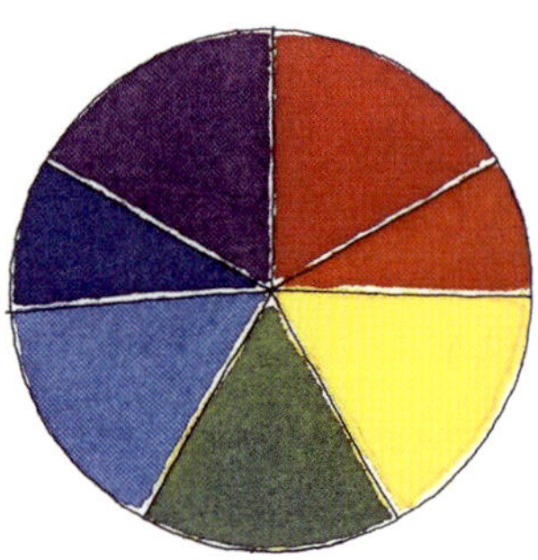

Newtons Farbkreis von 1704. Isaac Newton bewies erstmals die spektrale Zusammensetzung des weißen Lichts.

Nun kommen die Oberflächen der Objekte ins Spiel, die wir farbig sehen, die also für uns einen Farbeindruck hervorrufen. Dieser Farbeindruck, »die Farbe«, entsteht durch die spezifische Eigenschaft von Oberflächen, Teile des Umgebungslichts zu absorbieren und Teile davon zu reflektieren. Licht wird gefiltert und wir nehmen nur einen Teilbereich des weißen Lichts wahr, also den ein bisschen bläulicheren, gelblichen, violetten usw. Man nennt dieses Prinzip subtraktive Farbmischung, denn es subtrahieren sich Lichtbestandteile, sie werden herausgefiltert.

Was hat das jetzt mit Druckfarben zu tun? Tatsächlich funktionieren Druckfarben ganz überwiegend nach dem Prinzip des Filterns, der subtraktiven Farbmischung. Je

Wissenswert
Als neutrales Licht gilt das Tageslicht eines bewölkten Sommertages um die Mittagszeit. Das Licht der hochstehenden Sonne entspricht dann der Farbtemperatur von ca. 5000 Kelvin. Um Farbe und Drucke aber wirklich objektiv beurteilen zu können, verwenden Reproanstalten und Druckereien künstliches Normlicht mit ca. 6500 Kelvin.

nachdem, wie stark die verschiedenen Farbpigmente Teile des Lichtspektrums verschlucken (absorbieren), entsteht der eine oder andere Farbeindruck.

Nun ist das leider aber noch nicht alles, denn neben den Farbpigmenten (man spricht von Körperfarben) spielt der Untergrund, den wir bedrucken, also zumeist Papier, eine große Rolle. Denn auch er hat wieder absorbierende und reflektierende Eigenschaften, sie kommen dazu. Ein hochweißer Karton »tickt« anders als ein leicht graues Zeitungspapier.

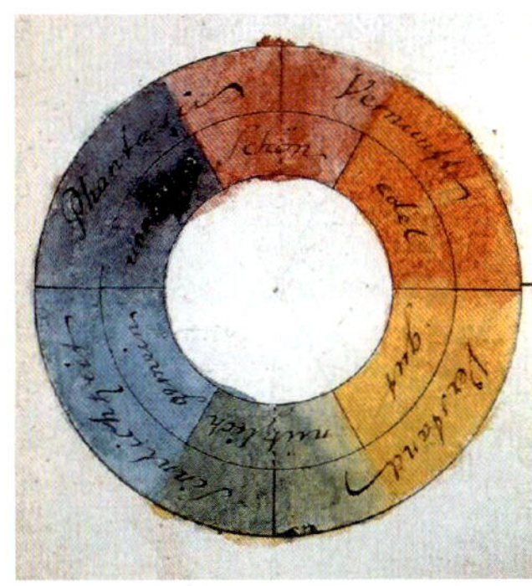

Farbenkreis von Goethe (1809) zur Symbolisierung des menschlichen Geistes- und Seelenlebens aus Goethes Farbenlehre.

Und zu guter Letzt spielt das Umgebungslicht eine Rolle, also ob wir Farbe z.B. unter einem gelblichen Glühbirnenlicht ansehen, denn dann wird der Eindruck nur gelblich sein können, oder ob wir es unter bläulichem Halogenlicht betrachten.

Kurz: Je neutraler das Umgebungslicht ist, je hochweißer und lichtreflektierender der Bedruckstoff ist und je reiner die Pigmente der Druckfarbe sind, umso idealer ist die Farbwiedergabe im Druck.

Wenn man gelber Druckfarbe auch nur einen Hauch Schwarz beimischt, wird sie sofort schmutzig, die Filterwirkung des Gelb wird massiv in eine ganz falsche Richtung gedreht, es bleibt einfach zu viel helles weißes Licht im Schwarz »hängen«.

Gibt man aber Schwarz beispielsweise etwas Cyan hinzu, so erhält man ein besonders tiefes Schwarz, einen »geschönten« Schwarzton, man spricht auch von einem »gebrochenen Schwarz«.

Wäre noch zu klären, was es mit dem zweiten anfangs erwähnten Beispiel (dem am Rechner entworfenen Flyer) auf sich hat. Hier haben wir es mit dem Problem zweier unterschiedlicher Farbräume zu tun. Der Bildschirm nutzt einen Rot-Grün-Blau-Farbraum (RGB), man spricht von

Johannes Ittens »Farbenkugel in sieben Lichtstufen und zwölf Tönen« von 1921. Einen solchen Farbkreis vollständig abzumischen, das ist zeitraubend, aber lehrreich. Man versteht dann, wie sich fast alle Farben aus wenigen Primärfarben mischen lassen.

Lichtfarben bzw. von einer additiven Farbmischung. Der gedruckte Flyer ist dann aber im Cyan-Magenta-Yellow-Schwarz-Farbraum (CMYK) gedruckt, subtraktiv mit Körperfarben. Die Farbräume sind zu unterschiedlich, als dass sich eine Übereinstimmung herstellen ließe.

Mit diesem Problem unterschiedlicher Farbräume habt ihr es aber in unserem Zusammenhang nur zu tun, wenn ihr in gemischten, digital-analogen Umgebungen arbeitet. Also wenn ihr z. B. am Rechner gestaltete Entwürfe mit Nyloprints im Hochdruck weiterverarbeitet – dann trifft Farbraum auf Farbraum. Solange ihr nur im Blei und Hochdruck arbeitet, bleibt euch das erspart.

Alles dreht sich um den Farbkreis

Zurück zum Farbenmischen. Was in diesem Zusammenhang sehr hilfreich ist, das ist das Arbeiten mit einem Farbkreis. Denn ihr werdet kaum eine größere Zahl fertig gemischter Farben auf Vorrat halten, sondern euch Farben zurechtmischen. Das funktioniert mit den Druckfarben Cyan, Magenta und Gelb sowie Weiß zum Aufhellen und Schwarz zum Abdunkeln.

Die Idee, die Farben des Spektrums kreisförmig anzuordnen, kam schon früh auf, sie geht auf die Entdeckung Isaac Newtons zurück. Ausgehend vom Sonnenspektrum entwickelte er die erste kreisförmige Farbordnung, den soge-

Die drei subtraktiven Primärfarben Cyan, Magenta, Gelb (schwarze Punkte) mischen sich zu den additiven Primärfarben Rotorange, Blauviolett und Grün (weiße Punkte) sowie weiteren Mischtönen dazwischen. Das Zentrum des Farbkreises ist Weiß, also maximale Helligkeit.

Nach außen hin verschwärzlichen sich die bunten Farben.
Den gleichen Effekt erzielt man durch Beimischen komplementärer Farben, die sich im Farbkreis gegenüberliegen.
Ein Sternsegment enthält Ton-in-Ton-Abstufungen einer Buntfarbe.

nannten »Newton-Farbkreis«. Im Zentrum seiner Visualisierung befand sich die Farbe Weiß. Da Weiß aus allen Farben des Spektrums zusammengesetzt ist, wurde diese Farbe zentral platziert. Um das Zentrum folgen kreisförmig die Farben Rot, Orange, Gelb, Grün, Hellblau/Cyan, Blau und Violett.

Der Farbkreis von Johannes Itten zeigt beispielhaft das Prinzip, er kann mit nur drei Buntfarben (Cyan, Magenta, Gelb) sowie Weiß und Schwarz erstellt werden, und das deckt fast die ganze Bandbreite aller Farbnuancen ab.

Wissenswert
Für gebrochene Farben mischt man etwas der Komplementärfarbe hinzu, will man eine Farbe einfach etwas dunkler haben, nutzt man Schwarz.

Farben im Buchdruck

Ein gutes Druckergebnis ist von vielen Faktoren abhängig, und die Wahl und Beschaffenheit von Farbe ist dabei ein wesentlicher Part. Um gezielt vorzugehen, solltet ihr Angaben auf Farbtuben und -dosen verstehen, Hilfsmittel und Zusätze kennen und ein paar allgemeine Hinweise zur Verarbeitung beachten. Für die Verarbeitung von Farben braucht ihr nicht viel: Spachtel, Handwalzen verschiedener Größe, eine kleine Waage zum Mischen und einen Farbstein. Der Farbstein ist oft ein alter Lithografiestein, man kann dafür aber auch andere glatte, saubere und nichtsaugende Oberflächen benutzen, zum Beispiel eine stabile Glasplatte, einen Tisch aus Metall oder sogar ein umgekehrtes Satzschiff.

Wissenswert
Farbmischsysteme (z. B. HKS, Pantone), die in Farbfächern oder Farbwertebüchern gezeigt werden, unterscheiden sich nach den Bedruckstoffen: Naturpapier, Kunstdruckpapier sowie Spezialpapiere. So findet man HKS-N für Farben auf Naturpapieren oder Pantone coated für Kunstdruckpapiere. Daneben gibt es noch Muster für Spezialfarben.

Die Dosen in der Werkstatt

Für den Buchdruck spezialisierte Farben gibt es heute im Handel nur noch in einer eingeschränkten Auswahl. Solltet ihr alte Bestände an Buchdruckfarben in eurer Werkstatt finden, lohnt sich ein Blick in die Dose. Unter einer gekräuselten, ausgetrockneten Schicht findet sich oft noch gute, verwendbare Farbe. Heute wird im Buchdruck hauptsächlich mit Farben aus dem Offsetdruck gearbeitet. Die Konsistenz dieser Farbe ist leicht dünnflüssiger, die Pigmente sind konzentrierter als die von originalen Buchdruckfarben, sie lassen sich aber auf gleiche Art und Weise verarbeiten. Neben fertigen Farben gibt es auch Pasten, die zusammen mit speziellen Firnissen zum Gebrauch gemischt werden. So gibt es für Goldpasten dazugehörigen Goldfirnis oder für Silberpaste Silberfirnis.

Um möglichst lange Freude an euren Farben zu haben, solltet ihr sie nicht unnötig eintrocknen lassen. Farbe wird in einer kreisenden Bewegung mit dem Spachtel oberflächlich abgenommen. Wenn sich Haut gebildet hat, wird diese mit dem Spachtel beiseitegeschoben oder entsorgt. Ein kreisförmig zugeschnittenes Papier, das entweder ganz leicht mit Maschinenöl getränkt oder mit Antitrocknerspray besprüht wurde, verhindert die Bildung der harten Haut, deren Bröckchen beim Druck Schwierigkeiten verursachen können. Dieses Ölpapier wird direkt auf die Farbe aufgelegt, ehe der Deckel auf die Dose kommt.

Tipps & Tricks
Eine Farbdose zu öffnen, das ist nicht gerade einfach. Es gibt Dosenöffner im Fachhandel, die spachtelähnlich aussehen. Ihr könnt also auch gleich einen Spachtel nehmen, unter dem Deckelrand mit der Spachtelseite eingreifen und diesen Stück für Stück ringsum vorsichtig aufhebeln.

Farben mischen

Solltet ihr aus einem Farbfächer eine bestimmte Wunschfarbe mischen wollen, müsst ihr das Farbmischsystem beachten: Mit HKS-Farben werdet ihr zum Beispiel keinen perfekten Pantone-Farbton herstellen.

In der Regel bieten die Farbenhersteller acht Grundfarben sowie Transparentweiß zum Aufhellen und Neutralschwarz zum Abdunkeln an, mit denen sich weitere Farbtöne und -abstufungen nach Rezepturen mischen lassen. Diese findet man in Farbfächern und online. Durch die angegebenen Mischungen könnt ihr euch die benötigten Grundfarben heraussuchen und nach Verhältnis abwiegen. Nutzt dazu eine Küchenwaage und streicht zunächst jede Farbe einzeln mit Hilfe eines Spachtels auf ein Papier. Zum Schluss könnt ihr mit dem Spachtel die Farben von den Papieren lösen und auf eurem Farbstein mischen.

Solltet ihr nach einer Farbvorstellung im Kopf frei mischen wollen, hilft euch der Farbkreis. Beginnt mit sehr wenig Farbe und nutzt dazu die Farben, die eurem Wunsch im Farbkreis am nächsten sind. Nehmt verschiedene Farbspachtel, um die Dosen nicht zu verunreinigen. Beginnt mit dem hellsten Ton und gebt nach und nach die anderen Töne hinzu.

Auf dem Farbstein mischt ihr die Farbe mit dem Spachtel. Kratzt dazu aus verschiedenen Richtungen möglichst viel Farbe zusammen, dreht den Spachtel herum und streicht die Farbe wieder in länglicher Bahn auf den Stein. Wiederholt diesen Vorgang so lange, bis ihr eine homogene Farbe habt. Mischt lieber etwas länger, damit euch beim Druck keine Farbunregelmäßigkeiten überraschen!

Um euren Farbton zu prüfen nehmt ihr Auflagenpapier und vertupft oder verstreicht etwas Farbe mit einem Finger.

Die Farbgebung im Druck prüft ihr am besten so: Tupft oder streicht etwas von der Farbe dünn mit dem Finger auf das spätere Auflagenpapier – so simuliert ihr die Farbgebung.

Der Spachteltest Hier kann man deutlich den Unterschied zwischen kurzer und langer Farbe sehen.

Farbkonsistenz

Die Konsistenz einer Farbe ist beim Druck sehr wichtig. Sie ist abhängig von Temperatur, Druckgeschwindigkeit, Druckform und Papier und sollte darauf abgestimmt werden. Ist die Farbe zu flüssig, laufen Details zu, beispielsweise die Punzen von Buchstaben. Ist die Farbe zu klebrig und verdruckt ihr zum Beispiel ein weiches Büttenpapier, so kann es zum sogenannten Rupfen kommen: Anstatt dass sich die Farbe von der Walze auf das Papier überträgt, bleiben Papierfasern an der Farbwalze kleben. Grundsätzlich unterscheidet man zwischen langer Farbe und kurzer Farbe. Welche ihr gerade benutzt, findet ihr mit dem Spachtel heraus: Stoßt diesen in die Farbe und zieht ihn wieder heraus. Dabei achtet auf die Farbfäden an der Spitze des Spachtels. Sind sie kurz oder lang? Lange Farbe ist also klebriger als kurze Farbe. Mithilfe von verschiedenen Zusatzstoffen kann man bei Bedarf diese Konsistenz beeinflussen.

Wissenswert
Deckweiß kennt ihr vielleicht noch aus dem Schulmalkasten. Im Druck dient es als Deckfarbe oder Unterdruckfarbe, wenn auf farbigem Papier eine weitere Farbe rein erscheinen soll. Transparentweiß lässt die Farben lasierend werden, hellt sie also auf, ohne den Farbton zu verändern. Mischweiß hat etwas von beiden und funktioniert ausschließlich als Hilfsmittel zum Aufhellen der Farben, ein Rot wird beispielsweise zu Rosa.

Zusatzstoffe und Hilfsmittel

Um eine Farbe kürzer zu machen und Rupfen zu verhindern, eignen sich Drucköl, Firnisse, Pasten oder ein Druckgelee. Die Hersteller haben hier unterschiedliche Produkte mit verschiedenen Eigenschaften im Sortiment. Druckfirnisse schlagen beispielsweise schneller weg als reine Leinölfirnisse und glänzen nach der Trocknung weniger. Will man den Glanz erhöhen, kann man Glanzdrucklack hinzusetzen; das Gegenteil erreicht man durch Mattlack. Auch Trockenstoffe (Sikkative) kann man den Farben zusätzlich untermischen, um die oxidative Trocknungszeit zu kürzen. Hier sollte man jedoch aufpassen, heutige Farben sind bereits alle mit Trockenstoffen

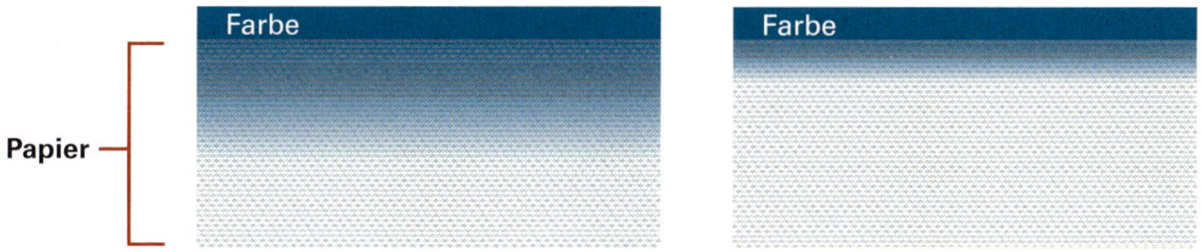

Schneller oder eher doch nicht? Während langsam trocknende Farben es dem Bindemittel Öl möglich machen, weit in das Papier einzudringen (links), verhindern schnell trocknende Farben das.

versetzt. Um die Farbe vor dem Eintrocknen zu schützen, gibt es Antitrocknersprays. Durch Einsprühen der Walzen kann man so die Farbe in der Maschine lassen, um sie am nächsten Tag weiterzunutzen. Wachspasten erhöhen die Scheuerfestigkeit der Farben. Für die Tiegel- und Zylinderdruckmaschinen gibt es außerdem Druckbestäubungspuder. Die Maschine sprüht eine hauchfeine Schicht Puder auf die frischen Drucke in der Auslage, um ein Ablegen der Farbe auf der Rückseite der Bögen zu vermeiden.

Bei allen Zusätzen ist unbedingt auf die Verarbeitungshinweise der Hersteller zu achten. Jeder Zusatz beeinflusst auch andere Eigenschaften der Farbe und sollte nur ausnahmsweise, sehr sparsam und überlegt eingesetzt werden.

Papier, Farbe, alles startklar?

Ob ein Druck am Ende gut aussieht oder ob sich Schwierigkeiten beim Druck ergeben, hängt oft vom Zusammenspiel von Papier und Farbe ab.

Beim Papier fällt sofort der Papierton ins Auge. Er verändert die Farbwirkung stark, und daher sind Tupfproben immer auf dem Auflagenpapier zu machen. Wichtig ist auch die Oberfläche des Papiers. Eine offene Oberfläche nimmt die Farbe auf (wegschlagend trocknend), während sie auf einem harten, wenig saugenden Papier nur oberflächlich trocknen kann (oxidativ trocknend). Ist die Oberfläche des Bedruckstoffes rau, wird die Farbe an Glanz verlieren. Die Saugfähigkeit des Papiers beeinflusst auch die Farbwahrnehmung. Außerdem wirkt sie sich auf die Scheuerfestigkeit der Drucke aus. Im ungünstigsten Fall nimmt ein stark saugendes Papier die öligen Bindemittel einer Farbe zu schnell auf und die Pigmente bleiben ungebunden auf der Oberfläche liegen.

Tipps und Tricks
Manche Papierhersteller geben Hinweise zu den geeignetsten Farben.

Die Farbe im Druck

Eine festgelegte Farbreihenfolge für Mehrfarbendrucke gibt es nicht. Als Faustregel gilt oft, von der hellsten zur dunkelsten Farbe zu drucken. Druckt man allerdings einen

Farbschmitz Ist die Farbe zu dünn oder die Farbgebung zu groß, dann läuft sie am Schriftbild herunter und der Druck wirkt unscharf.

Vierfarbendruck, wo mit Passerschwierigkeiten zu rechnen ist, wäre ein schwer erkennbares Gelb als erste Farbe eher ungünstig. Hier empfiehlt sich zum Beispiel die Reihenfolge Blau, Gelb, Rot und Schwarz. Aber genauso denkbar ist es, Schwarz zuerst zu drucken, wenn beispielsweise viel Fließtext in Schwarz steht und Auszeichnungen in Rot passgenau in den Text eingedruckt werden.

Wichtig ist, bei einem Farbwechsel die Walzen gründlich zu reinigen. Wenn ihr von einer dunklen Farbe zu einer hellen wechselt, wascht ihr zunächst die Farbe herunter. Lasst als Zwischenschritt die zu druckende helle Farbe, Weiß oder Walzenreinigungspaste einlaufen. Nach einigen Minuten wascht ihr die Walzen erneut gründlich. Nun sollte der Fortdruck keine Probleme mit der Farbreinheit machen. Sehr alte Walzen, auf denen lang ausschließlich Schwarz gedruckt wurde, neigen allerdings dazu, die Farbe mit der Zeit trotzdem zu verschwärzlichen.

Gedruckt wird mit möglichst wenig Farbe. Zu viel führt schnell zum Zusetzen der Druckform, Quetschen und Ablegen der Bögen. Zum Trocknen braucht die Farbe immer etwas Luft. Der Auflagestapel sollte also nicht zu hoch sein und kann bei Bedarf mit rauen Makulaturbögen durchschossen werden, die Luftzutritt ermöglichen. Gleichzeitig wird ein Ablegen auf der Rückseite des nächsten Bogens verhindert.

Wie werde ich die Farbe wieder los?

Zum Entfernen der Farbe unterscheidet man zwei Gruppen von Mitteln: Walzenwaschmittel und Formwaschmittel. Beide werden meist in Kanistern geliefert und in der Werkstatt in kleinen, handlichen Mengen in Spritzflaschen aufbewahrt. Während Walzenwaschmittel eine ölige Komponente zur Pflege und zum Schutz der Gummiwalzen besitzen, trifft dies auf Formenwaschmittel nicht zu. Die Druckform muss unbedingt fettfrei bleiben, sonst haftet die Farbe nicht sauber auf ihr, verschmiert oder stößt ab. Farbe an den Händen lässt sich durch Waschpaste entfernen,

Wissenswert
Öko = Bio? Farben sind Schadstoffe und dürfen daher nicht in den Hausmüll. Informiert euch in eurer örtlichen Müllentsorgungsverordnung, wie ihr Farbreste und Putzlappen entsorgen könnt.

aber einfacher ist natürlich, beim Waschen der Formen und Maschinen Arbeitshandschuhe zu tragen.

Ökologisch drucken

Wachsendes Umweltbewusstsein führt in den letzten Jahren auch zunehmend in der Druckindustrie zur Suche nach umweltschonenden Neuerungen. Ein großes Thema sind dabei ökologische Farben. Diese zeichnen sich dadurch aus, dass auf Bindemittel aus Mineralöl verzichtet wird und stattdessen auf pflanzliche Öle, zum Beispiel Soja, zurückgegriffen wird. Alle anderen Bestandteile stammen allerdings fast vollständig aus der chemischen Industrie. Insbesondere die Pigmente werden aus Benzol, einem giftigen Kohlenwasserstoff, enthalten im Mineralöl, gewonnen. Zurzeit gibt es noch keine Lösung aus nachwachsenden Rohstoffen.

Des Weiteren gibt es mittlerweile biologisch abbaubare Waschmittel, zum Beispiel auf Rapsöl-Basis. Zum ökologischen Drucken zählt aber neben den möglichst umweltschonenden Verbrauchsmaterialien auch die eigene Arbeitsweise: Mischt man exakt die benötigte Farbmenge an oder ist man eher verschwenderisch und muss die Reste irgendwann wegwerfen? Nutzt man Papierreste für ein späteres Projekt? Woher kommt der Strom für die Werkstatt?

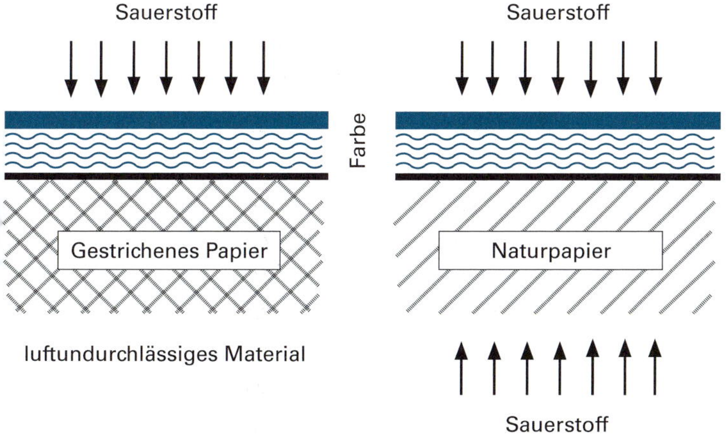

Farbe braucht Luft
Während Luft auf nichtsaugenden Papieren nur von oben in den Farbfilm gelangt, lassen Naturpapiere Sauerstoff auch durch die Rückseite hindurch und trocknen dadurch schneller.

Das Farbetikett

Die Angaben auf einem Farbetikett geben euch einige wichtige Informationen zu den Eigenschaften und Verwendungsmöglichkeiten einer Farbe.

Der Hersteller
Meist findet man direkt bei den Herstellern weitere Informationen und Verarbeitungshinweise zu ihren Produkten oder kann diese erfragen.

Die Farbbezeichnung
Welche Farbe ist in der Dose? Für welche Druckart ist die Farbe gedacht? Ist es eine Grundfarbe, Sonderfarbe, Lack oder Firnis?

Eigenschaften
Hier sind die wichtigsten Angaben zur Farbe zu finden. Die Hersteller nutzen dabei unterschiedliche Wege: Zahlen, Wörter oder auch nur Plus-Minus-Zeichen.
Weitere Eigenschaften sind beispielsweise Glanzverhalten, Punktschärfe und Scheuerfestigkeit.

Lichtechtheit
Die Wollskala gibt an, wie lange die Farbe bei Lichteinwirkung ihren Ton behält. Dabei ist 1 die kürzeste und 8 mit 1,5 Jahren die längste messbare Zeitspanne, in der die Farbe sich nicht verändert.

Deckfähigkeit
Ob eine Farbe stark deckend, leicht lasierend oder stark lasierend ist, erfahrt ihr hier. Das spielt eine Rolle, wenn ihr auf farbiges Papier drucken möchtet, mehrfarbig übereinanderdruckt oder Farben mischen wollt. Andere Bezeichnungen hierfür sind Opazität und Transparenz.

Die Farbnummer
Die genaue Farbnummer ist wichtig, um beim Hersteller Informationen zur Farbe zu bekommen. Außerdem könnt ihr sie damit in einem Farbfächer identifizieren und nachkaufen. Auf den Dosen ist auch das Farbmischsystem angegeben.

Lösemittelechtheit
Ob eure Farbe nach der Trocknung resistent gegen Spiritus und Nitro bleibt, wird für euch interessant, wenn ihr nachträglich Farbflächen mit Lack veredeln möchtet oder eine Folienkaschierung plant. Ob die Farbe auch einer Natronlauge ohne Veränderung standhält, beschreibt die Angabe unter »Alkali«. Wichtig ist dies bei Flaschenetiketten, Waschmittelverpackungen oder der Weiterverarbeitung mit Dispersionslacken.

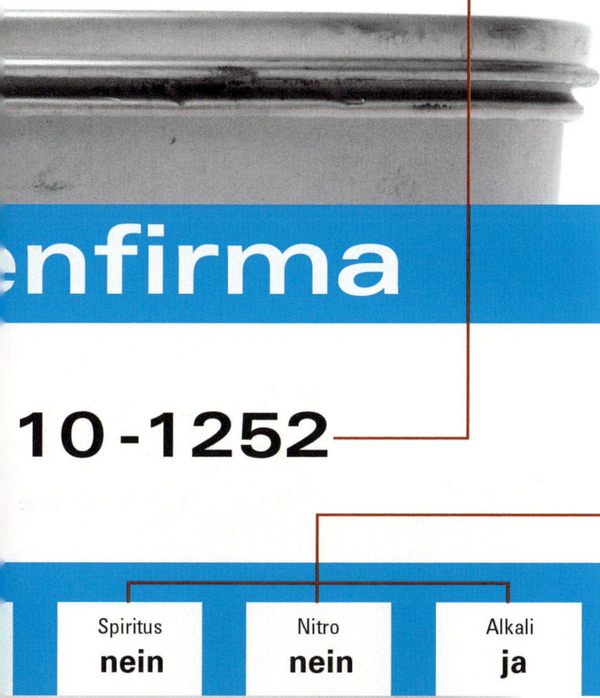

Trocknung
Bei Druckfarben gibt es zwei Arten der Trocknung. Oxidativ bezeichnet man Farbe, die durch Lufteinwirkung eintrocknet und auf der Oberfläche eine Schicht bildet, während wegschlagende Farbe so beschaffen ist, dass sie in das Papier einzieht. Das ist wichtig, um die richtige Farbe für euer Papier auszuwählen. Während Naturpapiere Farbe aufsaugen können, werden rein wegschlagende Farben auf Kunstdruckpapieren nicht trocken.

Oxidativ trocknende Farbe gilt als scheuerfest und stark beanspruchbar. Manchmal findet ihr auch Angaben wie schnell die Farbe trocknen wird. Der Zusatz »Kastenstabil« beschreibt eine Farbe, die für längere Zeit im Farbkasten einer Druckmaschine bleiben kann, ohne einzutrocknen. Der Begriff unterliegt allerdings keiner Normung.

☛ Einblick
Experimentelle Gestaltung – Dafi Kühne

Ateliers, die Buchdruck und Hochdruck für ihre druckgrafischen Arbeiten einsetzen gibt es noch, die Szene ist groß. Werkstätten und Kenntnisse werden von älteren noch im Blei ausgebildeten Setzern und Druckern an jüngere weitergegeben, viele arbeiten dann damit in traditioneller Weise, produzieren druckgrafische Werke, Bücher, Karten, ganz klassich eben.
Aber es gibt auch die andere Seite, das Experimentieren mit der alten Technik, ohne Beschränkungen und »fachlich« nur insofern, als sich das Experiment der Technik des Hochdrucks bedient.

Dafi Kühne

Einer der ganz herausragenden Vertreter dieser sehr experimentellen Ausrichtung ist der Schweizer Grafiker Dafi Kühne. Er kam zu Studienzeiten in Kontakt mit Satz und Buchdruck, vertiefte sich in die Technik, erwarb Maschinen und begann kreativ und experimentell mit der alten Technik zu arbeiten. Nicht mit dem Anspruch also, historischen Vorbildern zu folgen, sondern total heutig.
Was in Kühnes Werkstatt entsteht, das räumt reihenweise internationale Preise ab und wird weithin wahrgenommen. Die Produktion von Dafi Kühne, überwiegend großformatige Plakate, sind einzigartig, weil oft gegen »die Regeln«, dekonstruierend gemacht. Er zerschneidet schon mal Schriften, arrangiert Material vollkommen neu, testet in seinen Arbeiten aus, was alles geht. Bemerkenswert ist auch, dass Kühne seine Vorgehen offenlegt, er gibt es weiter, in Workshops, Vorträgen, Sommerkursen und in wunderbar vergnüglichen Videos, die ihn bei der Arbeit zeigen – keine Geheimwissenschaft also.

Das Grafikmagazin

2021 endete die fast 100-jährige Geschichte der deutschen Grafikzeitschrift NOVUM, fortgeführt unter einem neuen Namen: Grafikmagazin. Die erste Nummer erschien 2021, und den Titel zierte

Grafikmagazin, die erste Nummer 2021. Die Zeitschrift NOVUM beendete nach fast 100 Jahren ihr Erscheinen und die verbliebenen Redakteure begründeten als Fortsetzung das »Grafikmagazin«.

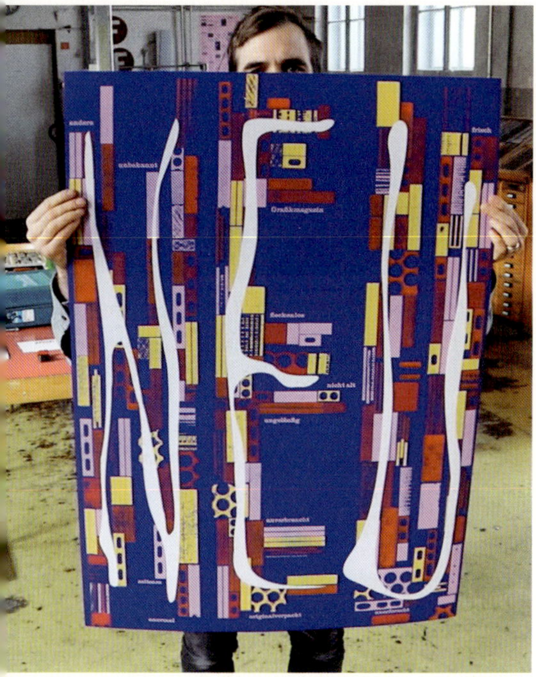

Das Plakat zum Magazincover.

eine Arbeit von Dafi Kühne, beauftragt und ausgeführt aus diesem Anlass. »Neu« war konsequenterweise der weiß in das Plakat gedruckte Slogan.

Making-of

Das Plakat ist mit Cicero-Regletten gestaltet, dem »nichtdruckenden« Material im Bleisatz. Rund 160 einzelne Elemente, die auf Druckhöhe gebracht zum Grafikmaterial werden.

Die Holzplatte wurde so gewählt, dass sie mit den 12 p-Regletten und der doppelseitigen Klebefolie auf die exakte Schrifthöhe kam. Damit war jedes 12 p-Material möglich, konnte flach liegend gedruckt werden und es war automatisch perfekt zugerichtet.

Ein Plan für die Komposition und die am Ende insgesamt 15 Druckgänge war unerlässlich, man ahnt den Aufwand, den es erforderte, bis der Druck einigermaßen den hohen Ansprüchen an so eine Arbeit entsprach.

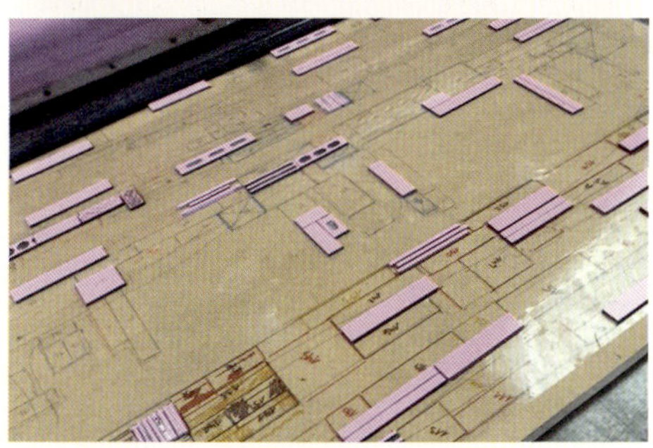

Platzierung der Stege und Regletten zu einer Form. Für jede Farbe nach einem System, teils in der Echtfarbe, teils im Zusammendruck.

Eine Farbpalette mit aufgetupften Farbmustern ist eine wichtige Vorarbeit für das Drucken.

Eine vollständige Form wird auf einer großen Andruckpresse platziert.

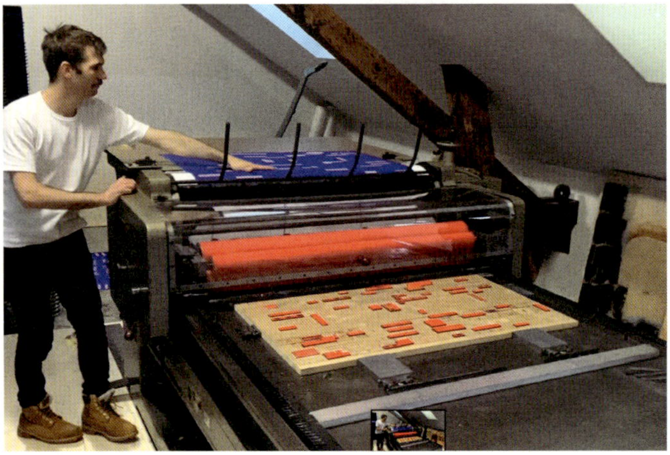

Die Rotform im Fortdruck auf der Grafix.

Ein Projekt dieser Komplexität setzt gehörige Erfahrung voraus, und die hat Dafi Kühne durch der Realisierung von weit über 100 Plakatproduktionen gesammelt. Denn wenn in der sechsten oder siebten Farbe ein Fehler passiert, dann gibt es kein Zurück, Apfel-Z gibt es nicht, die Auflage ist dann kaum mehr zu retten. Ein ausgeklügeltes Farbkonzept ist Bedingung, es legt die Grundfarben fest und plant Mischtöne, die im Zusammendruck entstehen. So ein Vorgehen reizt den Buchdruck maximal aus, mit einer so großen Zahl von Formen zu drucken, was kann da nicht alles schiefgehen ...! Der Lohn der Arbeit ist aber, dass sich Kühne mit seinen Arbeiten längst den Ruf eines international bekannten Spezialisten für Buchdruck in Verbindung mit anspruchsvollem Grafikdesign erworben hat. Zu sehen auf seiner reich bebilderten Internetseite, deren Besuch sich unbedingt lohnt.
https://www.babyinktwice.ch

Ummontieren der Form in der Maschine für die nächste Farbe.

Alle Elemente im Zusammendruck – am Ende wurden es 15 Druckgänge.

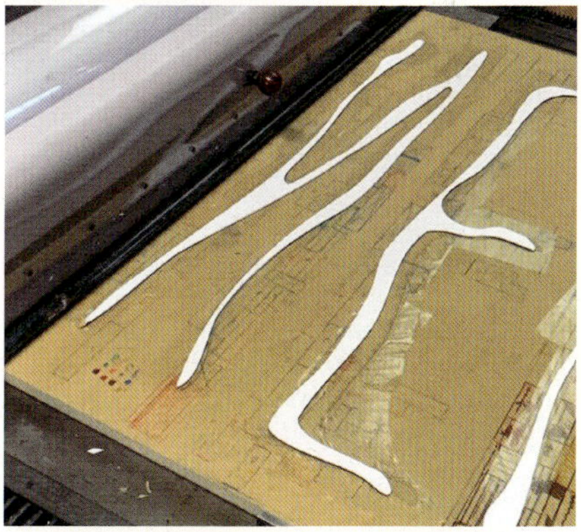

Die Vorlage für die Schrift entstand am Rechner, eine spontan und schwungvoll geschriebene filigrane Handschrift.

DIE DRUCKPRESSE

Drucken, Drücken, Pressen

»Drucken«, das kommt schon rein sprachlich von »drücken«, und noch bis ins 17. Jahrhundert standen beide Wörter fast bedeutungsgleich nebeneinander. Das Prinzip entdeckt jedes Kind beim Spielen im Sandkasten: Die Hand presst sich in den feuchten Sand und es entsteht ein Abdruck. Der ist immer gleich, wenn man mit derselben Hand in gleicher Weise drückt. Dieses reproduzierende, immer gleiche, typisierende Vorgehen macht den Unterschied zwischen gedruckt und frei gezeichnet oder geschrieben.

Der Übergang erfolgte in elementarer Weise seit Gutenberg, seine Bleilettern beschleunigten nicht nur das Setzen und Drucken, sondern es »typisierte« auch. Mit derselben Bleischrift gedruckt sahen alle Exemplare gleich aus.

Reproduzierende Techniken entdeckten aber schon unsere Urvorfahren, denn statt mit Farbe an die Wände zu zeichnen, versprühten sie sie mit dem Mund, um ihre Hände an der Wand abzubilden. Die allerersten Graffitis entstanden auf diese Weise.

Handabdrücke in der Höhle von Gargas in Frankreich. Die Höhlenmalereien in der Grotte de Gargas bestehen aus rot und schwarz, mitunter auch ockerfarben ummalten Händen.

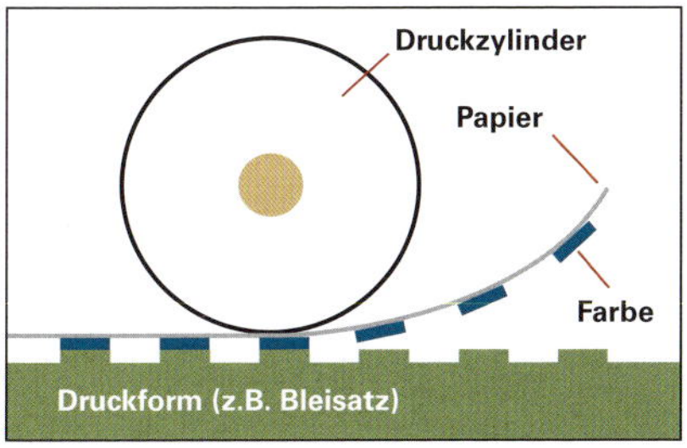

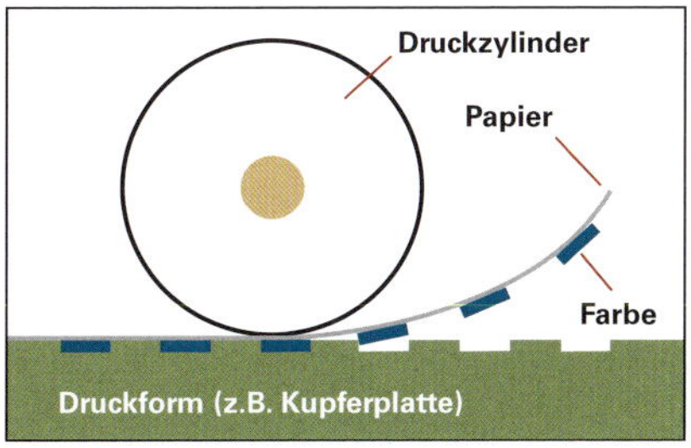

Druckverfahren: Hochdruck (links) und Tiefdruck (rechts)

Aber der Reihe nach, wir sind mitten in der Frage nach den verschiedenen Druckprinzipien. Das Beispiel der Kinderhände im Sand würde man in moderner Terminologie Tiefprägen nennen, eine erhabene Form presst sich in den Untergrund. Und die Höhlenmalerei wäre eher dem Siebdruck verwandt bzw. einem schablonierenden Verfahren.

Vier Druckprinzipien

Man unterscheidet vier Druckverfahren: **Hochdruck**, **Tiefdruck**, **Flachdruck** und **Durchdruck** – Digitaldruckverfahren sparen wir an dieser Stelle aus.

Zum Hochdruck – Thema unseres Buches – gehören alle Verfahren der Vervielfältigung, bei denen die druckenden Teile der Druckform erhaben, also erhöht sind.

Jedes Druckverfahren benötigt solch eine Druckform (erhaben, flach, eine Schablone etc.). Der Begriff »Form« bzw. »Formen« wird in unserem Buch noch an einigen Stellen auftauchen, das »Formen machen« ist tatsächlich ein ganz zentraler Teil der Herstellung von Druckerzeugnissen. Mehr dazu im Kapitel »Druckformen bauen«.

Hochdruck

Eine erhabene Form bedeutet, dass die erhöhten Teile das Druckbild nach dem Einfärben auf das Papier oder einen anderen Bedruckstoff übertragen. Druckformen können mit Hohleisen oder Messern geschnitten sein oder die nichtdruckenden Teile mit einer Ätzflüssigkeit maschinell ausgeätzt oder mechanisch herausgraviert werden.

Zum Hochdruck gehören Holzschnitt, Holzstich, Weißlinienschnitt, Linolschnitt, Zinkätzung und Zinkgravur, Bleischnitt sowie Bleisatz. Auch mit Gummiformen, Stempeln, Kunststoffplatten, Plexiglas, Karton und ähnlichen Materialien kann man im Hochdruck arbeiten.

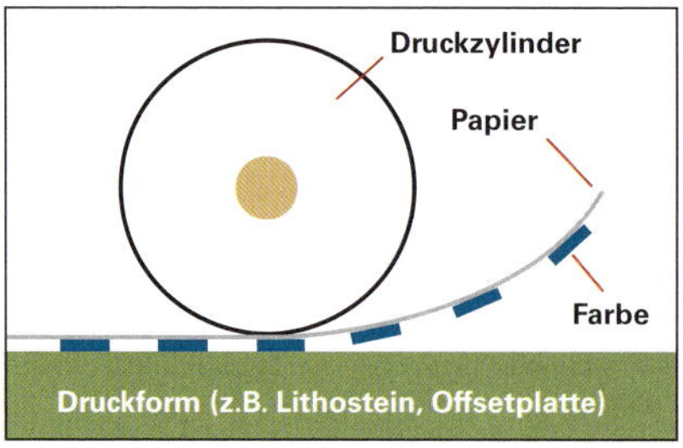

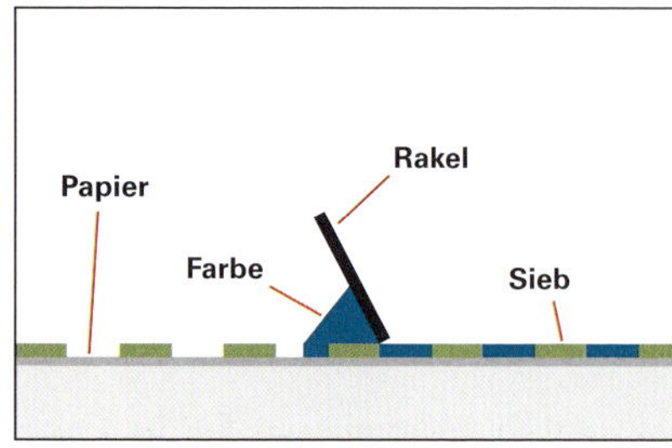

Druckverfahren: Flachdruck (links) und Durchdruck (rechts)

Tiefdruck

Zum Tiefdruck zählt man Verfahren, bei denen die druckenden Teile der Form vertieft sind. Aus der Druckform, meist ist das eine Metallplatte aus Kupfer oder Zink, werden manuell mit der Radiernadel, dem Stichel oder ähnlichen Werkzeugen Linien ausgehoben oder graviert. Danach wird die Platte eingefärbt und so ausgewischt, dass die Farbe nur in den vertieften Stellen verbleibt, diese geben dann die Farbe an den Bedruckstoff ab. Eine weitere Technik besteht darin, das Druckbild mit einer Ätzflüssigkeit herauszuätzen.

Die wichtigsten Vertreter des Tiefdrucks sind der Kupfertiefdruck, der Kupferstich, die Aquatintaradierung, die Ätzradierung, die Heliogravüre und der Stahlstich.

Flachdruck

Der Flachdruck geht auf die Erfindung der Lithografie durch Alois Senefelder um 1796 zurück. Während eines Spaziergangs an einem Regentag soll er bemerkt haben, dass sich ein Blatt auf einem Kalkstein abgebildet hatte. Das brachte ihn auf den Gedanken, Motive auf Stein zu ätzen. Solnhofener Plattenkalk aus dem Oberjura eignete sich dafür sehr gut. Und es führt zu einem Druckverfahren, das mit dem Prinzip von Fett-Wasser-Abstoßung arbeitet, die Form ist dann flach.

Dieses Verfahren breitete sich im 19. Jahrhundert aus und ist heute die bei weitem wichtigste Drucktechnik – praktisch alle Druckerzeugnisse werden im Offsetdruck produziert (mit steigender Tendenz in Richtung Digitaldruck).

Dem Flachdruckverfahren werden die Lithografie, der Offsetdruck und der sogenannte Lichtdruck zugerechnet.

Durchdruck

Das jüngste der vier Druckverfahren ist der Durchdruck, er wurde erst zu Beginn des 20. Jahrhunderts entwickelt. Die Druckform besteht aus Holz- oder Metallrahmen, über die ein feinmaschiges Netz aus Seide, Gaze, Perlon, Nylon oder Polyester gespannt ist. Dieses Netz hat die Fähigkeit, Druckfarbe hindurchzulassen. Was nicht drucken soll, wird durch Leim oder fotomechanische Emulsionen farbundurchlässig gemacht. Alle abzubildenden Teile bleiben auf dem Sieb mit Hilfe einer manuell oder fotomechanisch hergestellten, maskierenden Schablone ausgespart. Die Druckfarbe wird mit einem Rakel durch das Sieb auf den Bedruckstoff gedrückt; das können sehr unterschiedliche Bedruckstoffe sein, sogar gekrümmte Objekte sind möglich. Zum Durchdruckverfahren gehört der Siebdruck, auch Serigrafie genannt.

Der Hochdruck im Detail

Der Hochdruck, besser gesagt das Drucken mit Hochdruckformen, hat seinen Ursprung im Stempeln. Die Kunst des Stempelschneidens und Gravierens in dauerhafteren Materialien ist seit etwa dem 4. Jahrtausend v. Chr. bekannt, hölzerne Stempel wurden in China schon um 250 v. Chr. hergestellt. Sie sind Vorbild für ein anderes wichtiges Anwendungsgebiet, die Holzmodel zur Herstellung von bedruckten Stoffen.

Das Drucken von Holzformen ermöglichte erstmals eine größere Verbreitung von Bildern. Mit seiner besonders guten Eignung für den Druck höherer Auflagen blieb der Holzschnitt (später der Holzstich) bis weit ins 19. Jahrhundert das primäre Medium für den Bilderdruck.

Blockbücher

Eine frühe Form gedruckter Bücher sind sogenannte Blockbücher. Es gab sie schon im Spätmittelalter und nur wenige sind überliefert. Diese Drucke kombinierten einfache Holzschnittillustrationen mit handgeschriebenen, später mit in Holz geschnittenen Textteilen. Der Name »Blockbuch« bezog sich vermutlich auf die aus einem einzigen Block herausgeschnittenen Schriftteile. Bild und Text konnten auf

Berufspoesie

Pachulke – Jemand, der bei Druck- und Satzarbeiten Hilfsdienste leistete, abwertend dann auch für Tölpel.

demselben Druckstock stehen. Das relativ mühsame Drucken durch Abreiben ließ aber nur einen Schöndruck auf der Vorderseite zu, rückseitigen Widerdruck gab es nicht. Man klebte daher einfach zwei Druckseiten zusammen und verband alles zu einem Buchblock.

Diese ab ca. 1420 entstandenen Blockbücher waren bebilderte Bücher, die überwiegend christlicher Erbauung und Unterweisung dienten. Aber ein Problem blieben die mühsam von Hand zu erstellenden Abzüge. Erst mit einer der Erfindungen Gutenbergs, einer leistungsfähigen Druckpresse, konnten in der Folge mit Holzformen und Bleisatz in größerer Menge gedruckt werden.

Formenschneider und Buchdrucker – die Holzschnitte von Jost Amann (1539–1591) zeigen Werkstätten gut 100 Jahre nach Gutenberg. Amann, gebürtiger Schweizer, kam 1561 nach Nürnberg, er gilt als einer der bedeutendsten Zeichner und Formenschneider seiner Zeit.

Die Anfänge der Druckpresse

Wir unterscheiden aus heutiger Sicht drei Typen von Hochdruckmaschinen: Tiegeldruckpressen, Schnelldruckpressen und Rotationsdruckmaschinen. Das wichtigste Unterscheidungsmerkmal ist dabei die Art der Abwicklung, verkürzt gesagt: Ist das Verfahren flach-flach, flach-rund oder rund-rund? Was bedeutet das? Ein Blick in die Geschichte hilft hier wieder weiter.

Den Startschuss gaben wie erwähnt die Erfindungen Johannes Gutenbergs. Er erfand nicht nur den Druck mit

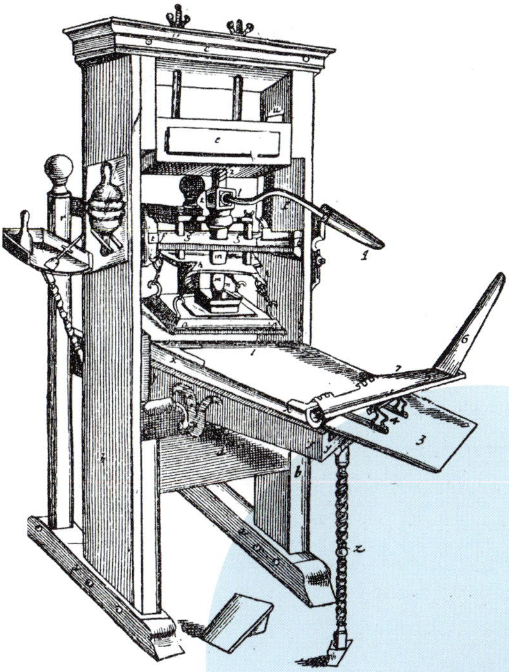

Handpresse im 17. Jahrhundert, in einer Abbildung von Joseph Moxon, Mechanick Exercises, London 1683.

Kniehebelpresse Karl Krause, Leipzig aus den 1910er Jahren.

beweglichen Lettern, sondern entwickelte auch eine für das Drucken geeignete Druckpresse.

Es sind uns keine Beschreibungen der Presse Gutenbergs überliefert. Die erste wirklich ausführliche Beschreibung und Darstellung einer Druckpresse stammt von Joseph Moxon, aber im Prinzip änderte sich der Grundaufbau dieser Pressen bis ins 19. Jahrhundert kaum.

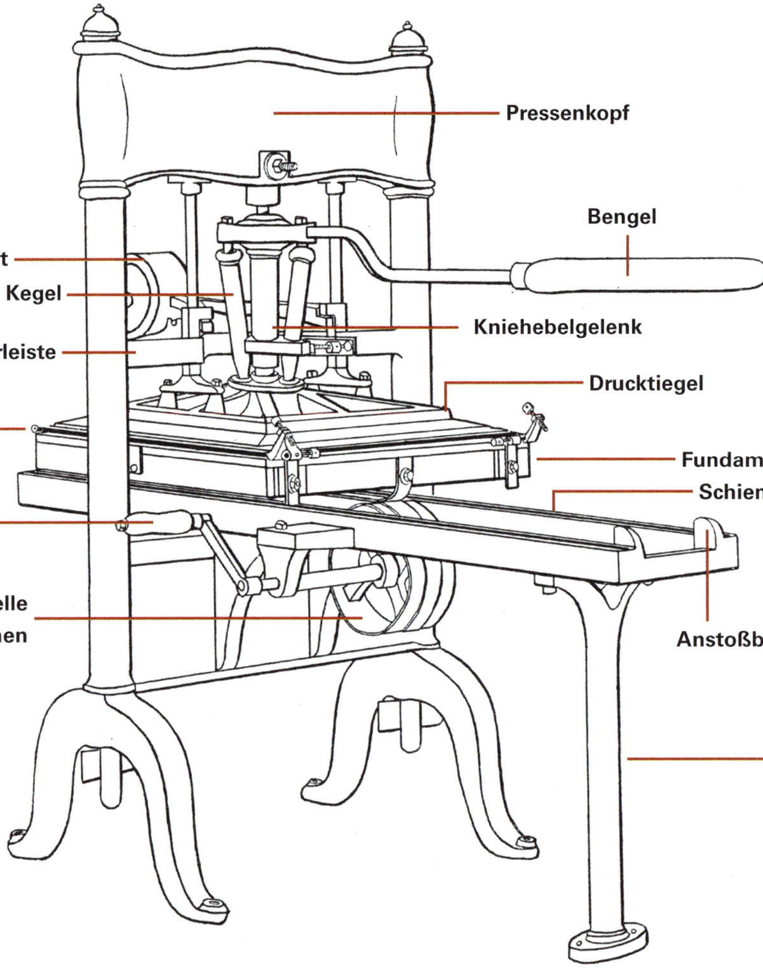

Die Handpresse

Das Prinzip der Maschine ist flach-flach, sowohl die Druckform als auch der Druckträger sind parallel zueinander angeordnet. Bedient wurden sie immer von mindestens zwei Personen. Eine war der Ballenmeister, der die ledernen Ballen zum Einfärben der Form in gut brauchbarem Stand hält, die Form einfärbt und die ausgedruckten Formen wäscht. Und der zweite, der Pressmeister, war verantwortlich für das Zurichten und die Arbeiten am Deckel sowie die Vorbereitung der Rähmchenstege. Oft war noch ein dritter Drucker zugegen, der das Papier anlegte und nach dem Druck entgegennahm.

Der wesentliche Nachteil der frühesten Konstruktion bestand darin, dass mit sehr großem Kraftaufwand nur ein recht überschaubarer Druck ausgeübt werden konnte. Die Kraftübertragung erfolgte dabei über eine mittige Holzspindel. Man zog am Bengel und »schraubte« den Tiegel damit nach unten. Es ließen sich keine größeren Formate in einem Zug drucken, der Tiegel war dafür zu leicht und der Druck zu gering. Man druckte daher zweimal, erst den einen Teil, schob den Karren weiter und druckte erneut.

Eine entscheidende Entwicklung war daher der Einsatz von Metall. Anfang des 19. Jahrhunderts entwickelte Lord Stanhope eine erste Konstruktion ganz aus Eisen. Von dieser Presse wurde berichtet, dass sie zehnmal weniger Kraft beanspruche als die alten Holzpressen, auch weil sie bereits mittels eines Kniehebelgelenks eine verstärkende Kraftübertragung bot.

Die Funktionsweise der Kniehebelpresse

Schon hier bei den ersten Druckpressen begegnen uns Bauelemente, die sich in allen anderen Druckmaschinen wiederfinden. Zwei Säulen tragen den Pressenkopf. Die unten verbindenden Querleisten tragen den Aufbau; sie müssen sehr stabil sein, weil sie während des Druckes stark belastet werden. Das Fundament läuft auf Schienen, die durch eine Stütze getragen werden. Anstoßbacken verhindern, dass das Fundament zu weit herausgefahren wird. Das Ein- und Ausfahren des Fundamentes geschieht mithilfe einer Handkurbel, wodurch eine Kurbelwelle mit Riemen bewegt wird.

Das Herabdrücken des Drucktiegels geschieht durch Ziehen des Bengels. Dadurch wird mechanisch das namensgebende Kniehebelgelenk bewegt, die schrägstehenden Kegel stellen sich gerade und drücken den Tiegel nach unten. Lässt man nach erfolgtem Abdruck den Bengel zurückgehen, nehmen die Kegel wieder ihre Schrägstellung ein, und gleichzeitig wird der Tiegel durch das Gegengewicht angehoben.

Die Druckform wird auf das Fundament gestellt, dessen Ränder als Schließrahmen dienen. Der mehrteilige Deckel

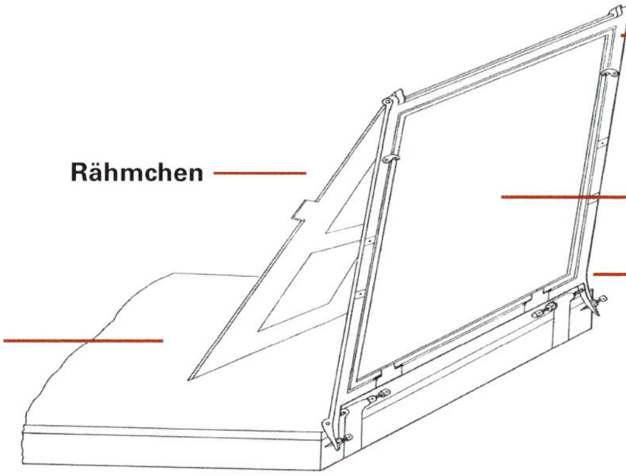

Schließrahmen
Ein durch Scharniere verbundener Aufbau. Die ganze Konstruktion ist am Fundament drehbar befestigt.

der Presse ist in der Abbildung im geöffneten Zustand zu sehen. Ein Rähmchen dient zum Festhalten des auf dem Deckel liegenden Druckbogens, der Tympan nimmt die Zurichtung und den Aufzug auf. Mehr dazu erfahrt ihr im Kapitel »Es werde gedruckt!«.

Tiegeldruckmaschinen

Eine neue Technik entwickelte sich Mitte des 19. Jahrhunderts mit den Tiegeldruckpressen, einmal in Richtung größerer Maschinen, der Tiegeldruckschnellpressen, und in die für kleinere Produkte geeigneten Handtiegel. Die Grundkonstruktion ist gleich, die Form liegt senkrecht auf einer Fundamentplatte und wird mit einer durch ein Scharnier beweglich angeordneten Druckplatte zusammengeführt, flach-flach.

Allen Tiegelpressen ist gemeinsam, dass die Form über Farbwalzen eingefärbt wird, je nach Bauart sind das zwei, drei oder vier Walzen. Dies war eine nicht unwesentliche Neuerung, es beschleunigte den Druckprozess erheblich. Sie kamen Anfang des 19. Jahrhunderts auf, und bereits Mitte des 19. Jahrhunderts verschwanden die vorher verwendeten Ballen nach vier Jahrhunderten Gebrauch aus den Buchdruckereien. Die Walzen nehmen die Farbe aus einem Reservoir, einem sich drehenden Teller, einem Farbkasten oder einer Kombination aus beidem.

Handtiegel

Es entwickelten sich ab Mitte der 19. Jahrhunderts eine Reihe von Konstruktionsprinzipien für diese Tiegelpressen. Am verbreitetsten ist das Boston-Prinzip, auf das wir gleich näher eingehen. Sie sind relativ beweglich und lassen sich gut transportieren, bei kleinen Handtiegeln auch mal zu zweit tragen. Die größten Handtiegel kommen in den Bereich von 170 kg Gewicht, sie müssen dann auf einem sehr stabilen Unterschrank oder Gestell platziert werden. Das größte Druckformat auf Handpressen beträgt 24 × 34 cm, was bei ebenem Flächendruck unter Berücksichtigung eines Handantriebs ganz beträchtlich ist. Die Stundenleistung einer Handpresse lag bei einem geschickten Drucker bei ca. 1200 Drucken. Die Druckform, von einem Schließrahmen senkrecht am Fundament gehalten, wird durch Walzen eingefärbt, das Papier auf dem mit Greifern versehenen Aufzug platziert und der Drucktiegel mit einem Hebel auf die Form gepresst.

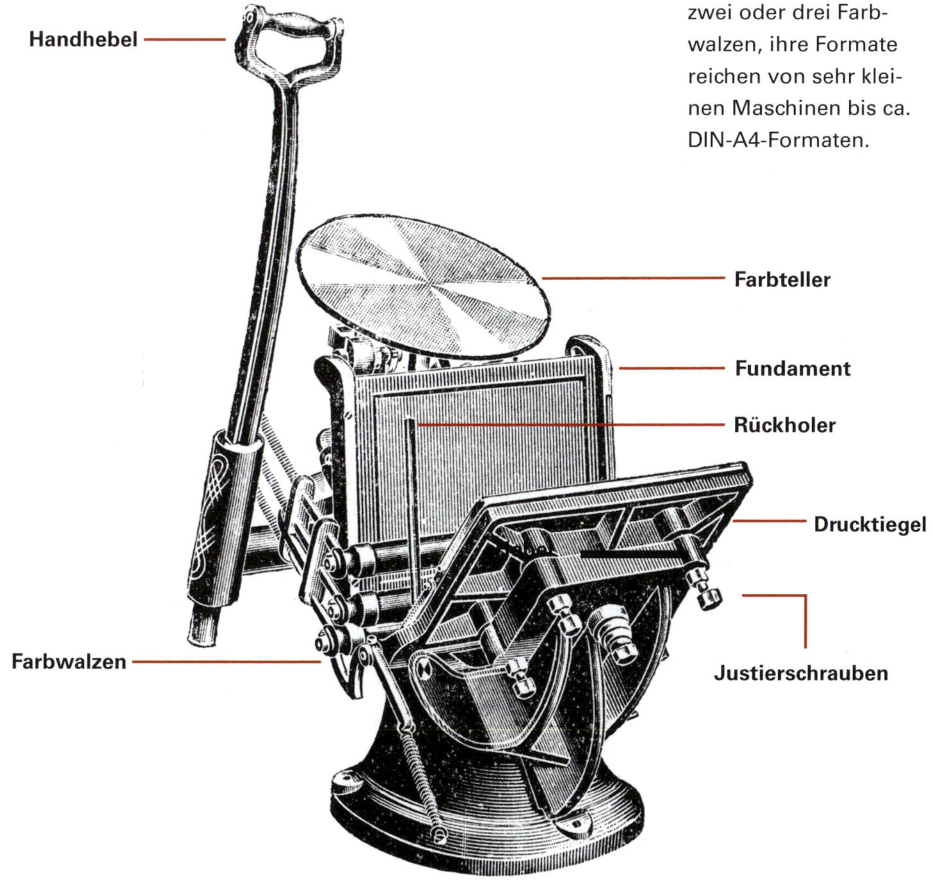

Handtiegelpresse mit zwei oder drei Farbwalzen, ihre Formate reichen von sehr kleinen Maschinen bis ca. DIN-A4-Formaten.

Tiegeldruckpresse »Victoria« von Rockstroh & Schneider. Sie wurde mit Strom über einen Riemen nach dem Gally-Prinzip betrieben.

Trettiegel waren ohne Strom zu bedienen. Die Tiegeldruckpresse »National« arbeitet nach dem Gordon-Prinzip.

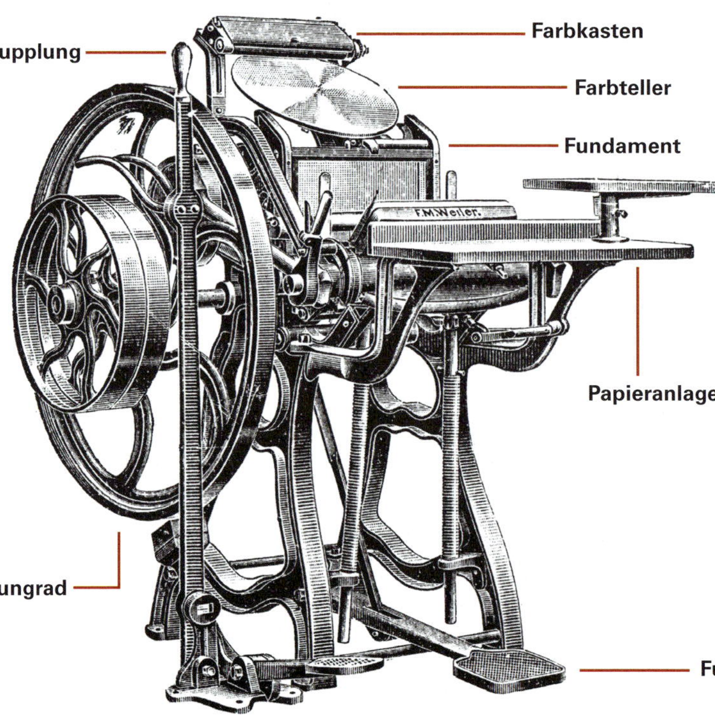

Vom Fußbetrieb zum Motor

Handpressen haben den Nachteil, dass man immer die eine Hand zum Bedienen der Presse benötigt und mit der anderen das Papier an- und ablegt. Das kostet Zeit und einigen Kraftaufwand. Es entstanden daher fußbetriebene Maschinen, Trettiegel, die in der Folge mit Motoren und einem Riemenantrieb ausgerüstet wurden.

Gordon- oder Liberty-Pressen erlaubten deutlich größere, schwerere Maschinen, die von Hand kaum mehr bewegt werden konnten und daher praktisch nur mit Fußbetrieb oder Riemenantrieb gebaut wurden.

Der Original Heidelberger Tiegel

Die größeren Boston-Pressen wurden für Kraftantrieb gebaut, also elektrisch betrieben. Die weltweit meistgebaute

Heidelberger Tiegel, die Erstvorstellung des Original Heidelberger Tiegel (OHT) fand 1914 auf der BUGRA statt. Ab 1921 in Serie gefertigt, erreichte der Tiegel Stundenleistungen von 3000 Drucken.

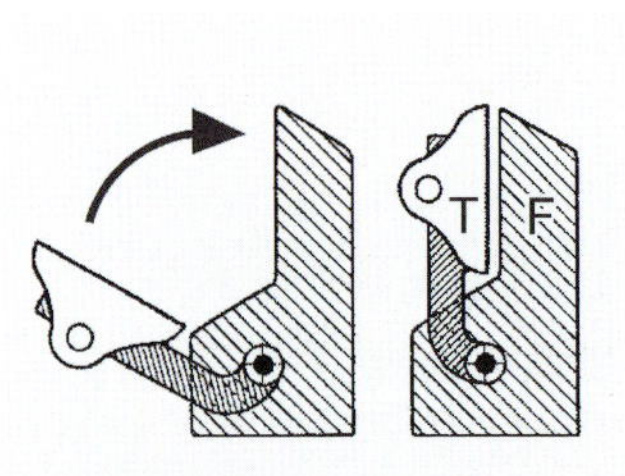

Druckprinzip: Boston-Tiegel

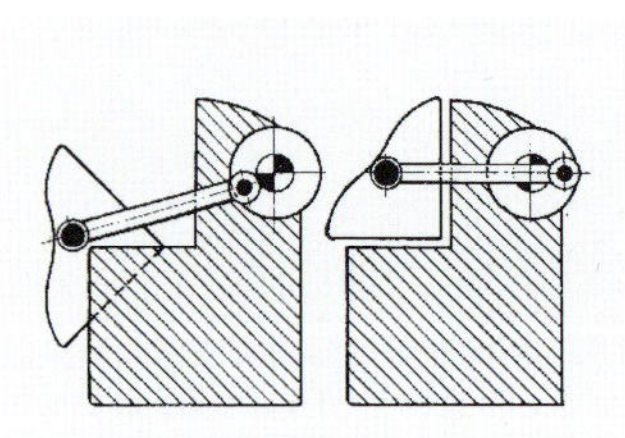

Druckprinzip: Gally-Tiegel

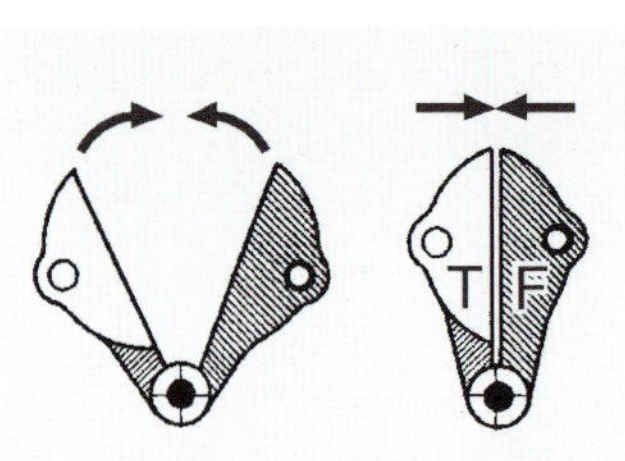

Druckprinzip: Liberty-Tiegel

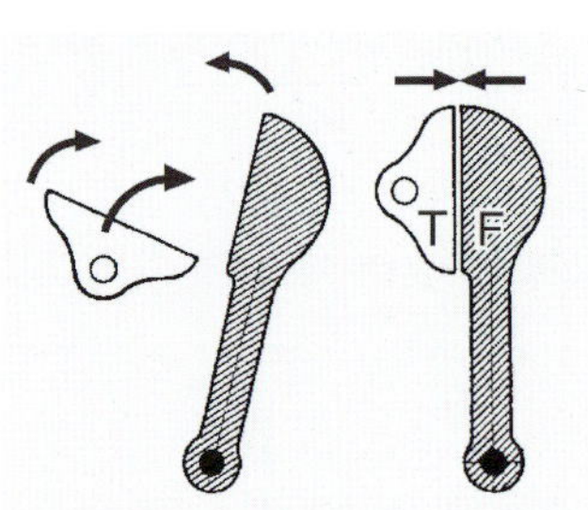

Druckprinzip: Gordon-Tiegel

motorbetriebene Presse, der »Heidelberger Tiegel« – er wurde bis Mitte der 80er Jahre produziert –, ist noch heute vielfach Betrieb. Sie wird überwiegend für Präge- und Stanzarbeiten eingesetzt.

Beim »Heidelberger« ist das Tellerfarbwerk bereits durch ein Zylinderfarbwerk ersetzt. Der An- und Ablegeapparat besteht in der Hauptsache aus einem propellerähnlichen Doppelgreifer, der sich um eine senkrecht zur Tiegelebene angeordnete Achse dreht. Ein Greifer erfasst jeweils einen unbedruckten Bogen, während der andere Greiferarm den bedruckten Bogen ablegt. Diese windmühlenhaften Greifer verpassten ihm auch den englischen Spitznamen »Heidelberger Windmill«.

Tiegeldruckprinzipien

Es sind bereits einige Male die verschiedenen Tiegeldruckprinzipien erwähnt worden. Jetzt sollen noch einmal die vier, die sich im Lauf der Konstruktionsgeschichte durchgesetzt haben, im Detail vorgestellt werden.

Boston-Tiegel

Boston-Pressen sind die in Europa meistverbreiteten Tiegelpressen, es gibt sie hand-, fuß- oder motorbetrieben. Handtiegel funktionieren fast ausschließlich nach diesem Prinzip. Beim Boston-Tiegel schwingt ein Drucktiegel (T) um eine Welle und klappt am Druckpunkt gegen ein feststehendes, senkrechtes Fundament (F), das die Druckform trägt. Das Prinzip des Tiegels mit feststehendem senkrechtem Fundament wurde in Boston von J. Golding um 1850 entwickelt.

Gally-Tiegel

Ähnlich wie ein Boston-Tiegel funktioniert das Prinzip des Gally-Tiegels. Bevor hier jedoch der schwingende Drucktiegel auf das senkrechte Fundament trifft, wird er parallel ausgerichtet und trifft dann erst auf die Druckform. Der

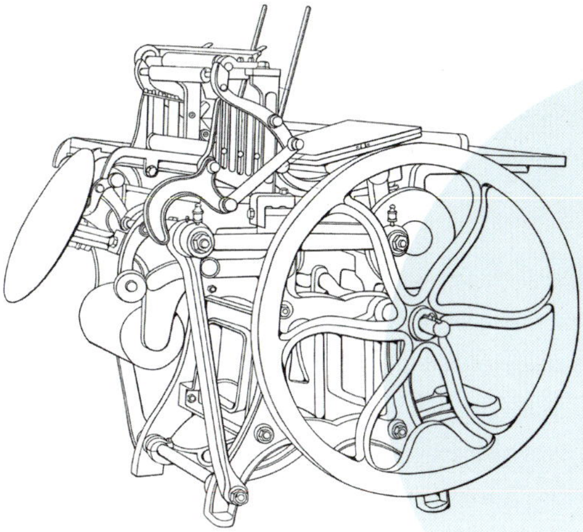

Liberty-Tiegel waren in den USA sehr verbreitet.

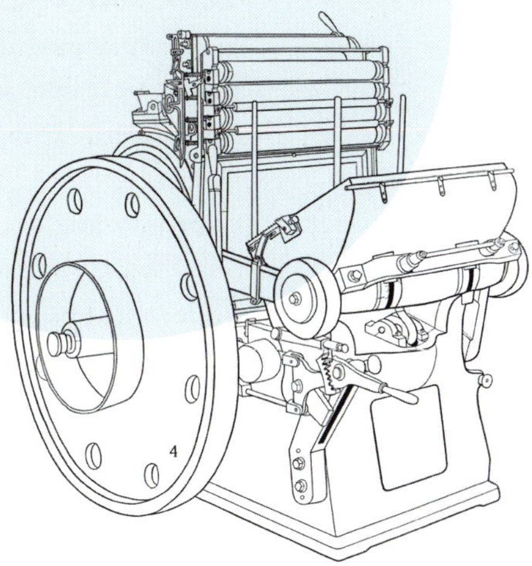

Gally-Tiegel sind schwere Tiegel bis zu einem Format von 40 × 50 cm.

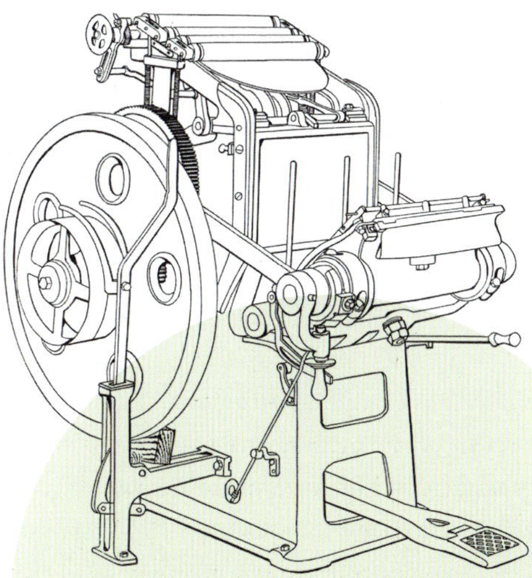

Boston-Tiegel sind sehr verbreitet, da sie einfach gebaut sind.

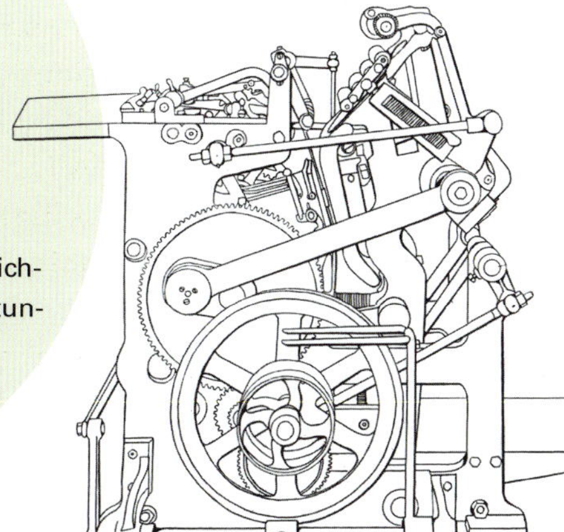

Gordon-Tiegel erreichten relativ große Stundenleistungen.

Tiegel wird bei seinen Bewegungen auf zwei Bahnen von Zugstangen hin und her bewegt. Erfunden hat dieses System um 1870 der Amerikaner John M. Gally. Gally-Tiegel wurden in Europa seit 1887 gebaut. Ein sehr verbreiteter Vertreter dieses Konstruktionsprinzips war der Viktoria-Tiegel von Rockstroh & Schneider (Dresden).

Liberty-Tiegel

Die Liberty-Presse ist eine fuß- oder motorbetriebene Tiegeldruckpresse. Der Drucktiegel (T) und das Fundament (F) mit der Druckform schwingen beide um eine gemeinsame Achse. Im Moment der Papieranlage sind sie aufgeklappt wie ein geöffnetes Maul, der Druckpunkt findet in senkrechter Position statt. Diese Technik war überwiegend in den USA verbreitet, obwohl ihr Erfinder ein Deutscher war, Friedrich Otto Degener. Er wanderte um 1840 nach Amerika aus, arbeitete in den 1850er Jahren an seiner Erfindung und am 17. November 1857 erhielt er sein Patent.

Gordon-Tiegel

Das vierte Tiegelprinzip, die Gordon-Presse gibt es ebenfalls fuß- oder motorbetrieben. Bei diesem Druckprinzip schwingen Drucktiegel (T) und das Fundament (F) mit der Druckform jeweils auf ihrer eigenen Achse. Dabei dreht sich der Tiegel nach vorne und klappt auf das Fundament zu. Tiegel und Druckform treffen sich auch hier in senkrechter Position und finden dort ihren Druckpunkt.

Das Prinzip ist nach seinem Erfinder, dem Amerikaner George Phineas Gordon benannt, er meldete das Patent 1851 in New York an.

Zylinderdruckmaschinen

Tiegel- und Handpressen haben wie erwähnt durch ihre Flach-flach-Anordnung den Nachteil, dass größere Formate kaum in einem Druckgang realisierbar sind bzw. extrem große und schwere Maschinen erfordern. Insbesondere für die Entwicklung der Zeitungen, mit ihren größeren Formaten und erhöhter Auflage, kam die Entwicklung der Zylinderdruckmaschinen zu Beginn des 18. Jahrhunderts gerade recht. Die Technik, nicht mehr Flächen zusammenzuführen, sondern den Druckbogen durch einen Zylinder zu führen, der einen punktuellen, aber viel größeren Druck erzeugt, löste die Entwicklung einer vollständig neuen Maschinengattung aus. Es entstanden die Schnellpressen.

Schnellpressen

Die erste in der Praxis funktionierende Presse mit dieser anderen Technik entwickelte Friedrich König zusammen mit seinem Partner Friedrich Bauer. Sie realisierten ihre erste Konstruktion überwiegend in England, und beide stellten die Zylinderdruckmaschine dann 1812 in London vor. 1814 wurde »The Times« als erste Zeitung auf einer noch mit Dampf betriebenen Schnellpresse gedruckt. König und Bauer gingen mit ihrer Entwicklung in die Geschichte der

Schnellpresse – der Papierbogen durchläuft die Maschine von rechts oben (dem Auflegebrett) bis rechts in der Mitte (dem Auslegetisch).

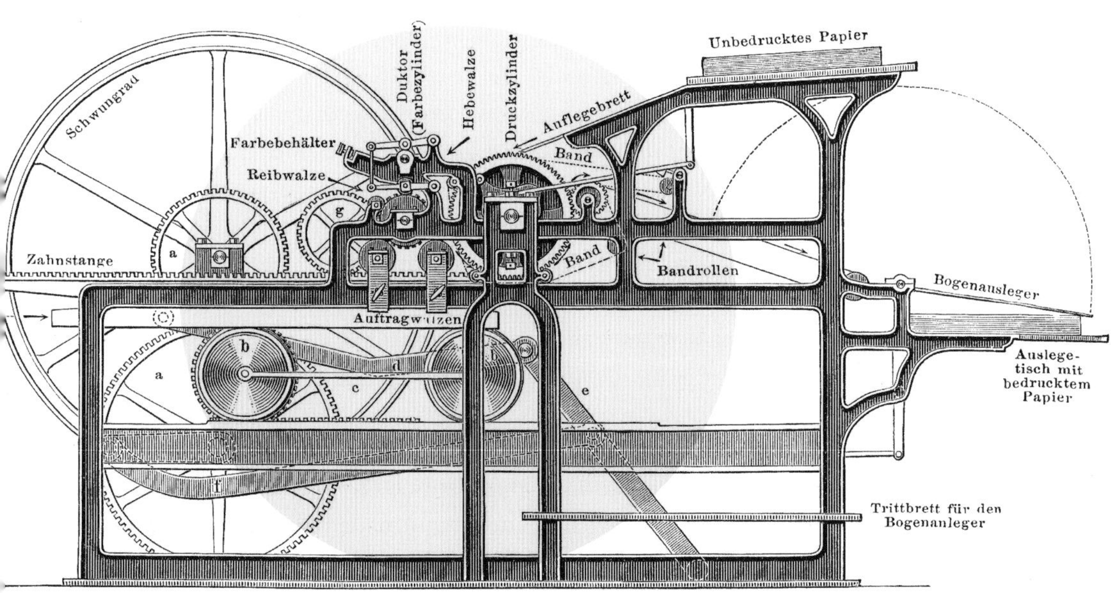

Original Heidelberger Zylinder im Format 54×72 cm, eine der weitverbreitetsten Schnellpressen.

Druckmaschinenerfindungen ein. Beide Partner gründeten dann 1817 die erste Schnellpressenfabrik »König & Bauer« in Würzburg. Sie gehört bis heute zu den weltweit größten Druckmaschinenherstellern.

Unter Schnellpressen versteht man Maschinen, die das Fundament, auf dem die Druckform steht, auf einem Karren haben und eine gebogene, runde Druckfläche, den Druckzylinder, besitzen, flach-rund also. Der Karren bewegt sich hin und her, während der Druckzylinder sich feststehend über der Form abwälzt und beim Rücklauf des Karrens gestoppt wird. Daher auch der Name Stoppzylinder. Die gebräuchlichste Antriebsart ist die Kurbelbewegung mit Rollrad, mittels Motor und Riemen oder Keilriemen betrieben.

Die Druckbögen mussten zu Beginn noch immer von Hand angelegt werden, wurden von Greifern auf dem Druckzylinder festgehalten und mit diesem über die Druckform geführt. Die Stundenleistung einer solchen Maschine lag anfangs noch bei ca. 800 Bögen, wuchs aber schnell an. Und ihr Vorteil war, dass Druckfläche und Bogenformat gegenüber früheren Maschinenarten erheblich vergrößert werden konnten.

Schnellpressen erschienen den Buchdruckern bis etwa Mitte des 19. Jahrhunderts als nur für den nicht so hochwertigen Zeitungsdruck geeignet, die Stundenleistung stieg auf bis zu ca. 7000 Bögen. Die Maschinen wurden immer größer und leistungsfähiger. Zu den Einfarbmaschinen kamen bald Konstruktionen hinzu, die zwei oder drei Farbformen in einem Druckgang ausführen konnten.

Rotationspressen

In Deutschland baute die (MAN) Maschinenfabrik Augsburg im Jahr 1872 dann die erste Rotationsdruckmaschine. Rotationsdruckmaschinen erweitern die Technik insofern erheblich, als das Papier nicht mehr in einzelnen Bögen durch die Maschinen läuft, sondern von Papierrollen, quasi endlos. Für den schnellen Druck in großer Auflage, also das, was Zeitungen ausmacht, eine unabdingbare Entwicklung. Der letzte Schritt folgte mit gekrümmten Druckformen, die Anfang des 20. Jahrhunderts in den Zeitungsdruckereien Einzug hielten. Das Prinzip ist nun rund-rund. Die gekrümmten Druckformen waren Abformungen von Bleisatz und wurden auf einen Zylinder montiert.

Dreirollen-Rotationsmaschine, Vogtländische Maschinenfabrik, Plauen.

Auch heute unterscheidet man im Offsetdruck zwischen Bogen- und Rollendruckmaschinen. Schon im Buchdruck waren Rollendruckmaschinen wahre Ungetümen, heute füllt eine große Zeitungsrotation leicht eine 100 m lange Halle.

Zylinder-Handpressen

Eine relativ neue Entwicklung gab es im letzten Jahrhundert im Bereich kleinerer für Andrucke und Probedrucke geeigneter Maschinen mit Druckzylindern, den sogenannten Andruckpressen. Sie arbeiten vom Prinzip her wie Schnellpressen, also flach-rund, nur eben kleiner gebaut und von Hand oder dann später auch elektrisch betrieben. Die Bewegung des Druckzylinders geschieht durch eine Handkurbel oder einen elektrischen Motor am Zylinder, der in einer Vor- und Zurückbewegung über das feststehende Fundament bewegt wird. Ein Prinzip, das sich zwischen den sehr einfachen

Andruckpresse FAG Standard 550 (1960).

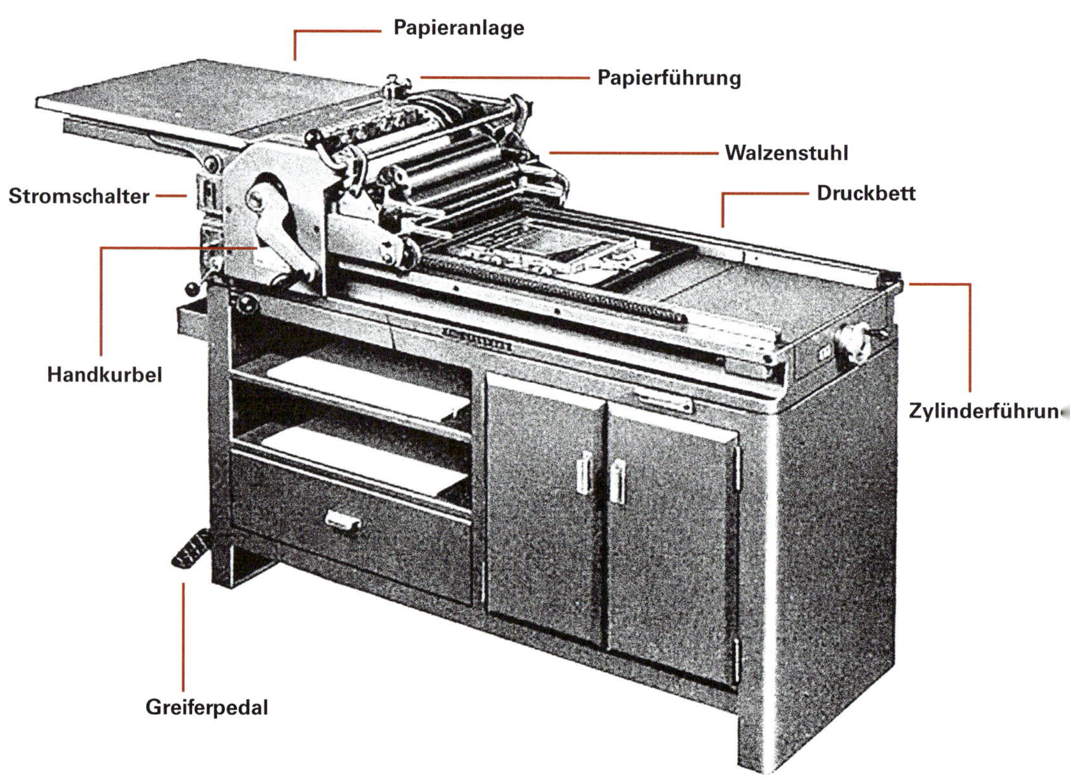

Abziehpressen (Nudeln) und den Schnellpressen bewegt. Diese Pressen wurden überwiegend für Probedrucke und Korrekturabzüge eingesetzt und standen in jeder größeren Druckerei. Für den heutigen Gebrauch, in Handsatzwerkstätten und für druckgrafische Arbeiten, sind sie ideal geeignet, man findet sie praktisch in jeder Werkstatt.

Andruckpressen haben Formate bis zu etwa DIN A2, sie wiegen selten mehr als 1000 kg und sind daher relativ gut zu transportieren. In Deutschland gab es bis in die 60er Jahre eine ganze Reihe von darauf spezialisierten Herstellern. Die Maschinen tragen Modellbezeichnungen, die man in Werkstätten auf Schritt und Tritt zu hören bekommt: Korrex, FAG, Grafix, Asbern, das sind die im deutschsprachigen Raum auftauchenden Modelle. In den USA sind zum Beispiel Vandercook-Pressen sehr verbreitet. Immer sehr ähnlich gebaut, unterscheiden sie sich oft nur im Format, der Zahl der Farbwalzen, dem Antrieb oder der Möglichkeit, den Druckzylinder in der Höhe zu verstellen. Bei letzteren Maschinen kann man dann auch kräftigere Materialien bedrucken oder Schriften einer anderen als der deutschen Schrifthöhe verwenden.

Berufspoesie
Schweizerdegen – das sind gelernte Buchdrucker und Schriftsetzer in einer Person. Oft fand man sie auf den Luxuslinern, die den Atlantik überquerten, denn dort wurden während der Fahrt kleinere Druckerzeugnisse an Bord hergestellt.

Die Werkzeuge des Druckers

Früher gab es in Buchdruckereien neben den Setzereien sogenannte Drucksäle. Allein diese Bezeichnung zeigt schon die damals übliche Größe des Raumes, in dem gedruckt wurde. Heute gibt es kaum noch die Möglichkeit, in einer Hochdruckwerkstatt einen eigenen Drucksaal zu haben, oft stehen die Druckmaschinen dicht neben der Einrichtung der Setzerei im selben Raum.

Die Einrichtung

Wenn wir an Hochdruckmaschinen arbeiten, sollten gewisse Gegenstände greifbar sein. Dazu gehört vor allem ein Stegregal mit Druckstegen, aber auch Ablagen mit Unterbaustegen.

Der eventuell vorhandene Klischeehöhenmesser lässt sich hier finden, sowie idealerweise eine Schließplatte. Diese Schließplatte kann handlich klein sein oder die Dimension eines rollbaren gusseisernen Tisches haben. Wichtig ist, dass sie eine saubere und sehr ebene Oberfläche besitzt. In Reichweite sind auch die verschiedenen Farbdosen und meist ein kleinerer Lithografiestein, der Farbstein. Ein Leuchttisch ist nicht immer da, aber ein flacher Arbeitsplatz zur Arbeitsvorbereitung wird trotzdem benötigt.

Das Werkzeug

Im Gegensatz zum Satz, wo mit Winkelhaken, Setzlinie, Satzschiff, Ahle und Pinzette der Platz fertig ausgestattet ist, braucht es zum Drucken mehr Werkzeug.

Zunächst ist für das Erstellen der Druckform, neben den schon beim Satz verwendeten Hilfsmitteln wie **Typometer** und **Ahle**, Werkzeug nötig. Für schnelle Korrekturabzüge auf einer Nudel oder Abziehpresse dienen starke **Magnete** zum Fixieren der Kolumnen. Wird eine Form richtig geschlossen,

Stegregale sind oft sehr hoch und werden nach unten tiefer. Die Ordnung geht nach Cicerobreiten und Konkordanzlängen. Die Stege selbst sind meist aus Gewichtsgründen mit Aussparungen versehen, die Länge lässt sich dadurch schnell erkennen.

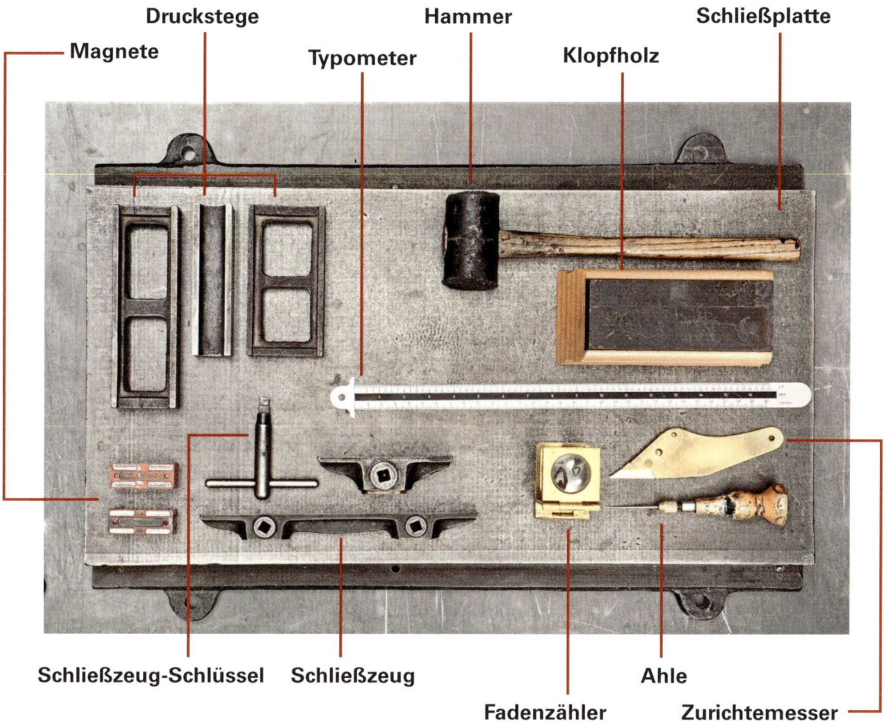

in einem Schließrahmen oder auch auf dem Fundament einer Andruckpresse, benutzt man **Schließzeug**, das es in unterschiedlichen Größen gibt. Ein Schlüssel, der in das Gewinde des Schließzeuges passt, dreht die Messingbacken heraus und presst so die Form zusammen. **Schließstege**, also besonders große Stege, positionieren die Seitenkolumnen und sind das Füllmaterial des Druckers.

Bevor eine Form gedruckt wird, nutzt man, egal ob Korrekturabzug oder Andruck, **Klopfholz und Hammer**. Sie dienen dazu, Teile der Form, die eventuell minimal höher stehen, nach unten zu klopfen. Dazu legt man zunächst die glatte Seite des Holzes auf die Form und klopft mit Bedacht einige Male auf alle Stellen des Satzes. Die angeschrägte Seite des Klopfholzes kann man bei einem Korrekturabzug mit der Spitze an den seitlichen Fuß einer Form halten und mit dem Hammer auf die gegenüberliegende Seite zusammenklopfen.

Ein flaches **Zurichtemesser**, oder auch ein Cutter, dient dazu, die Zurichtung für eine Druckform sauber und genau auszuschneiden. Auch eine Schere sollte griffbereit liegen. Eine Lupe und besonders ein **Fadenzähler** dienen der Prüfung des Druckergebnisses.

Für den eigentlichen Druck an der Maschine braucht ihr dann noch weiteres Material. Hier kommt natürlich zuerst die **Farbe** ins Spiel, über die wir bereits ausführlich gesprochen haben. Für das Auftragen der Farbe ist zunächst ein **Spachtel** nötig, um sie aus der Dose zu heben. Mit der **Handwalze** kann man Formen von Hand einfärben, sie dient aber auch dazu, Farbe in einer Maschine ohne Farbkasten aufzubringen. So kann man damit beispielsweise den Teller eines Handtiegels einfärben, oder man bringt die Farbe auf die Walzen einer Andruckpresse.

Lappen und Bürste helfen, nach dem Drucken die Farbe von der Form zu entfernen. Mit Lappen, die auch Kleiderlumpen sein können, wird auch die Maschine gereinigt. Walzen- und Formenwaschmittel werden in Spenderflaschen aufbewahrt. Eine **Ölkanne** mit gutem Maschinenöl dient der gelegentlichen Pflege der Maschine.

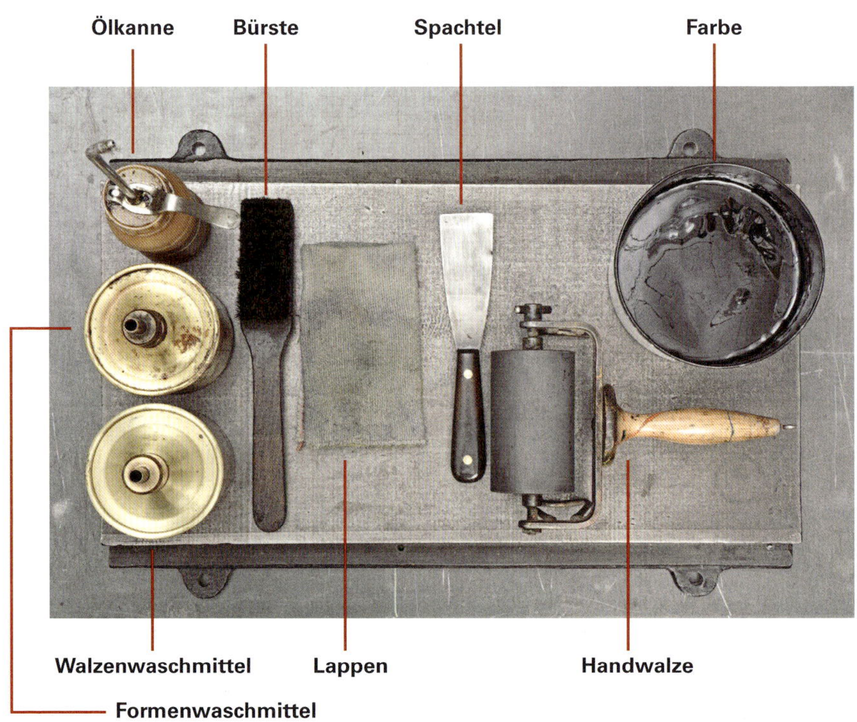

Die Walzenhöhe wird mit einem Justierstab geprüft. Die Rolle am Ende ist genau schrifthoch. Auf dem Fundament aufliegend, wird der Stab unter den Walzen hindurchgeführt. Sind die Walzen richtig eingestellt, so zeigt sich eine circa 4 p breite Farblinie auf der Rolle.

Drucken – ein Zusammenspiel

Unser Papier liegt bereit, die Druckform ist geschlossen, die Farbe ist bestimmt. Nun soll es an die Maschine gehen. Auf dem Fundament einer Maschine befindet sich der Platz für die Druckform. Bei Zylinder- und Andruckpressen wird die Form entsprechend horizontal auf das sogenannte Bett gelegt und geschlossen, bei Tiegeldruckpressen wird der Schließrahmen vertikal eingehängt.

Zwischen dem Druckbogen und dem Druckzylinder beziehungsweise dem Tiegel benötigt es noch einen Aufzug. Das ist ein elastischer Bezug, der bei Tiegeldruckpressen auf das Fundament gespannt wird und bei Zylinderpressen, also auch den Abzugspressen, um den Zylinder liegt.

Im Farbwerk unserer Maschine, ein einfacher Teller bei einem Handtiegel oder ein Farbkasten mit Duktor und Stellschrauben bei einer motorisierten Tiegelpresse, wird unsere Farbe mit unterschiedlich vielen Walzen zu einer gleichmäßigen Farbschicht verrieben. Metallwalzen sind nur für das Verteilen und Verreiben der Farbe da, während Gummiwalzen neben dem Verreiben auch die Form einfärben. Diese Walzen müssen gut justiert sein, nicht zu hoch und nicht zu niedrig.

Beim eigentlichen Drucken kommt nun noch ein wichtiger Faktor hinzu: die Druckkraft. Das Verständnis für das Druckprinzip der jeweiligen Maschine ist wichtig, um die Maschine gut einrichten zu können und mögliche Fehlerquellen beim Druck zu identifizieren. Das Prinzip flach-flach eines Tiegels stellt andere Anforderungen an das Drucken als das Prinzip flach-rund eines Zylinders. Während beim Tiegel die ganze

Berufspoesie

Aufzug – das hört sich nach Theater oder Mode an, bezeichnet im Buchdruck aber ein Wechselmaterial, das den Tiegel oder Zylinder bedeckt. Es schafft eine gewisse Elastizität beim Druck und verhindert ein zu unmittelbares Aufeinandertreffen von Bleischrift und Drucktiegel bzw. Druckzylinder.

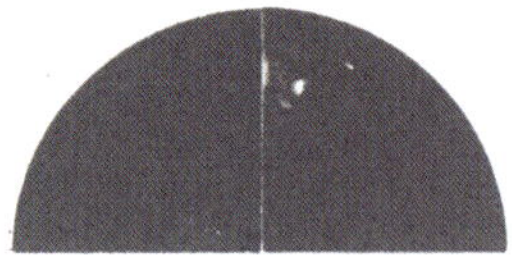

Fläche auf einmal druckt, druckt der Zylinder als Presskörper nur einen schmalen Streifen. Je nach Zylinderumfang und Maschine ist dieser Streifen unterschiedlich breit, daher spricht man technisch von der Druckstreifenbreite.

Im nächsten Kapitel werden wir Vorgehensweisen und Hinweise für beide Prinzipien darstellen.

Durch das abgestimmte Zusammenspiel zwischen Druckform, Farbe, Papier und Druckkraft entsteht ein gutes Druckergebnis. Der Weg dorthin ist vielfältig und im Gegensatz zur Arbeit an der Satzform, die durch Regeln und Prinzipien fast genormt ist, eher durch Erfahrung geprägt. Im Folgenden werden wir daher Grundlagen zeigen, Beispiele geben und typische Fehlerquellen zeigen. Die Feinheiten entdeckt man dann in der praktischen Arbeit an der eigenen Maschine.

Maschinen wollen Pflege

Um Verschleiß an den Teilen eurer Druckmaschine oder gar einem Schaden vorzubeugen, ist es wichtig, die Maschine zu pflegen. Reparaturen können teuer werden, und bei sehr alten Maschinen kann es passieren, dass keine Ersatzteile zu bekommen sind.

Eine gute Reinigung nach der Benutzung ist wichtig. Falls ihr ein Nutzerhandbuch oder ein Maschinenbuch zu eurer Maschine besitzt, ist dies die beste Informationsquelle. Ihr werdet dort oft Anweisung finden, die Maschine an gekennzeichneten Punkten täglich zu ölen und zu schmieren. Die gekennzeichneten Punkte sind kleine Löcher, oft rot umrandet, an den wichtigsten beweglichen Teilen. Vom täglichen Ölen und Schmieren ist jedoch abzuraten: Diese Anleitungen wurden geschrieben, als die Maschinen täglich ununterbrochen liefen. Heute sollte man sparsam, aber spätestens dann ölen, wenn etwas quietscht. Ein säure- und harzfreies Maschinenöl ist dabei das geeignetste. Zum Schmieren gibt es Schmierfett für Maschinen, das ihr allerdings seltener brauchen werdet. Wichtig ist, dass ihr euch mit eurer Maschine, ihren Bautei-

Waschmittel
Formen- und Walzenwaschmittel gehören in jede Druckerei und dürfen nicht vertauscht werden. Die Mittel unterscheiden sich oft farblich und eine Beschriftung der Flaschen hilft.

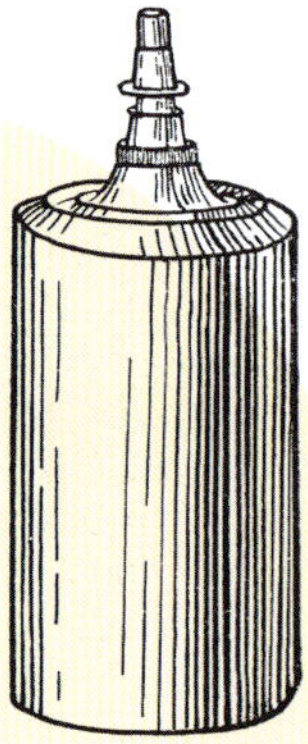

len und ihrer Funktionsweise auseinandersetzt, sie also gut kennt und so zum Beispiel bei seltsamen Geräuschen während der Nutzung reagieren könnt.

Ein sehr wichtiger Bestandteil eurer Maschinen sind die Walzen. Von ihrem guten Zustand hängt die Druckqualität ganz wesentlich ab. Die Metallwalzen, die zur Verreibung dienen, sollten glatt und sauber sein, keine tiefen Kratzer oder Ähnliches zeigen. Die Gummiwalzen sind noch sorgsamer zu behandeln. Durch falsche Lagerung, Temperatur und Alter können sie sich verformen (sie sind dann nicht mehr gleichmäßig rund), spröde und hart werden. Alte Walzen sind oft abgenutzt und haben nicht mehr den richtigen Durchmesser. Eine gute Verreibung und ein guter, gleichmäßiger Farbauftrag auf die Druckform sind dann nicht mehr möglich, und das verursacht Druckprobleme. Aber kein Grund zur Panik: Gummiwalzen können erneuert werden. Im Umgang mit euren Walzen ist vor allem die richtige Reinigung wichtig. Von »scharfen« Reinigern wie Aceton ist abzuraten, sie beschädigen die Gummiwalzen. Spezielle Walzenreiniger sind die bessere Wahl. Bei eingetrockneten Farbresten auf den Walzen oder bei einem Farbwechsel von dunkler zu heller Druckfarbe helfen Spezialreiniger, die die Farbreste von der Walze lösen, ohne sie zu beschädigen.

Walzen wäscht man je nach Maschine mit eingebautem Waschrakel und Lappen oder nur von Hand. Das Waschmittel wird aufgetragen und verteilt sich bei laufender Maschine ähnlich wie Farbe. Mit einem Lappen hilft man nach und prüft die Sauberkeit. Wichtig ist, dass der Lappen ein Knäuel ohne lose Enden ist, die sonst in die Maschine eingezogen werden.

Einblick

Einmal um die Welt mit Stop in den USA – Das Hamilton Wood Type & Printing Museum

Einmal um die Welt

Der Buchdruck verbreitete sich schon wenige Jahre nach seiner Erfindung durch Gutenberg in rasanter Geschwindigkeit, anfangs in Europa und schnell auch auf anderen Kontinenten. Daher ist es kein Wunder, dass weltweit Werkstätten zu finden sind. Und so unterschiedlich die Kulturen sind, so unterschiedlich wird auch gedruckt. Angefangen bei den Schriften: Kyrillisch und Griechisch findet man neben dem vertrauten Latein in Europa, Hebräisch in Israel, Arabisch in Nordafrika und dem Nahen Osten.

Hamilton Wood Type Das Museum zog 2013 von seinem ursprünglichen Ort in ein neues Gebäude um und kann jederzeit besucht werden.

Der Drucksaal, in dem auch immer wieder Workshops stattfinden.

Holzletternherstellung
Auch in den USA entstanden und entstehen noch heute Holzschriften in der erprobten Technik. Über einen Pantografen wird das Schriftbild von der Schablone verkleinert und auf die Fräse übertragen.

Selbst in Korea lässt sich Buchdruck finden. Sollte man also etwas in der Welt herumkommen, lohnt es sich, die kleinen und größeren Werkstätten und Künstler ausfindig zu machen und spannende Einblicke zu erhalten. Besonders groß ist die Leidenschaft für das Letterpress-Handwerk in den USA, und dort findet sich ein besonderes Beispiel.
Das Hamilton Wood Type & Printing Museum ist einzigartig – gegründet im Jahr 2000 findet man es in Two Rivers, Wisconsin, in den Vereinigten Staaten. Das Museum widmet sich der Erhaltung, dem Studium, der Herstellung und dem Druck mit Holzlettern, und es ist das größte seiner Art, weltweit.

Eine lange Geschichte

J. Edward Hamilton gründete die J. E. Hamilton Holly Wood Type Company im Jahr 1880, und sie wurde innerhalb von nur 20 Jahren zum größten Hersteller von Holzschriften in den Vereinigten Staaten. Alles begann mit einem Zufall: Der Herausgeber des Two Rivers Chronicle, benötigte große Lettern für den Druck von Plakaten. Da die Zeit drängte, fragte er bei Edward Hamilton nach, der Erfahrung mit der Herstellung von Wandhalterungen und anderen Ziermöbeln hatte. Dieser fertigte Skizzen einer Schrift an, schnitt sie auf der Veranda seiner Mutter mit einer Laubsäge aus und montierte die geschliffenen und polierten Buchstaben

Hamilton Type Faces, Catalog No. 18 (ohne Jahr, ca. 1920). Cover und zwei Seiten aus einer Schriftprobe der Holzschriften. Auf dem Titel die Cooper Black (1921) von Bruce Cooper.

auf einen Holzblock. Die Buchstaben druckten so gut aus, dass Hamilton Muster anfertigte, sie an eine nahe gelegene Druckerei schickte – und nachdem er einen zweiten Auftrag erhalten hatte, gründete er die J. E. Hamilton Holly Wood Type Company. Anfänglich produzierte Hamilton nur Furnierholzschriften. Bald aber schon aus Vollholz, dem in Wisconsin reichlich vorhandenen Bergahorn. Ahorn blieb in den Staaten das bevorzugte Material für Holzschriften, anders als in Europa, wo dafür überwiegend Obsthölzer Verwendung fanden.
Die Geschichte der Fertigung von Holzschriften im großen Stil endete dann – gut 100 Jahre nach ihren Anfängen – mit dem industriellen Ende des Buchdrucks. Holzschriften werden seit den 80er Jahren nicht mehr produziert, allenfalls noch, wie im Fall von Hamilton Wood Type, im musealen Kontext.

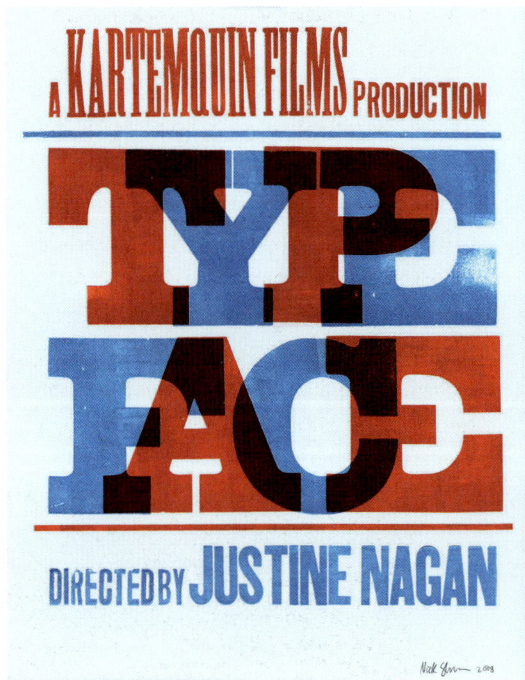

Filmplakat für den Film »Typeface« von Nick Sherman (2008) – gedruckt im Hamilton Wood Type Museum.

Untergebracht waren die Hinterlassenschaften von Hamilton noch lange im ehemaligen Fabrikgebäude der Hamilton Manufacturing Company, seit 2013 aber an neuem

Platz mit über 1,5 Millionen Einzelstück darunter mehr als 1000 verschiedene Holzschriften. Dazu historische Pressen, eine Sammlung alter Drucke und vor allem all die Maschinen und Geräte, die zur Herstellung von Holzschriften nötig sind. Es können dort also auch heute noch Holzschriften produziert werden, auch das ist weltweit fast einzigartig. Das Museum veranstaltet Workshops und Konferenzen, es empfängt regelmäßig Studentengruppen von Universitäten, die dort an Workshops teilnehmen.

»Typeface« – der Film

Einen wunderbaren Einblick in das Geschehen dort bekommt man in dem einstündigen Dokumentarfilm »Typeface«, der 2009 im Verleih Kartemquin Films, in der Regie von Justine Nagan, erschien. Er zeigt die Herstellung von Holzschriften und das Drucken in allen Einzelheiten und gibt ein Gefühl für die Atmosphäre dort.

Der Kontakt:
Hamilton Wood Type & Printing Museum, 1816 10th Street,
Two Rivers, Wisconsin 54241
www.woodtype.org

P22-Foundry

Ein weiterer »Link« zu Hamilton ist die Hamilton Wood Type Collection (HWT). 2012 begonnen, ist sie ein Joint Venture zwischen der P22-Type-Foundry und dem Hamilton Wood Type & Printing Museum. P22 hat sich zur Aufgabe gemacht, historische Schriftvorlagen zu digitalisieren, und da kamen die Holztypen aus den historischen Beständen des Hamilton Museums gerade recht. Einige der digitalen Schriften sind so das Produkt des Hamilton Wood Type Legacy Project – einer Zusammenarbeit zwischen dem Museum und Typedesignern, die aus den historischen Vorlagen digitale Fonts für die Jetztzeit entwerfen.

BIG ist das Repertoir mit 1000 unterschiedlichen Schriften im Hamilton Wood Type & Printing Museum allemal zu nennen.

ES WERDE GEDRUCKT!

Vorbereitet
Unsere Druckform befindet sich senkrecht im Tiegel, der Aufzug ist bereits erneuert.

Die Arbeit an der Druckpresse

Bevor eine Auflage von einer Druckform gedruckt werden kann, müssen Maschine und Form »eingerichtet« werden. Die einzelnen Schritte bleiben dabei gleich, unabhängig davon, ob man auf einem Zylinder oder Tiegel druckt.

Die Farbe

Wenn wir bereits eine andere als die gewünschte Farbe auf der Maschine haben, waschen wir sie entweder zunächst herunter oder wir nutzen sie noch zum Einrichten der Form und zum Standmachen. Möchte man also beispielsweise ein zartes Bild in Gelb drucken und hat aber noch Schwarz auf der Maschine, dann wäre es denkbar, die Form und die Maschine in Schwarz einzurichten und die Farbe erst als einen der letzten Schritte nach dem Bestimmen des Standes und der Zurichtung zu wechseln. Eine vorher genutzte Zurichtung sollte aber bereits aus dem Aufzug entfernt werden.

Die Form

Bei einem Tiegel heben wir unsere Druckform im Schließrahmen hinein, auf einer Zylinderpresse schieben wir sie auf das Druckbett und schließen dort. Bei einer Tiegeldruckpresse müssen wir nun aber noch ein besonderes Augenmerk auf die Vordermarken und Greifer legen. Diese dürfen sich auf gar keinen Fall über unserem Druckbild befinden, sonst zerstören wir beim ersten Druck unsere Schrift oder unser

Klischee! Bei komplexeren Maschinen kann man den Druck einstellen. Dieser sollte zunächst zurückgestellt werden, um nicht gleich den Aufzug unbrauchbar zu machen. Man kann sich dann Stück für Stück vortasten, bis man den passenden Druck erreicht hat.

Das Papier

Bei einer Maschine mit automatischer Papieranlage, meistens bestehend aus einer Ansaugvorrichtung und Greifern, sollte man diese Vorrichtung bei einem sogenannten Bogenlauf auf das Auflagenpapier einstellen. Auch Makulatur oder Einrichtepapier von gleicher Größe und Grammatur eignet sich dafür. Dabei wird noch nicht eingefärbt oder gedruckt, sondern nur Papier durch die Maschine geführt. Richtig eingestellt ist die Maschine, wenn sie die Bögen regelmäßig aufnimmt, keine auslässt und auch keine doppelten Bögen mit sich führt. Auch bei Maschinen mit Handanlage solltet ihr im Zweifelsfall einen Papierlauf machen. Bei Andruckpressen können beispielsweise besonders steife Kartons oder sehr lange Papiere zu Problemen führen.

Abziehpresse
Hier müssen wir nur unsere Seitenmarke und die Vordermarken einrichten.

Anlage am Handtiegel
Die Anlage besteht hier aus aufgeklebten Kartonstreifen, das können aber auch sogenannte Frösche sein, die in das Aufzugstauen geschoben werden.

Der erste Druck

Ein erster Druckversuch zeigt Euch bereits, ob der Stand stimmt. Muss mehr oder weniger Druck gegeben werden? Färbt etwas nicht ein oder ist ein Klischee zu hoch? Ist Letzteres der Fall, solltet ihr unbedingt nach dem Fehler suchen und euren Aufzug prüfen. Denn ist der durch das Klischee stark eingeprägt, so muss er erneuert werden. Eine gute Vorarbeit mit Klischeehöhenmesser, Probeabzügen und Aufmerksamkeit beim Schließen hilft das zu vermeiden.

Der Aufzug sollte immer dann erneuert werden, wenn er schon ziemlich verbraucht ist und um ihn auf unsere Druckform abzustimmen. Bei Handtiegeln müsst ihr dann auch eure Papieranlage erneuern, sie wird mit Fröschen oder aufgeklebten Kartonstreifen auf dem Aufzug fixiert.

Tipps & Tricks
Für Korrekturabzüge muss nicht unbedingt die Presse eingefärbt werden. Stattdessen kann man ein Blaupapier zwischen Satz und Druckpapier legen. Achtung: Verringert den Aufzug oder nutzt sehr dünnes Korrekturpapier dafür, um euren Satz nicht zu quälen.

Jetzt könnt ihr den Stand und gröbere Fehler korrigieren. Wenn alles im Druckbild vollständig erkennbar ist, reicht das zunächst. Auch das Einstellen des Farbwerks erfolgt bereits, um Korrekturen der Farbgebung noch vor dem Andruck vorzunehmen.

Sind der Standbogen und die Revision gemacht, kann es nun an die Detailarbeit gehen. Mithilfe der Zurichtung, auf die wir noch näher eingehen werden, wird nun der Druck auf allen Teilen unseres Druckbildes ausgeglichen. Zu schwach druckende Stellen werden verstärkt, zu stark druckende Stellen entlastet.

Nochmals zurück zur Farbe

Wenn das Druckbild gleichmäßig ist, kommt die Feineinstellung der Farbe. Solltet ihr noch nicht mit der Auflagenfarbe

gearbeitet haben, so müsst ihr jetzt Maschine und Druckform gründlich reinigen. Für das Abstimmen der Farbe benötigt ihr einige Bögen, denn ihr müsst erkennen können, ob die Farbmenge konstant und gleichmäßig bleibt oder bereits nach wenigen Drucken deutlich zu- oder abnimmt.

Wenn ihr mit der Farbeinstellung zufrieden seid, legt euch einen bedruckten Bogen des Auflagenpapiers an die Seite. Dieses Muster ist euer Farbbogen, mit dem sich alle folgenden Drucke abgleichen lassen. Ihr seht so bei größeren Auflagen schnell Farbschwankungen und könnt im Fortdruck, also dem Druck der Auflage, nachkorrigieren.

Korrekturabzüge
Für Korrekturen reicht es aus, den ausgebundenen Satz mit Magneten am Fundament einer Abziehpresse zu fixieren. Als Anlage sollte mindestens eine Seite des Druckbettes dienen, besser zwei. Umgekehrte Hohlstege nehmen die Kolumnenschnur auf, und der Satz kann mithilfe des Klopfholzes in die Anlage gedrückt werden. Das Klopfen des Satzes von oben nicht vergessen!

Das Ergebnis

Am Ende des Einrichtens habt ihr einen ausgezeichneten Standbogen, einen Bogen mit der fehlerlosen Revision, eventuell einen sogenannten Nachsehbogen (auf dem ihr die korrekt zugerichtete Form auf Auflagenpapier gedruckt habt) und einen Farbbogen. Es folgt nun der Fortdruck der Auflage. Egal ob ihr mit Handanlage druckt oder mit einer automatischen Presse, man sollte auf jeden Fall beim Fortdruck immer auf eventuell auftretende Druckfehler, wie beispielsweise Spieße, achten.

Der Aufzug

Der Aufzug ist, wie bereits erwähnt, eine aus mehreren Schichten Papier bestehende Komponente eurer Druckmaschinen, die ihr regelmäßig erneuern und für jedes neue Druckprojekt anpassen müsst. Bei Zylinderdruckmaschinen

Bürstenabzug
Für Korrekturabzüge ohne Abziehpresse legt man Papier auf den eingefärbten Satz und klopft mit der Bürste leicht darauf.

wird der Aufzug um den Druckzylinder gespannt, wobei die Bögen vorn am Zylinderbeginn durch eine Leiste eingespannt und am Ende um eine Welle gewickelt und gestrafft werden. Bei Tiegeldruckpressen ist der Aufzug direkt auf dem Tiegel angebracht. Der oberste Bogen wird von Stangen an den Seiten des Tiegels eingeklemmt, bei einigen Tiegeldruckpressen findet man an einer Seite auch Klemmschrauben.

Der Aufzug bietet eine gewisse Elastizität, muss aber gleichzeitig eine bestimmte Härte haben. Die Wahl der Papiersorten bestimmt diese beiden Eigenschaften. Weiche Aufzüge haben viele dünne Lagen Papier. Harte Aufzüge haben weniger Lagen Papier zugunsten einer oder zweier Lagen Karton. Möchte man einen besonders weichen Aufzug, zum Beispiel für schlechtere Schrift oder Klischees, kann man dem Aufzug ein Gummituch hinzufügen. Gummitücher für die Druckindustrie gibt es in verschiedenen Stärken, schon dünne Varianten reichen hier aus.

Als **Aufzugsstärke** bezeichnet man die Dicke, die der Aufzug hat. Die Aufzugsstärke ist meist als Plakette irgendwo an der Maschine angebracht oder im Nutzerhandbuch zu finden. Beim Original Heidelberger Tiegel ist der Aufzug beispielsweise 1 mm stark. Das Maß versteht sich immer inklusive des Auflagepapiers! Um einen Aufzug auf dieses Maß zu bringen, sollte man sich aus den verschiedenen Papieren und dem eventuellen Gummituch die gewünschte Kombination zusammenstellen. Dann nimmt man noch einen Bogen des Auflagenpapiers hinzu. Mithilfe einer Mikrometerschraube kann man nun die Stärke messen und anpassen, bis sie der Vorgabe entspricht.

Tipps & Tricks
Schrift und Linien brauchen einen harten Aufzug. Satz mit Bildmaterial und Klischees sind mit einem weichen Aufzug besser zu drucken.

Papiere für Aufzug und Zurichtung

Folgende Papiersorten werden sowohl für den Aufzug als auch zum Zurichten genutzt. Wie bereits erwähnt, sollten alle diese Papiere möglichst glatt sein und keine »Wolken« haben. Als Grundlage für den Aufzug dient Pressspan, dieser

Berufspoesie
Ein Spieß ist mitdruckender Ausschluss. Das Material rutscht bei jedem Druckvorgang höher, bis es im Druck sichtbar ist.

ist 0,3 mm bis 0,5 mm stark, glatt, hart und widerstandsfähig. Alternativ lässt sich Karton, beispielsweise Elfenbein- oder Bristolkarton, nutzen. Diese Kartons sind meist 0,2 mm bis 0,4 mm stark.

Als obersten Bogen, auch Spannbogen oder Decken genannt, nutzt man Tauenpapier. Dies ist ein sehr reißfestes, dichtes, geglättetes Zellulosepapier. Es ist 0,08 mm bis 0,2 mm stark. Man liest auch den Begriff »Straffen« für diesen Bogen. Das Tauenpapier selbst kann auch im Aufzug Verwendung finden, wie wir gleich noch sehen werden.

Zwischen Karton und Tauen kommen nun Wechselbögen in den Aufzug. Dazu verwendet man satiniertes Papier, das zwischen 60 g und 80 g wiegt und 0,06 mm bis 0,08 mm stark ist. Der Begriff »Wechselbogen« dient auch gleich als gute Eselsbrücke: Diese Bogen werden ausgewechselt gegen die Zurichtung, gegen Karton, um den Aufzug härter zu machen, gegen dünnere Papiere oder Gummituch, um ihn weicher zu gestalten.

Zum Zurichten nutzt man hauptsächlich Dünndruckpapier mit einem Gewicht von 40 g bis 50 g, Florpostpapier mit 30 g und 0,03 mm Stärke und Seidenpapier mit einer Stärke von 0,015 mm bis 0,002 mm und einem Gewicht von 15 g bis 20 g. Insbesondere beim Seidenpapier ist darauf zu achten, dass es nicht flockig und porös ist.

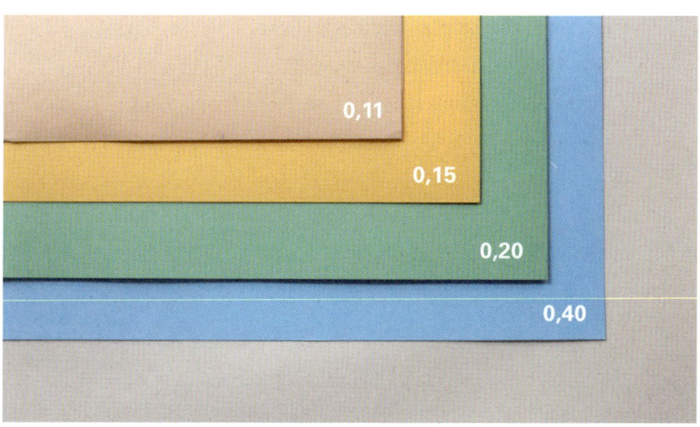

Papierprobe
Für Aufzugspapiere legt man sich eine kleine Papierprobe an. Stärkenangaben helfen, die Aufzugsstärke rechnerisch zu ermitteln.

Tauenbogen

Der Tauenbogen richtet sich nach der Größe des Tiegels beziehungsweise dem Umfang und der Breite des Zylinders. Auf dieser Doppelseite seht ihr beispielhaft die verkleinerte Darstellung eines Tauen für einen Heidelberger Tiegel im Format 26 × 38 cm. Auf allen vier Seiten ist der Tauen größer gehalten als die Tiegelfläche, hier gestrichelt gezeigt. Die Ecken des Tauens werden bis zum Tiegelrand abgeschnitten, damit keine Falten beim Umschlagen entstehen. Andere Tiegeldruckmaschinen, beispielsweise Handtiegel, haben auch mal nur oben und unten Schienen zum Festklemmen. Dort muss der Tauen also seitlich nicht größer sein.

Für einen Zylinder seht ihr in der Skizze unten einen Tauenzuschnitt. Die gerade Fläche wird vorn am Zylinder mit einer Leiste angeklemmt, das schräg zulaufende andere Ende wird dann um die Welle gewickelt und festgespannt. Die Schrägen könnt ihr mit Paketklebestreifen sauber bekleben und so reißfester machen. Breite und Länge sind bei jeder Maschine unterschiedlich. Solltet ihr keine Angabe im Maschinenbuch finden, dann messt ihr als Breite die Zylinderdruckfläche aus. Diese glatte Fläche erklärt sich bei einem Blick auf den nackten Zylinder von selbst. Dort, wo sie in der Länge endet, beginnt eure Schräge, die sich dann einige Male an ihrem Ende um die Welle wickeln muss.

Einschnitt
Der Deckbogen hat bei einem Heidelberger Tiegel 26 × 38 einen Einschnitt von circa 1 cm Breite und 6 cm Höhe für die Seitenmarke. Der bleibende Rand an dieser Stelle wird mit einer Rändelschraube befestigt.

Der Aufzug an einem Tiegel

Vom Druckfundament angefangen:

- Ein/zwei Bögen Karton (z. B. Elfenbein) + Wechselbogen (z. B. 80 g-Papier)
- 1 Tauenbogen in der Breite des Fundaments, an der oberen Tiegelkante festgeklebt, für die Zurichtung
- Gummituch und/oder 1 – 3 Wechselbögen
- Tauenbogen als Deckbogen (Straffen)

Tiegeltauen
Auch Tiegel haben unterschiedliche Tauen, abhängig von ihrer Fläche und der Art ihrer Anbringung. Beim Original Heidelberger Tiegel 26 × 38 cm ist der Deckbogen 28,5 cm hoch, 40 cm breit und an allen vier Seiten befestigt.

Alle Aufzugspapiere sollten so breit und hoch wie euer Tiegel sein. Eine Ausnahme bildet dabei der Straffen und ein Bogen des Tauenpapiers, das ein Stückchen höher sein darf. Auf diesen Tauen wird später eure Zurichtung geklebt. Sollte euer Tiegel eine Klemmschraube haben, so wird diese Seite eures Deckentauens zunächst glatt gefalzt.

Eine falsche Aufzugsstärke könnt ihr bei einem Boston-Tiegel sehr schnell identifizieren. Wird euer Druckbild oben zu schwach, aber unten sehr stark, dann ist euer Aufzug zu stark. Ist der Aufzug zu schwach, wird der Druck hingegen unten zu schwach und oben zu stark ausfallen.

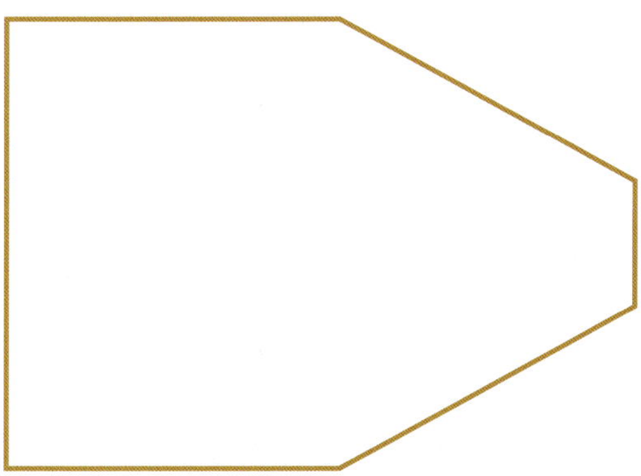

Zylindertauen
Das gerade Ende wird in einer Leiste eingeklemmt, die stumpfe Spitze am anderen Ende um eine Welle gespannt.

Aufzug an einem Tiegel

1 Hier am Heidelberger Tiegel, andere Tiegel funktionieren ähnlich. Zunächst stellen wir das Aufzugspapier zusammen. Der Tauen wird unten mit einem Stab eingeklemmt, alle anderen Papiere legen wir auf den Tiegel.

2 Rechts wird der Tauen eingeklemmt und mit der Rädelschraube befestigt.

3 Nun wird zuerst mit einem langen Klemmstab der Aufzug von unten nach oben glatt gestrichen, der Stab klemmt dann oben das Papier ein.

4 Zuletzt wird mit einem kurzen Stab der Aufzug von rechts nach links mit Druck geglättet, auch hier wird der Tauen mit dem Klemmstab seitlich befestigt.

Der Aufzug an einem Zylinder

Vom Druckzylinder ausgehend baut sich der Aufzug aus folgenden Lagen auf:

- 2 Elfenbeinkartons
- Tauenbogen (Zurichtebogen)
- 1–3 Wechselbögen, ggf. Gummituch
- 1 Tauenbogen (Deckbogen/Straffen)

An einer Zylinderdruckmaschine sollten alle Bögen über die ganze Breite des Zylinders gehen, ohne später mit den Laufschienen zusammenzustoßen. Auch die Länge entspricht eurem Zylinder, lediglich der Straffen ist mit den abgeschrägten Rändern länger. Achtet darauf, dass die Bögen parallel zum Zylinderrand liegen und keine Falten haben. Prüft nach dem Aufzugswechsel, ob an der Laufschiene alle Bögen glatt liegen, nicht aufbauschen oder Wellen werfen.

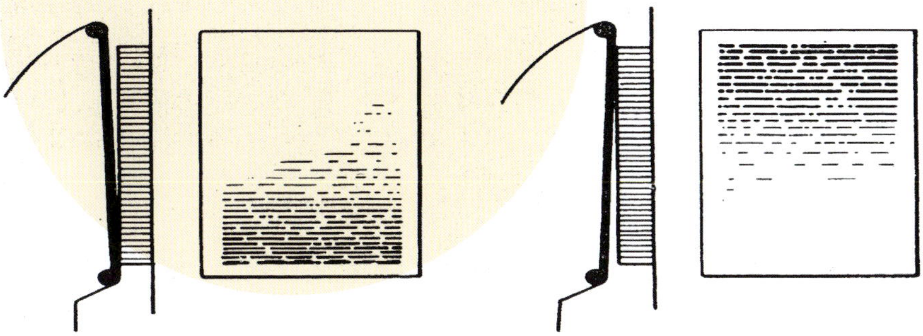

Falsche Aufzugsstärke
Die Abbildung zeigt, etwas übertrieben, was bei falscher Aufzugsstärke am Boston-Tiegel passiert. Links ist der Aufzug zu stark, rechts zu schwach.

Druckabwicklung

Wichtig beim Aufzug am Zylinder ist die sogenannte Druckabwicklung. Auch hier habt ihr Vorgaben zur Aufzugsstärke zu beachten. Die Druckabwicklung beschreibt das Abrollen des Zylinders über die Form. Wo die Höhenlinie, also die Oberfläche der Form, mit dem Zylinder zusammentrifft, haben wir den bereits erwähnten Druckstreifen. Der Zylinder selbst hat einen fixen Umfang, der jedoch durch die Dicke des Aufzugs verändert wird; diesen Umfang nennt man dann die Umfanglinie. Was passiert nun, wenn der Aufzug zu stark oder zu schwach ist?

Bei einem feststehenden Druckbett gibt es weniger Probleme, bei einem bewegten, wie im Falle eines Heidelberger Zylinders, bedeutet das aber, dass die vorgegebene Bewegung von Zylinder und Druckbett nicht mehr übereinstimmt, denn der Gesamtumfang des Zylinders stimmt nicht mehr. Ein zu schwacher Aufzug lässt die Umfanglinie langsamer als die Druckform bewegen, dadurch entsteht am Druckanfang ein Schmitz, also eine Art »Bart« an der Schrift. Würden wir Rasterpunkte drucken, würden diese zu Kommas in Richtung Druckanfang verformt werden. Dagegen würde ein zu starker Aufzug die Umfanglinie schneller als die Druckform bewegen, und der eben beschriebene Schmitz würde am Druckende entstehen.

Aber auch bei einer Andruckpresse, wo sich nur der Zylinder bewegt, entstehen Probleme durch einen zu starken Aufzug: Er kann reißen oder aufplatzen, der Satz legt sich schräg, Spieße entstehen in größerer Zahl. Ein zu schwacher Aufzug würde sich nach vorn zusammenschieben. Zeigt sich ein Streifen mit einem stärkeren Druckbild, ist die Maschine unbedingt auf ihre Druckabwicklung zu prüfen. Man kann dazu den Aufzug mit einer Mikrometerschraube nochmals

Aufzug an einer Abziehpresse

1 Stellt euren Aufzug zusammen und klemmt ihn mit der Schiene vorn am Zylinder fest. Er muss glatt und gerade auf dem Anlagetisch liegen.

2 Fahrt nun den Zylinder nach vorn und führt den Aufzug dabei mit.

3 Stoppt den Zylinder, wenn ihr die Schiene wieder seht. Zieht den Tauen straff. Der Aufzug liegt glatt auf und kommt nicht in die seitlichen Zahnräder. Ein seitliches Sperrhäkchen am Zahnrad der Welle kann nun gelöst werden.

4 Führt den Tauen unter der Welle straff durch und prüft mit der freien Hand nochmals an der Schiene, ob auch hier noch alles straff und glatt anliegt.

5 Drückt den Tauen an die Welle und wickelt zunächst rückwärts, bis ihr die Kante des Tauens vollständig umklappen könnt. Dann dreht ihr die Welle mitsamt dem Tauen vorwärts, um ihn straff auf die Welle aufzuwickeln.

6 Klappt das Sperrhäkchen wieder in das Zahnrad und dreht die Welle mit einem Werkzeug nochmals etwas straffer.

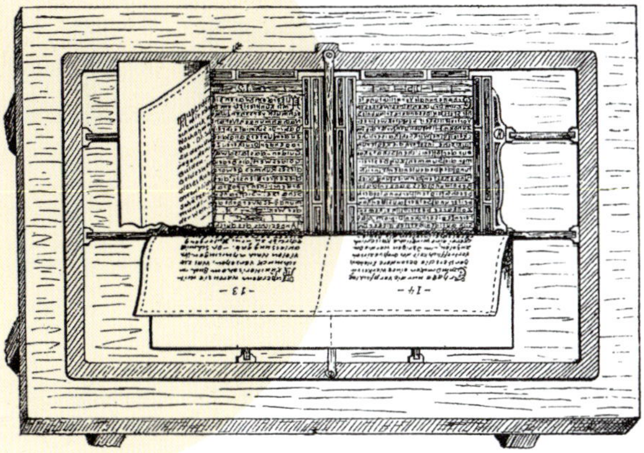

messen. Eine andere Methode besteht darin, den Abzug in Richtung Druckabwicklung durchzuschneiden (nicht falzen, dass verfälscht das Ergebnis) und auf die entsprechende Stelle der Druckform zu legen. Ist der Abdruck kürzer als die Druckform, ist der Aufzug zu stark. Dabei ist zu beachten, dass sich Papier unter Druck ganz leicht dehnt und 1 p bis 3 p länger wird.

Druckform prüfen
Das Papier sollte dabei niemals gefalzt werden, sondern getrennt. Eine falsche Druckabwicklung wird so schnell sichtbar. Die Methode hilft auch, wenn man nach einem Fehler im Durchschuss sucht.

Sonderfall Kniehebelpresse

Für den Fall, dass ihr eine Kniehebelpresse nutzt, stellt sich die Frage, wie man damit umgeht. Hinzu kommt, dass eine vollständige Presse mit der gesamten Deckelkonstruktion nur noch selten vorhanden ist. Zunächst jedoch wird die Druckform auf das Fundament gestellt. Ein leicht erhöhter Rahmen an den Ecken ermöglicht es, mithilfe von langen Druckstegen die Form wie gewohnt zu schließen. Ein anderer Weg ist die Nutzung eines passenden, kleineren Schließrahmens, der mithilfe von Magneten fixiert wird.

Bei vorhandenem Deckel kann man wie gewohnt Aufzug und Zurichtung bestimmen. Der Deckel besteht aus einem Grundrahmen, darunterliegend befindet sich ein weiteres, flaches Rähmchen, das sich hochklappen lässt. Außenliegend lässt sich der Tympan mit Häkchen links und rechts öffnen und ebenfalls hochklappen. Der Grundrahmen lässt sich auf der nach unten weisenden Seite mit einem Tauen oder feinem Stoffgewebe bespannen. Sie werden angefeuchtet, um die Kanten nach oben gespannt und festgeklebt. Beim Trocknen ziehen sie sich zusammen und sind straff. In den Grundrahmen können nun von oben die verschiedenen

Frösche aus Papier, die als Anlagemarken dienen.

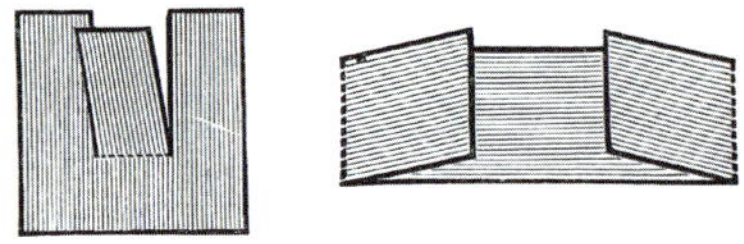

Aufzugspapiere, eventuell Filz und später auch eine Zurichtung gelegt werden. Der Tympan kann nun zugeklappt werden.

Das Rähmchen auf der Innenseite des Deckels hält Druckbögen und Deckel sauber. Da mit der Handwalze eingefärbt wird, lassen sich Schmutzflecken nicht ganz vermeiden. Der Rahmen wird auf der eingeklappten Seite – gleich dem Deckel – mit Papier bezogen, das einen Ausschnitt dort hat, wo der Bogen bedruckt wird. Dieser kann leicht bestimmt werden, indem einmal ohne Farbe auf das gespannte Papier gedruckt wird. Die Bögen kann man mithilfe von Fröschen auf der später eingeklappten Seite des Rähmchens genau positionieren. Liegt ein Bogen an, wird das Rähmchen an den Deckel geklappt und der gesamte Deckel auf die Form heruntergelassen.

Hat man keine Deckelkonstruktion, muss improvisiert werden. Neben der eigentlichen Druckform benötigt man zur Positionierung des Druckbogens direkt auf der Form markierte oder markante Stellen, beispielsweise Stege. Es ist hilfreich, das Papier an einer Ecke anzulegen und dann locker herabgleiten zu lassen. Statt eines Aufzugs kann man nun mit mehreren Schichten Papier sowie einer Filzmatte arbeiten, die über den Druckbogen gelegt werden.

Wie an jeder Maschine tastet man sich zu Beginn langsam an die passende Aufzugsstärke heran. Die Druckform sollte bei Kniehebelpressen zudem immer mittig auf dem Fundament platziert werden. Dort ist der Druck am gleichmäßigsten, an den Rändern bekommt man schnell Probleme. Auch kleine Druckformen verursachen Probleme; hier hilft es schrifthohes Material seitlich der Druckform zu platzieren.

Punkturen
Sogenannte Punkturen findet man heute nur noch selten. Sie halten das Papier mittels einer Nadelspitze am Deckel oder Aufzug fest.

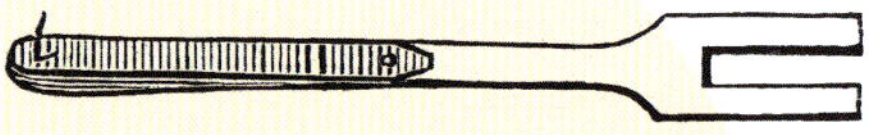

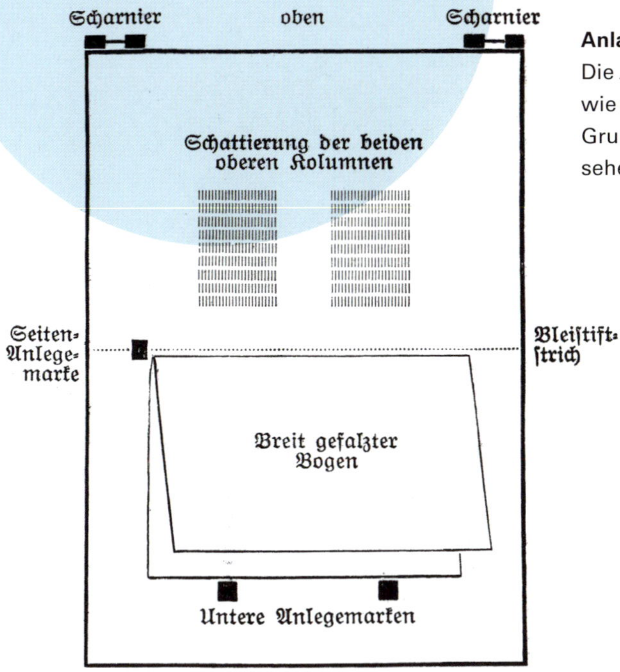

Anlage im Deckel
Die Abbildung zeigt, wie eine Anlage im Grundrahmen aussehen kann.

Die Zurichtung

Eine gute Zurichtung anzufertigen, ist eine der wichtigsten Bedingungen für ein gutes Druckergebnis. Zurichtungen gibt es in verschiedenen Arten und man sollte immer schrittweise vorgehen. Der Zweck liegt darin, Druckunregelmäßigkeiten von zu stark und zu schwach druckenden Elementen der Druckform auszugleichen.

Voraussetzungen

Bevor ihr mit der Zurichtung beginnt, ist es nötig, dass euer Aufzug und die Farbe stimmen, der Stand eurer Druckform korrekt ist und auch alle Fehler aus der Revision bereits korrigiert sind. Klischees sollten auf Schrifthöhe sein, und der letzte Abzug muss alle Elemente eurer Druckform zeigen. Der allgemeine Druck sollte jetzt so sein, dass kein Element zu stark druckt und damit den Aufzug beschädigt.

Wie die Zurichtung auf die Maschine gelangt

Da eure Zurichtung Details eurer Druckform beeinflusst, muss diese an der richtigen Stelle des Aufzugs platziert werden. Bei einer Zylinderdruckmaschine werdet ihr eure Zurichtung »abnadeln«. Lasst dazu ein circa 60 g schweres,

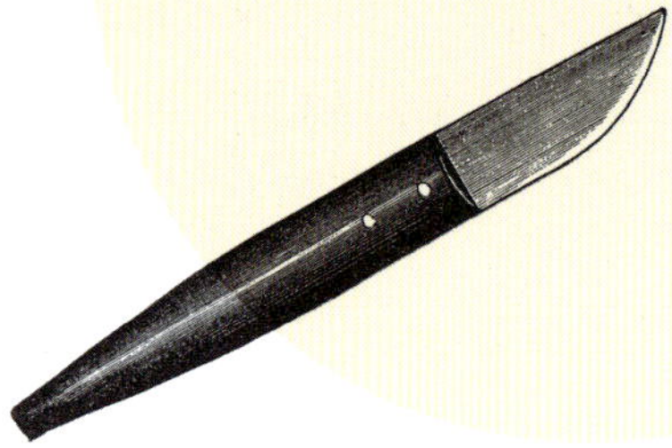

Zurichtemesser
Früher waren das kleine, flache Messerchen, von beiden Seiten geschärft. Heute genügt zum Zurichten ein Cuttermesser mit guter Klinge.

satiniertes Papier in die Maschine einlaufen, dieses wird gleich bedruckt. Bevor das aber geschieht, stoppt ihr die Druckabwicklung, und zwar wenn der Druckzylinder mit der Druckfläche nach vorne steht. Mit einer Ahle stecht ihr nun links und rechts am Rand je zweimal kräftig durch das Papier und den Aufzug hindurch. Die zwei Löcher auf jeder Seite sollten dabei einigen Abstand haben. Bedruckt nun den Papierbogen ganz normal. Dieser Bogen ist jetzt euer Zurichtebogen. An den abgenadelten Löchern schneidet ihr Dreiecke ein, deren Spitze die Löcher sind. Nun erstellt ihr die eigentliche Zurichtung.

Ist euer Zurichtebogen fertig, öffnet ihr den Aufzug eurer Maschine und legt den Bogen mithilfe der Löcher genau auf den Tauen unter den Wechselbögen. Durch die exakte Ausrichtung an allen vier Löchern wird eure Zurichtung eingepasst. Liegt alles richtig, dann könnt ihr die Zurichtung auf den Tauen aufkleben, möglichst außerhalb des Druckbildes. Je nach Stärke der Zurichtung nehmt ihr nun Wechselbögen heraus und schließt den Aufzug wieder.

Auch bei einem Tiegel werdet ihr einen Bogen abnadeln und ihn bedruckt als Zurichtebogen nutzen.

Tipps & Tricks
Eine Zurichtung hilft nicht, wenn Teile einer Druckform überhaupt nicht einfärben. Diese sollten auf Schrifthöhe geprüft werden und gegebenenfalls könnt ihr sie von unten neu justieren.

Ausgleich und Handausschnitt

Die häufigste Form der Zurichtung ist eine Ausgleichszurichtung. Ziel ist es hier, dass die Druckform vollkommen gleichmäßig ausdruckt. Nehmt euren bedruckten Bogen zur Hand. Jetzt habt ihr zwei Möglichkeiten: Entweder ihr richtet nach eurem Druckbild zu oder nach der Schattierung des Druckbildes.

Für die erste Variante legt ihr euren bedruckten Zurichtebogen auf die Schichtseite eines Kohlepapiers und zeichnet die Stellen an, die nur schwach ausdrucken. Rückseitig seht ihr nun eure Zeichnung und könnt diese mit Seidenpapier auslegen, genau nach eurer Zeichnung aufkleben und ausschneiden. Wichtig ist jedoch, dass ihr vorher trotzdem die Schattierung auf der Rückseite des Druckbogens prüft.

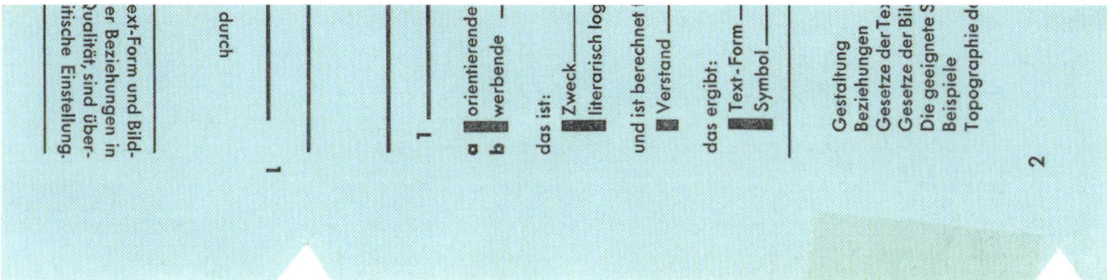

Ist hier nämlich schon ordentlich der Druck zu sehen, hat das schlechte Druckbild vermutlich andere Ursachen, zum Beispiel einen schlechten Farbauftrag.

Der zweite und bessere Weg besteht darin, dass ihr euch eine möglichst dunkle Raumecke sucht und ein Licht nutzt, das euer Papier flach streift. Auf der Rückseite könnt ihr nun die Schattierung eures Druckbildes deutlich sehen. Mit Schattierung ist gemeint, dass auf der Rückseite des Bogens eine fast unmerkliche Prägung zu sehen ist. Sollte gar nichts zu sehen sein, braucht ihr einen neuen Bogen mit mehr Druck. Die Schattierung ist in den meisten Fällen sehr ungleichmäßig. Zuerst sucht man sich die am stärksten geprägten Stellen des Bogens. Diese werden angezeichnet und, je nachdem, wie sehr sie zu stark ausfallen, herausgeschnitten oder leicht verschabt. Von der schwächsten Stelle ausgehend wird nun die Zurichtung aufgebaut. Zeichnet hier ebenfalls zunächst großflächig an, diese erste Zurichtung soll nur einen Ausgleich für die gesamte Form geben. In der zweiten Zurichtung folgen dann kleinere Flächen, die noch mehr Druck brauchen.

Als Klebstoff eignet sich normaler Klebestift nicht, er trägt zu ungleichmäßig und stark auf und verfälscht so die ge-

Abgenadelt Dieser Zurichtebogen wurde hier zweimal abgenadelt. Die Löcher wurden zur Spitze der ausgeschnittenen Dreiecke und so auf die Löcher des Zurichtetauens in den Aufzug wieder eingepasst.

Zurichtung nach Druckbild Hier haben die Linienformen schlecht gedruckt (links) und wurden nach Prüfung der Schattierung des Druckbogens mit der Zurichtung (rechts) verstärkt.

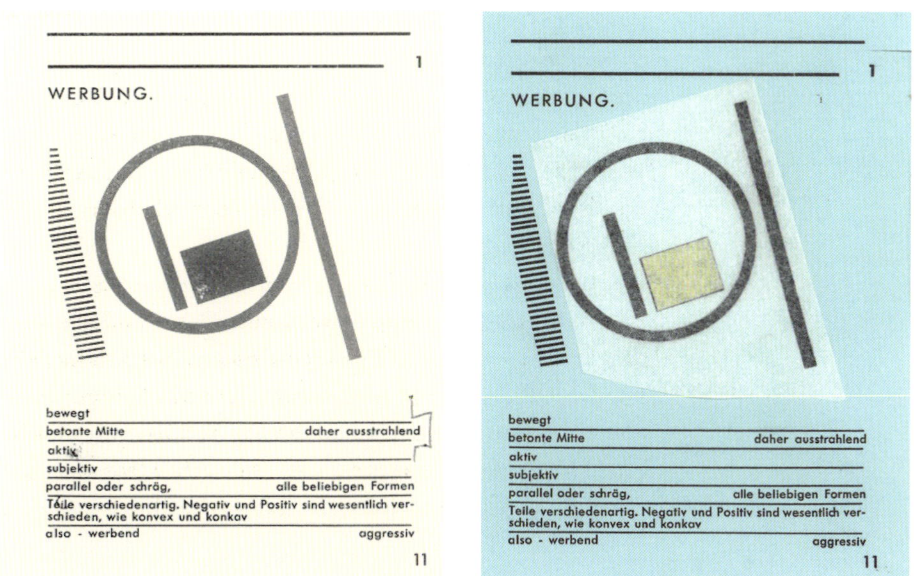

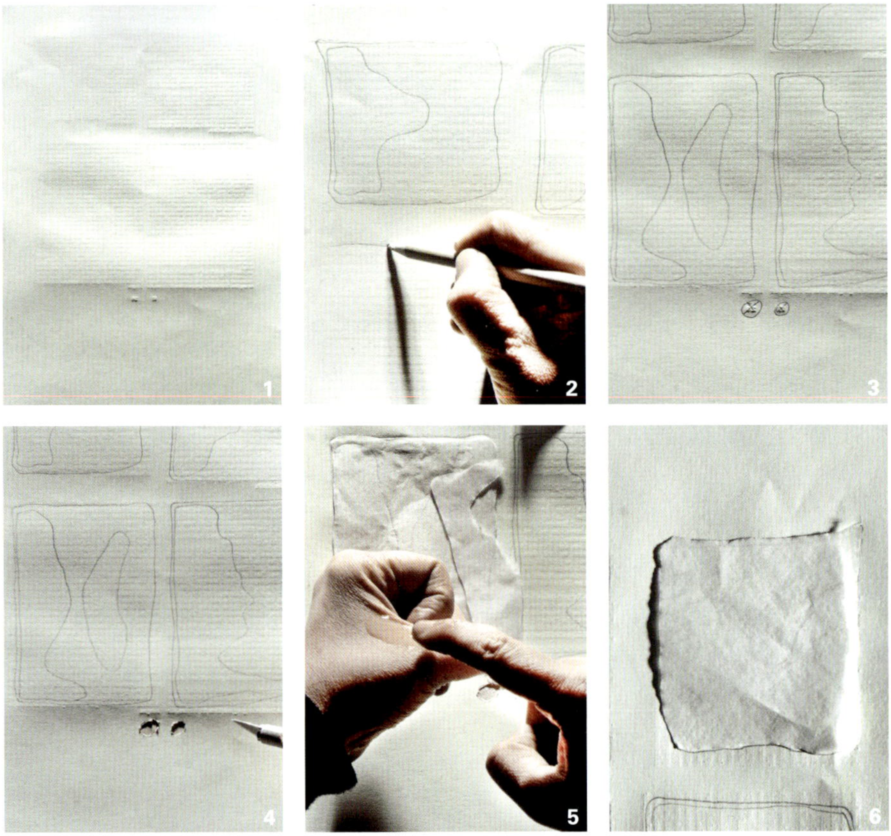

Eine Zurichtung herstellen
1 Flach einfallendes Licht von oben zeigt euch die Schattierung auf der Rückseite des Druckbogens.

2 Mit dem Bleistift werden nun alle Bereiche angezeichnet, wo Druck verstärkt oder verringert werden soll.

3 Einige Bereiche werden mehrfach angestrichen, hier kommen mehrere Schichten Zurichtpapier zum Einsatz.

4 Zuerst werden die Bereiche mit dem Messer exakt ausgeschnitten, die weniger Druck bekommen sollen.

5 Klebstoff wird vom Handrücken mit dem Finger punktuell dünn auf die Stellen aufgetragen, die verstärkt werden sollen.

6 Zurichtpapier, hier ist es Seidenpapier, wird aufgeklebt und exakt nach der Bleistiftzeichnung ausgeschnitten.

naue Zurichtung. Auch bei flüssigen Klebstoffen muss man aufpassen. Viele ziehen sich während des Trocknens zusammen und machen die Zurichtung so wellig und unbrauchbar. Dünnflüssige Kleister oder alternativ Tapetenleim sind hier besser geeignet. Falls ihr in eurer Nähe einen Laden mit Buchbinderbedarf habt, könnt ihr euch auch dort nach einem geeigneten Klebstoff erkundigen.

Eine nur vorsichtig zu verwendende Art der Zurichtung ist die Zurichtung hinter der Form. Sie bietet sich hauptsächlich bei Tiegeldruckpressen an und wenn die Zurichtung eher

Berufspoesie

Mönch nennt der Drucker eine Stelle, die kreisförmig blasser ausdruckt, wie die Tonsur eines Klosterbruders.

großflächig sein soll. Ein genauer Zuschnitt des Papiers ist auch hier unerlässlich. Ist die Zurichtung hinter die geschlossene Form geklebt, zum Beispiel mithilfe eines Klebestreifens oder Kleisters auf nichtdruckende Stege, muss die Form nochmals auf dem Schließtisch geöffnet und geklopft werden. Der Vorteil dieser Zurichteart liegt darin, dass der Aufzug nicht wellig und weich wird und eine gute Einfärbung gewährleistet wird. Wichtig ist auch hier, daran zu denken, Wechselbögen aus dem Aufzug zu entfernen oder den Druck zunächst ein wenig zurückzunehmen.

Kraftzurichtung

Diese etwas speziellere Form der Zurichtung erfolgt immer nach der Ausgleichszurichtung und dient hauptsächlich dazu, Rasterklischees nochmals nach ihrem Druckbild zuzurichten. Tiefen eines Bildes, also die besonders dunklen Bereiche, sollen hier mehr Druck bekommen, die Lichter dagegen, also die sehr hellen Bereiche, entlastet werden. So können Raster-

Lichter, Mitteltöne und Tiefen

Bis es zu einem Ergebnis wie oben kommt, bedarf es einiger Schritte, hier rechts zu sehen. (a) zeigt die Ausgleichszurichtung von unten, (b) das Grundblatt der Kraftzurichtung mit der Zeichnung für die erste Zurichtung von oben. (c) ist der erste ausgeschnittene Schatten, (d) der zweite und (e) das Deckblatt, bei dem nur noch die Wolken fehlen. (f) zeigt eine weitere notwendige Zurichtung von oben.

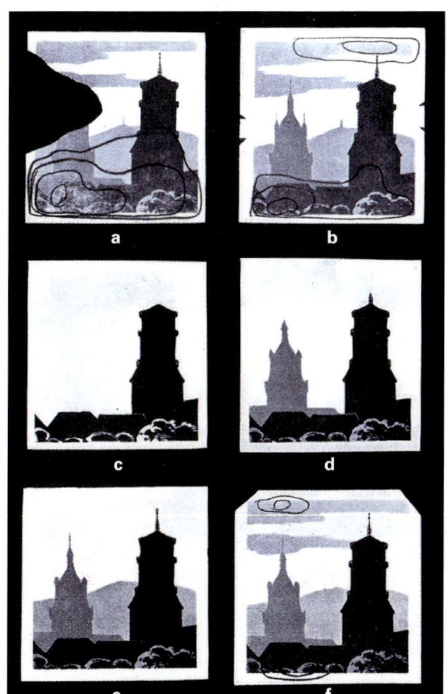

bilder mehr Kontrast und Klarheit bekommen und werden im Druck geschont. Dass ihr diese Art der Zurichtung benötigen werdet, ist relativ unwahrscheinlich. Dennoch wollen wir sie, der Vollständigkeit halber, kurz vorstellen.

Druckt euch einen Abzug auf glattem Kunstdruckpapier oder Ähnlichem. Er dient euch als Ansichtsbogen, an dem ihr euch orientieren könnt. Druckt nun noch vier weitere Bögen. Der erste Bogen wird euer Grundbogen und sollte aus festem Papier sein. Die weiteren drei Abzüge sollten auf circa 30 g- bis 70 g-Papier sein, je nach Maschine, Aufzugspapier und gewünschten Tonabstufungen. Nehmt einen dieser Bögen zur Hand und schneidet die tiefsten Stellen des Bildes aus. Diese klebt ihr auf euren Grundbogen, deckungsgleich mit dem Abdruck darauf. Aus dem nächsten Bogen schneidet ihr nun die tiefen Stellen und Mitteltöne heraus und klebt diese wiederum auf den Grundbogen obenauf. Aus dem letzten Bogen schneidet ihr nur noch die hellsten Stellen weg und klebt den Rest des Bogens erneut auf euren Grundbogen. Dieser Handausschnitt bewirkt also, dass eure Tiefen den dreifachen Druck bekommen wie eure Lichter. Klebt die fertige Kraftzurichtung auf euren Zurichtebogen in den Aufzug, und nehmt nun einige Wechselbögen heraus, um wieder die richtige Aufzugsstärke zu bekommen.

Einrichtbogen, Standbogen, Auflage

Hört man Druckern bei der Arbeit zu oder liest in alten Fachbüchern, trifft man auf eine Vielzahl von Bezeichnungen für die bedruckten Papierbögen. Jeder dieser Bögen hat eine Bedeutung und eine Funktion. Die Auflage und das Auflagenpapier stehen dabei immer im Mittelpunkt, es ist die Menge an Drucken, die ein Kunde später bekommt. Seid ihr euer eigener Kunde, ist das Erreichen einer bestimmten Auflagenhöhe aber vermutlich nicht eure größte Sorge.

Tipps & Tricks

Nach Möglichkeit sollte euer Druckbogen nicht bereits das Endformat haben, denn mindestens ein Sauberschnitt ist immer nötig. Aber auch verschwenderischer Umgang ist nicht erstrebenswert. Aus den Abschnitten lässt sich ja vielleicht noch ein anderes Projekt verwirklichen.

Einrichtbögen und Zuschuss

Diese Art von Bögen ist bereits Makulatur oder wird zu solcher. Für jede Druckform benötigt man etliche Bögen bevor die Form stimmt, der Druck und die Farbe. Und auch der Stand stimmt selten im ersten Druckversuch. Diese Bögen werden deshalb auch Einrichtbögen genannt. Mit ihnen richtet man die Maschine Schritt für Schritt ein, überprüft nochmals letzte Korrekturen an der Form und in der Revision. Teilweise kann man für diese Arbeit bereits gedruckte Makulatur verwenden, zum Beispiel um Farbe einlaufen zu lassen. Meist benötigt man Papiere, die zumindest dieselbe Stärke wie das Auflagenpapier haben. Diese Vorläufer kann man sich insbesondere bei mehrseitigen Projekten zur Seite legen und für folgende Druckformen nutzen. An ihnen sind dann schon Unstimmigkeiten im Stand oder Farbabweichungen erkennbar.

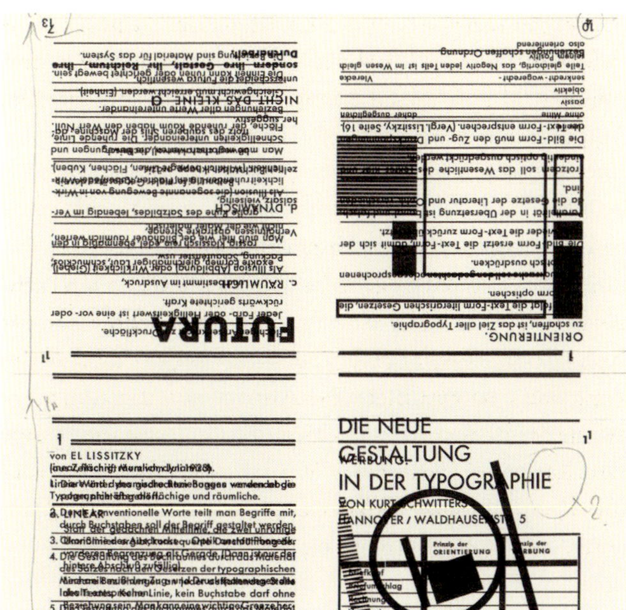

Einrichtbogen
Zum Vorlaufen in der Maschine können auch nutzlos gewordene Korrekturbögen verwendet werden. Je mehr verschiedene ungeplant sinnfreie Drucke sie vereinen, desto spannender werden sie …

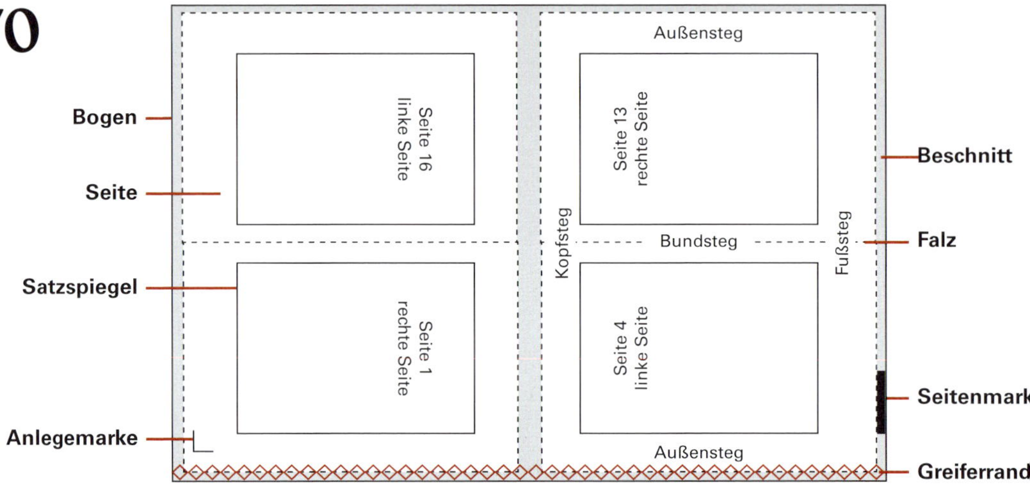

Standbogen Alle Elemente und Abstände für vier Seiten auf einen Blick.

Aber für verbindliche Vordrucke wie die Revision oder den Farbbogen braucht es sogenannten Zuschuss. Es ist die Bezeichnung für Auflagenpapier, das euch über die Auflagenhöhe hinaus zur Verfügung stehen muss. Insbesondere wenn ihr zweiseitig druckt oder weitere Farbformen habt, benötigt ihr einigen Zuschuss.

Als Faustregel gilt: für jeden Arbeitsschritt plus 10 % der Auflagenhöhe. Mit Arbeitsschritten ist jeder Druckdurchgang des Bogens gemeint, aber auch die folgenden Schritte wie Schneiden, Falzen oder Binden.

Standbogen

Ein wichtiger Bogen für eure Arbeitsmappe ist der Standbogen. Im Bild oben seht ihr einen Standbogen fertig ausgezeichnet. Wo eure beiden Anlageseiten zusammentreffen, das zeichnet ihr euch immer in einer Ecke an. Dieses Zeichen ist eines der wichtigsten, denn mögliche weitere Druckformen eures Vorhabens benötigen die gleiche Anlage, oder er wird, wenn ihr den Bogen beidseitig bedruckt, an dieser Stelle gewendet beziehungsweise umschlagen. Sobald ihr also die Druckform aus eurer Maschine genommen habt, ist dieses Anlagezeichen eure wichtigste Orientierung.

Ein weiteres Zeichen, das bei mehrseitigen Projekten, aber auch sonst recht nützlich ist, ist die Seitenmarke. Meist nimmt man dafür eine 6 p-Linie, die zur Hälfte auf dem Bogen druckt. Dieser Strich dient zur Kontrolle der genauen seitlichen Anlage und gibt Sicherheit beim Wenden des Bogens. Mit einem Blick erkennt man, ob alle Bögen richtig sitzen. Dieser Kontrollpunkt muss beim Wechseln der Seitenmarke der Papieranlage für den Widerdruck dann auch auf die andere Seite wandern.

Die gepunkteten Linien zeigen euch, wo euer Bogen später gefalzt bzw. wo er beschnitten wird. Der Beschnitt ist wichtig für den Stand eurer Seite, denn ihr messt Kolumnen und Klischees vom Endformat aus und nicht vom Papierrand des Rohbogens.

Eine nützliche Idee ist auch, sich auf einem Transparentpapier Beschnitt und Seitenstand aufzuzeichnen und diesen während des Einrichtens der Maschine zum Abgleich der bedruckten Bögen zu nutzen. Wenn ihr den Stand in Millimetern anzeichnet, dürft ihr nicht vergessen, wieder in das Punktsystem umzudenken, wenn ihr ihn in der Form ändert.

Farbbogen und Nachsehbogen

Während des Andruckens muss bereits die für den Fortdruck verbindliche Farbmenge festgelegt sein. Der Farbbogen ist dann ein Bogen eures Auflagenpapiers mit der richtigen Farbe und dem passenden Farbauftrag. Während des Druckes liegt er immer in Sichtweite und dient dem Abgleich

Farbbogen
Er liegt beim Auflagendruck immer in Reichweite, um Farbschwankungen zu erkennen und korrigierend eingreifen zu können. Ganz links die Imprimatur unserer Schwitters-Broschüre.

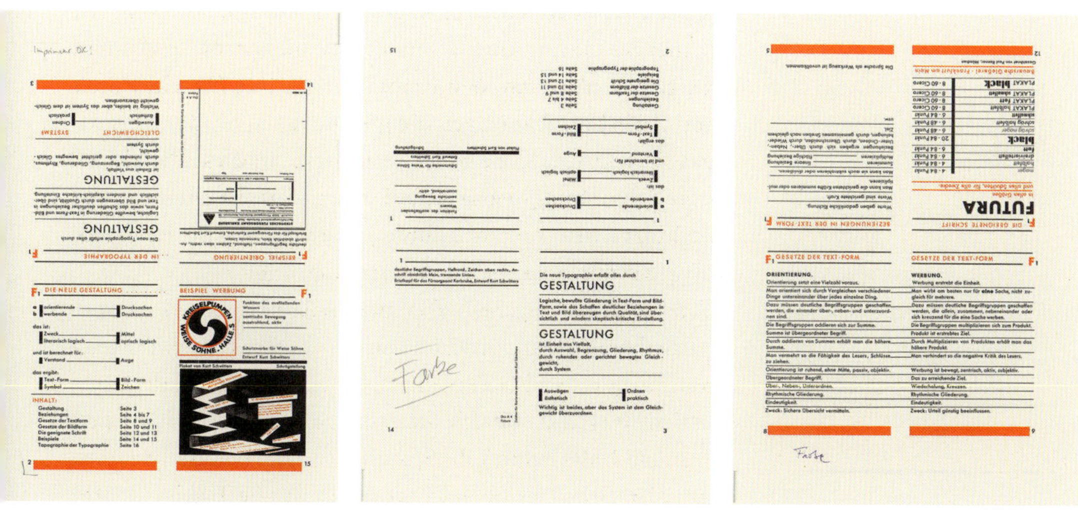

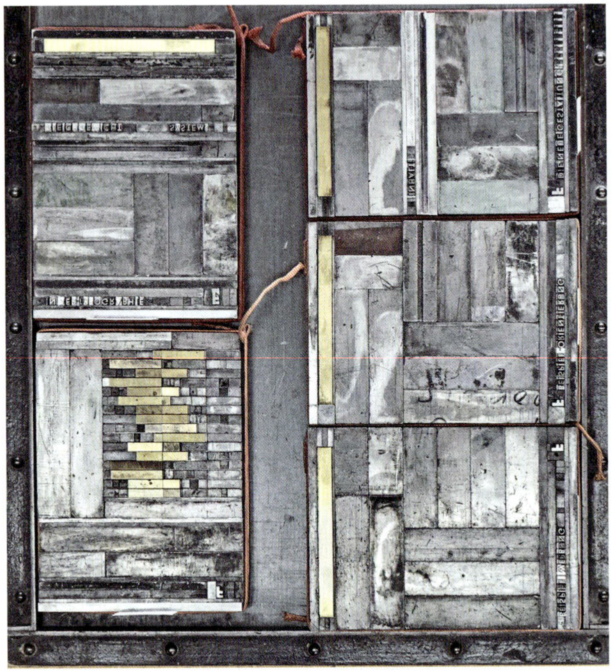

Farbformen
Auf diesem Schiff sieht man einige Rotformen für unseren Schwitters. In die Kolumnenschnur gesteckte kleine Zettel geben die jeweilige Seite an. Gerade bei vielen Formen sind solche Beschriftungen hilfreich.

mit der Auflage. Vermehrt sich der Farbauftrag schleichend? Wird die Farbe langsam schwärzlicher, weil die Walzen nicht richtig sauber waren?

Der Nachsehbogen ging früher ins Korrektorat. Heute seid ihr vermutlich euer eigener Korrektor. Ist die Revision erledigt, druckt man diesen Bogen und prüft nochmals die Änderungen. Text, Stand, Zurichtung und Farbe stimmen – der Nachsehbogen kann in die Arbeitsmappe. Früher wurde er vom Vorgesetzten unterzeichnet und abgesegnet. Dann erst konnte der Druck der Auflage beginnen.

Der Fortdruck

Der Farbbogen in Sichtweite sagt eigentlich schon alles: Beim Fortdruck, also dem Druck der eigentlichen Auflage, muss man aufmerksam bleiben und gegebenenfalls korrigierend eingreifen. Ein paar Hinweise also dazu.

Gute Farbhaltung im Werkdruck

Ausschlaggebend für eine gleichmäßige, ausgewogene Wirkung von Schrift auf Papier ist eine entsprechende Farbgebung. Bereits bei der Zurichtung ist daran zu denken, dass eine in der Schattierung leichtere Seite, also mit wenig Schrift

Blau

Rot

Gelb

Blau + Gelb

Blau + Gelb + Rot

Schwarz

Vierfarbdruck Hier sieht man die einzelnen Druckgänge eines klassischen Vierfarbdruckes, am Beispiel eines Bildes von Venedig. Beginnend bei Blau, dann Gelb, Rot und endend mit der Zeichnungsfarbe Schwarz. Im Buchdruck sind solche Drucke allerdings längst Vergangenheit.

oder Bildfläche, trotz gleicher Farbgebung blasser wirkt als eine in der Schattierung schwerere Seite. Für einen Ausgleich kann eine veränderte Farbgebung sorgen.

Die Auftragswalzen müssen genau justiert sein. Alte, abgenutzte Auftragswalzen sollte man erneuern. Der Farbkasten muss unbedingt sauber sein, das Farbmesser so oft wie möglich von sich bildenden Farbkrusten gereinigt werden. Die Zonenschrauben bei Tiegeldruckpressen pflegt man, indem sie ganz herausgenommen, gereinigt und gut eingeölt wieder eingesetzt werden. Und die Farbe sollte natürlich während des Fortdrucks immer in konstanter Menge gehalten werden.

Mehrfarbendruck

Die Farbreihenfolge bei mehrfarbigen Drucken ist wie bereits erwähnt so zu wählen, dass man bei der ersten Farbe den Stand genau bestimmen kann. Alle Klischees sollten also in vollem Umriss zu sehen sein. Für gerasterte Bildklischees eignen sich 48er oder 54er Raster. Je glatter das Auflagenpapier ist, desto feiner kann das Raster werden. Neben der guten Farbhaltung ist ein einwandfreier Passer von entscheidender Bedeutung für das Druckergebnis bei Farbdrucken. Verschmierte Konturen eines Bildes oder ein schlechter Stand von Texteindrucken machen die Bögen oft zu Makulatur. Die genauen Passer beginnen schon bei der Druckform, die Klischees sollten im Idealfall auf Drehpunkt geschlossen werden. Vor jedem Schließen sind die Schließzeuge anzukreiden; dadurch gewährleistet man einen noch genaueren Stand, da beim Schließen immer der gleiche Druck ausgeübt wird.

Es ist darauf zu achten, dass der Druckbogen bei Zylinderdruckpressen nur auf zwei Vordermarken ruht, die Hilfsmarken werden etwas tiefer gestellt. Dadurch besteht weniger Gefahr, dass ein Blatt leicht schräg eingeführt wird. Vor dem Fortdruck ist es wichtig, dass das Papier gut und bereits mehrere Tage gleichmäßig temperiert wurde. Veränderungen des Papiers durch die Temperatur- und Feuchtigkeitsschwankungen führen bei exakten Detailarbeiten zu Passerdifferenzen.

Flächendruck

Große Farbflächen gleichmäßig zu drucken, ist besonders schwierig. Hier ist beim Tiegel vor allen Dingen auf die Laufschienen der Auftragswalzen zu achten. Sie müssen unbedingt fettfrei sein, damit sie gleichmäßig laufen. Dazu kann man Kolophonium mit Watte auftragen. Wenn das Papier rupft, sollte man die Farbe mit Druckpaste oder Drucköl etwas dünnflüssiger und kürzer machen. Statt der Druckpaste kann man auch etwas Reisstärke nutzen. Bei einem Tiegel sollte möglichst mit Greifern gearbeitet werden, damit das

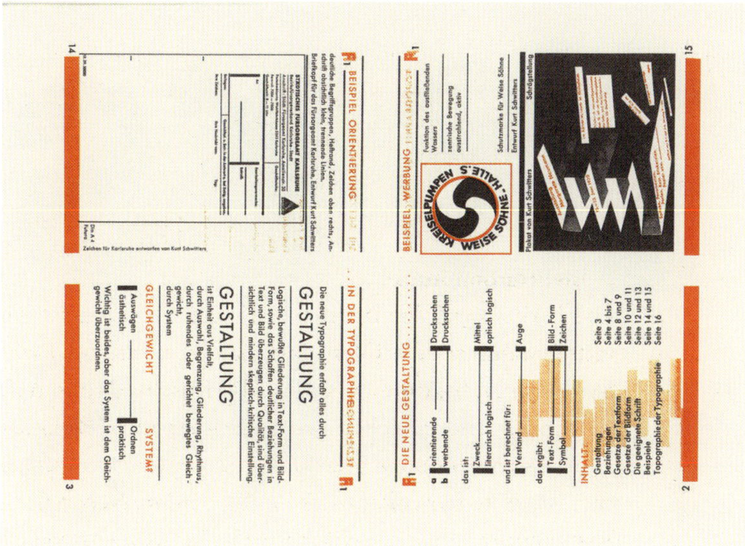

Papier trotz der Farbanpassung nicht an der Druckform hängen bleibt. Im Aufzug ist ein Gummituch oder eine andere besonders weiche Zusammensetzung empfehlenswert. Ebenfalls am Tiegel sollte man, sofern vorhanden, eine Reiterwalze als zusätzliche Verreibung nutzen. Diese Walze sitzt auf einer Auftragswalze auf und gehört meistens zum Zubehör.

Böse Überraschung
Nimmt man einen Tag nach dem Drucken die Bögen zur Hand und sieht sie durch, wäre dies eine böse Überraschung: Die noch feuchte Rückseite des darüberliegenden Bogens hatte abgefärbt.

Von Druckfehlerteufeln

Druckschwierigkeiten gehören zu lästigen, aber normalen Problemen. Die Ursachen sind oft vielfältig, und nicht immer kann man den Fehler sofort identifizieren. Ferndiagnosen sind hier wenig sinnvoll und hilfreich. Im Folgenden listen wir daher die häufigsten Probleme und ihre möglichen Ursachen auf. Mit zunehmender Druckerfahrung werdet ihr schneller Fehlerquellen erkennen und beheben können.

Abziehen

Fehler Auf der Unterseite der Bögen sind Farbspuren des jeweils darunter liegenden Bogens.

Ursache Der Farbauftrag ist zu kräftig oder die Farbe braucht mehr Zeit zum Trocknen, oder die Schattierung ist zu stark.

Lösung Der Farbauftrag ist zu verringern, indem man etwas Farbe von den Walzen nimmt oder den Duktor nachstellt, oder man muss Makulatur einschießen bzw. gegebenenfalls den Puderbestäuber anstellen.

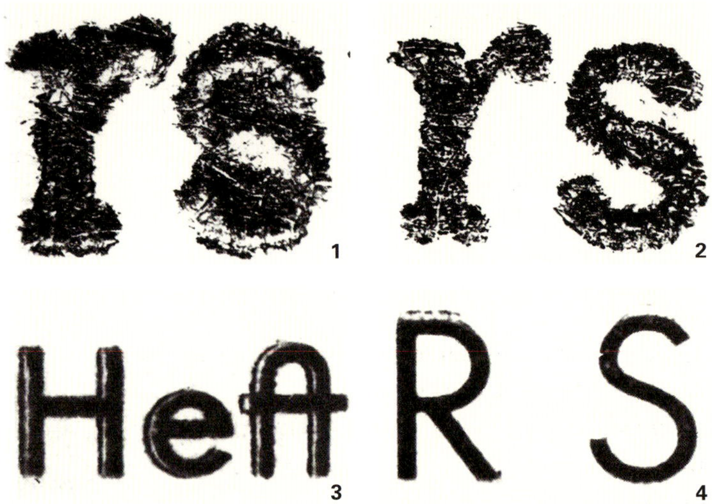

1 2 3 4

Farbschmitz Die vergrößerten Druckergebnisse zeigen Fehler.
1 Zugelaufene Buchstabenbilder, hier könnte zu viel Farbe oder Druck der Grund sein, es waren aber die zu tief stehenden Auftragswalzen, die von oben nach unten über die Form liefen.
2 Nach der Fehlerbehebung das korrigierte Ergebnis.
3 Wieder zu tief stehende Walzen, diesmal kamen die Walzen von links nach rechts.
4 Die Folge eines Fallschmitzes.

Klischeeschmitz

Fehler Eine unruhige Stelle oder Wolke am Druckende eines Klischees, ein verwackeltes oder verzerrtes Druckbild.
Ursache Die Klischeeunterlage bewegt sich während des Drucks, das kommt hauptsächlich bei Holzunterlagen vor, wenn der Kopf der Unterlage hohl oder die Klebefolie locker ist. Es tritt auch auf, wenn die Seiten der Klischeeunterlage nicht rechtwinklig und senkrecht sind.
Lösung Man nimmt das Klischee aus der Form und überprüft auf der Schließplatte mit zwei Fingern, ob das Klischee an gegenüberliegenden Seiten schaukelt. Ist das der Fall, muss die zu niedrige Ecke mit Papierstreifen unterlegt werden, bis das Schaukeln behoben ist. Ist die Klebefolie locker, muss sie nachgebessert werden.

Fallschmitz

Fehler Schriften, Linien oder Bildränder haben »Bärte«.
Ursache Der Bogen fällt vor Druckbeginn auf die Form. Entweder es wurde vergessen, die Bürste anzustellen (bei

Berufspoesie

Schimmel, auch Schimmelbogen oder Milchbogen, das sind gepresste aber unbedruckte Bögen. Sie entstehen, wenn die automatische Papieranlage mehr als einen Bogen aufnimmt. Man nennt sie daher auch Doppelbogen. Manchmal nimmt dabei der Aufzug Schaden und muss getauscht werden.

Zylinderdruckpressen), oder man druckt mit welligem Aufzug bzw. Papier.

Lösung Die Bürste sollte immer angestellt sein, gegebenenfalls muss sie stärker gestellt werden. Der Aufzug muss nachjustiert oder ausgetauscht werden. Sind die Druckbögen wellig, kann man an den Seiten (punktierte) Linien mitdrucken, die dann später im Beschnitt liegen.

Schattierungsschmitz

Fehler In einem Widerdruck werden nichtdruckende Stellen plötzlich eingefärbt, eventuell werden spiegelverkehrte Buchstaben sichtbar. Das passiert vor allem bei Bildelementen.

Ursache Beim Schöndruck wurde mit zu viel Druck gearbeitet. Die Schattierung berührt nun sehr kurz vor dem eigentlichen Druck die Druckform.

Lösung Man kann versuchen, die Schattierung durch einen Blinddruck zu entfernen. Zu diesem Zweck werden die Auftragswalzen herausgenommen, der Aufzug um ca. 2 – 3 Bögen vermindert, nur die Klischees entsprechend auf Druckhöhe gebracht. Dadurch sollte die Schattierung etwas zurückgehen.

Druckabwicklungsschmitz

Fehler Druckelemente werden zum Druckanfang oder Druckende hin verschmiert.

Ursache Die Aufzugsstärke stimmt nicht mit den Vorgaben für die Maschine überein. Klischees sind zu hoch justiert.

Lösung Der Aufzug muss in seiner Stärke angepasst werden. Bei zu starkem Aufzug wird das Druckbild zum Druckende, bei zu schwachem Aufzug zum Druckbeginn hin verschmiert.

Farbschmitz

Fehler Alle Druckerscheinungen bzw. Druckschwierigkeiten, die sich aus der Druckfarbe ergeben, werden mit diesem Begriff zusammengefasst.

Perlen
Eine oft bei Flächen vorkommende Erscheinung. Die gewünschte, gleichmäßige Farbfläche wirkt unruhig und ungleichmäßig.

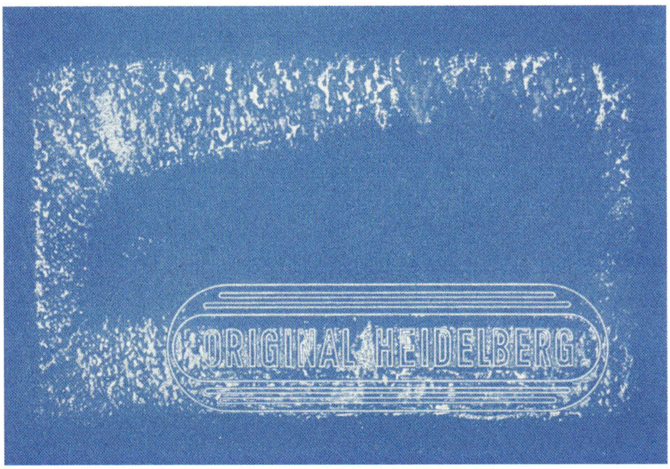

Auffällig
Beim Rupfen wird das Papier beschädigt.

Ursache Eine Vielzahl von chemischen und physikalischen Reaktionen:

Perlen Eine wegschlagende Farbe wird auf ein glattes, hartes Papier gedruckt oder die Farbe ist zu dünn. Sie wirkt in beiden Fällen unruhig.

Quetschen Auch hier wird eine wegschlagende Farbe auf hartes Papier gedruckt.

Rupfen Eine strenge Farbe wird auf lockeres Papier gedruckt und reißt Papier weg. Druckpaste, alternativ Reisstärke, macht die Farbe kürzer.

Zulaufen Durch dünnflüssige oder zu viel Farbe setzen sich die Punzen der Buchstaben und andere Feinheiten zu.

Lösung Die Druckfarbe dem Papier angepassen.

Luftschmitz

Fehler Das Druckbild ist verschmiert und hat keine scharfen Kanten.

Ursache Luft wird zwischen Druckbogen und Form eingepresst und kann nicht entweichen.
Lösung Es sollten Hohlstege verwendet werden, die in diesem Fall mit ihren Hohlräumen nach oben zeigen. Auch umgekehrt eingesetzte Bleistege und ein möglichst harter Aufzug und straffer Deckbogen helfen.

Abhilfe bei Luftschmitz
Umgekehrte Hohlstege können hier helfen. Auch bei ständig wiederkehrenden Spießen hilft es manchmal, Stege und Regletten umzukehren.

Faltenschlagen

Fehler Das Papier zieht während des Druckens Falten.
Ursache Diese Druckschwierigkeit tritt bei der Arbeit mit Umrandungen, Aussparungen, durchgehenden Linien oder bei welligem Papier auf.
Lösung Verschiedene Abhilfen sind möglich: ein harter Aufzug, weniger Schattierung, die Zylinderbürste prüfen, Kartonstreifen hinten an den druckfreien Rändern ankleben oder das Papier umdrehen und vor allem die Laufrichtung des Papiers beachten.

Abnahmeschmitz

Fehler Ränder von Satz und Bildklischees sind verschwommen. Ein unregelmäßiger, meist gewölbter Streifen vom Druckende in die Fläche zeigt sich bei einer Zylinderdruckpresse.
Ursache Der Druckbogen bleibt an der Form kleben, eine zu lange Farbe wird verwendet, der Aufzug ist bauschig.
Lösung Die Farbe wird nochmals auf das Papier abgestimmt, gegebenenfalls sollte zum Kürzermachen Druckpaste hinzugegeben werden. Der Aufzug wird überprüft. Am Tiegel sollten Greifer benutzt werden.

Walzenschmitz

Fehler Es kommt zu einer Streifenbildung, eventuell zeigen sich Schmierstreifen am Anfang und Ende der Druckform durch eine verwaschene Farbe.
Ursache Bei Schmierstreifen stehen die Walzen zu tief. Eine

Ungleichmäßige Farbe Der Abnahmeschmitz kann vielfältige Ursachen haben.

Geisterhafte Erscheinung: Beim Walzenschlupf rutschen die Walzen beim Umkehren über die Form, und ein negatives Bild wird sichtbar.

andere Ursache kann die Größe der Druckform sein, die über das Maß hinausgeht, das dem Umfang der Auftragswalzen entspricht. Bei Handtiegeln kommt es vor, dass die Walzen auf der Druckform ruhen. Bei unrunden Walzen tritt der Schmitz dort auf, wo die unrunde Stelle auf die Form trifft. Bei zu hart gewordenen Walzen wirkt der ganze Abdruck unsauber.

Lösung Die Walzen sind zu prüfen und zu justieren. Körperreiche Farbe und wenn möglich eine Reiterwalze helfen.

Walzenschlupf

Fehler Eine Erscheinung beim Drucken mit einem Tiegel, bei der sich das Druckbild leicht verschoben als negatives Bild wiederholt.

Dublieren: Der Schatten an ungewollter Stelle entsteht aus überschüssiger Farbe.

Ursache Die Auftragswalzen rutschen auf den Schienen, wenn sie sich unten umkehren. Manchmal tritt das bei der Nutzung einer Reiterwalze auf, wenn diese zu sehr quetscht oder deren Halter sich verzogen haben und sie dadurch die Auftragswalzen bremst.
Lösung Auf die Auftragswalzenschienen ist Kolophonium aufzupudern. Die Reiterwalze ist neu zu justieren.

Dublieren

Fehler Das Druckbild erscheint doppelt auf dem Papier. Als ungewollt hellerer Schatten taucht es abseits der eigentlichen Position an falscher Stelle erneut auf.
Ursache Die Auftragswalzen können die aufgenommene Farbe der Farbwalzen an einer Stelle durch eine Aussparung des Klischees oder einer negativen Schrift nicht abgeben. An diesen Stellen bleibt also ein Farbfilm stehen. Wenn die Auftragswalzen jetzt nochmals abrollen, wird die dickere Farbschicht an anderer Stelle übertragen und durch einen dunkleren Ton beim Abdruck sichtbar.
Lösung Wenn möglich, sollten körperreiche, deckende Farben verwendet werden, und am Farbkasten ist mit möglichst großer Duktorschaltung bei möglichst dünnem Farbfilm zu arbeiten. Auch das Aufsetzen einer Reiterwalze hilft.

Druckveredelungen

Früher oder später werdet ihr nicht nur ein- oder mehrfarbig drucken wollen, sondern ihr möchtet eure Drucke veredeln. Das kann durch Prägen oder Stanzen geschehen oder den zusätzlichen Druck mit speziellen Farben. Bis auf die Arbeit mit Bronzen und Thermoreliefpuder sollte man zu Beginn einen erfahrenen Buchdrucker an der Seite haben, der einem die Arbeitsabläufe zeigt. Wir geben an dieser Stelle daher nur eine kurze Übersicht über die vielfältigen Möglichkeiten.

Prägen

Akzidenzen bekommen oft durch eine Prägung von Monogrammen oder Firmenzeichen ein besonderes Aussehen. Geprägt wird am besten von Klischees, eine Messinggravur ist dafür die beste, aber auch teuerste Grundlage.

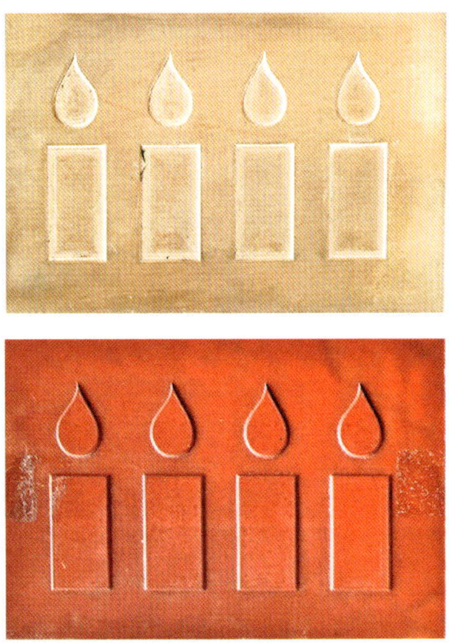

Prägeformen Zum Prägen braucht man neben der Druckform (gelb) auch eine Gegendruckform für den Aufzug, die Patrize (rot). Die Patrize zeigt das Druckbild als Vertiefung und seitenrichtig.

Thermoreliefpuder und Bronzierung sind Techniken, bei denen Pigmente auf die noch feuchte Farbe aufgebracht werden. Die Schrift hebt sich vom Papier ab und ist auch an der Oberfläche spürbar.

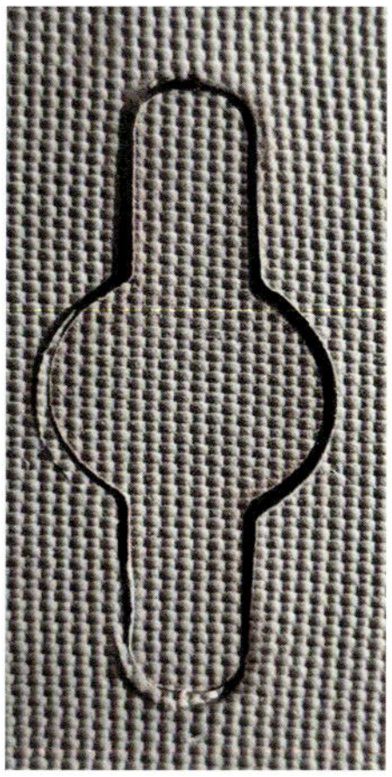

Für jede Prägung braucht es neben dem Prägestempel eine Patrize, also ein Gegenstück, das auf den Aufzug kommt. Beide müssen beim Druck exakt übereinanderstehen. Für die Anfertigung von Patrizen gibt es mehrere Möglichkeiten. Ihr könnt diese gleich mit eurer Prägeform mitbestellen, oder sie selbst anfertigen. Dies geschieht zum Beispiel mit speziellen Pasten. Die Farbauftragswalzen sind auf jeden Fall für eine Prägung abzustellen, eventuell auszubauen. Eine gute Prägung zeigt ein tiefes Relief mit scharfen Zeichnungen, wobei das Papier nicht brechen darf.

Stanzformen werden auch als Bandstahlschnitt bezeichnet. Für den gezeigten Würfel braucht es neben Stanzlinien auch Rilllinien, die bei kräftigeren Materialien das spätere Falzen problemlos zulassen.

Bronzierungen

Bronzen, wie zum Beispiel Goldpuder, werden auf die noch nasse Farbe mit Watte aufgetupft. Anschließend wird überflüssiges Puder wieder sorgsam abgestrichen. Meist glitzert danach die ganze Arbeitsfläche, es gehört also etwas Geschicklichkeit dazu. Der Glanz überwiegt aber manchmal den von Bronzedruckfarben.

Thermoreliefpuder

Thermoreliefpuder können auf die noch nasse Farbe aufgebracht werden und verhärten unter Hitzeeinwirkung zu einer erhabenen Schicht. Es gibt farblose und farbige Varianten.

Heißfolienprägung

Hierfür benötigt man Spezialzubehör zu Tiegeldruckpressen. Besonders Original Heidelberger Tiegel werden oft damit ausgestattet. Eine Heizvorrichtung erhitzt ein Klischee, statt der Farbe wird eine Rolle spezieller Prägefolie aufgedruckt.

Ausblick

Bleisatz in der Pädagogik – Freinet, Akkordeon und Makulaturen

Der Kopf gestaltet mit der Hand, »Greifen« spielt in der Pädagogik in vielerlei Hinsicht eine Rolle. Das Wortfeld zeigt es anschaulich, einen Gedanken aufgreifen, eine Gelegenheit ergreifen, den Sinn begreifen ...

Die Freinet-Druckerei

Im schulischen Kontext gab es seit Beginn des 20. Jahrhunderts weitreichende Initiativen, das Drucken als pädagogische Form im Unterricht zu verankern; die Freinet-Druckerei ist wohl das bekannteste Beispiel. Sie ging auf die Überlegungen des 1896 geborenen Franzosen Celestin Freinet zurück, das Credo war selbstständiges Arbeiten, Lernen, sich selbst zu helfen.

Freinet-Druckereien haben ein einfaches Prinzip: Die Kinder drucken ihre oft selbst verfassten Texte mit Lettern und einfachen Klappdruckpressen und erproben dabei ihre sprachlichen Fähigkeiten und ihre Kreativität. Auch in der Montessori-Bewegung oder Waldorfpädagogik finden sich solche Ansätze, eine Hands-on-Pädagogik also, mit einem starken Bezug zu handwerklichen Techniken und Erfahrungen.

Freinet-Druckerei, französische Kinder beim Setzen ihrer Texte aus dem Freinet-Setzkasten.

Klappdruckpresse, der Satz wird in kleinen Zeilenrähmchen gehalten, ein überaus einfaches Prinzip, das »jedes Kind« schnell beherrscht.

Bleisatz an der Hochschule

Ein etwas anderes, aber nicht weniger wirkmächtiges Feld sind die druckgrafische Werkstätten der Designfakultäten von Hochschulen und Universitäten. Fast jede besitzt eine für mindestens eine der analogen Drucktechniken, Siebdruck, Radierung, Lithografie oder eben Hochdruck. Eine Buchdruckwerkstatt findet man an gut 25 Hochschulen in Deutschland, alle haben mindestens Andruckpressen oder kleinere Tiegel bzw. Setzerarbeitsplätze mit Schriften in unterschiedlich großer Bandbreite.
Das Ziel dieser Werkstätten ist einerseits die Kenntnis alter Techniken, die Schulung typografischen Wissens, andererseits aber experimentierendes Gestalten. Weg also vom Rechner, hin zu Materialien und Verfahrensweisen. Auch hier wieder: Die Hände sind das Werkzeug. Der Kunst-Theoretiker Peter Weibel bringt diesen Aspekt, in der Unterscheidung zwischen Nahsinn und Fernsinn, wunderbar auf den Punkt: »Bisher wurde die Wirklichkeit durch zwei Formen der Sinneswahrnehmung des Subjekts konstruiert: einerseits durch die Nahsinne,

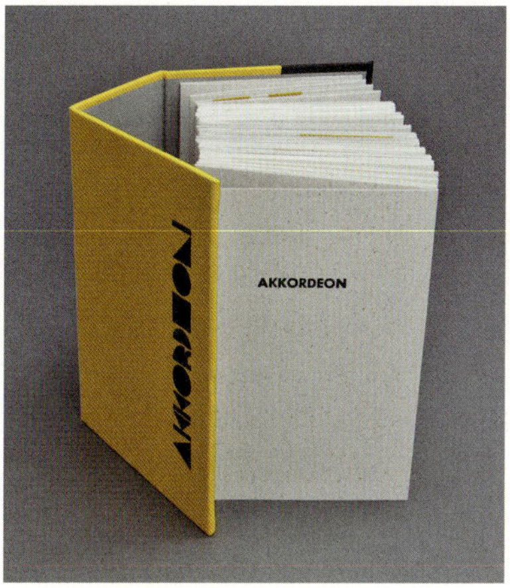

Akkordeon ein Gemeinschaftsprojekt zwölf Studierender.
Fotos Akkordeon: Jeremy Traun

das heißt, man konnte etwas ertasten, erspüren, etwas riechen – andererseits durch die Fernsinne Auge und Ohr.
In Abstimmung zwischen Nah- und Fernsinn schien sich die Wirklichkeit zu konstruieren. Es gab eine Balance zwischen Fernsinn und Nahsinn. (...) Seit 200 Jahren gibt es durch die elektromagnetische Technologie eine neue Hierarchie: eine Dominanz der Fernsinne. Es war das Begehren des Menschen, die Fernsinne zu verstärken und eben nicht die Nahsinne. Das heißt, wir haben eine Art Telegesellschaft gegründet – per Fax, Radio, Telefon, Television, Internet. Und dabei ist die Kluft zwischen Nah- und Fernsinnen so groß geworden, dass die Nahsinne keine Rolle mehr spielen.«
Darum geht es also, die Nahsinne zu schulen. Und dafür eignen sich handwerkliche Arbeiten in idealer Weise, denn hier spielen Material und Materialbeschaffenheit die zentrale Rolle.

Akkordeon

Ein ebenfalls bedeutender Aspekt handwerklicher Arbeit ist der planerische Anteil. Ein Projekt durchläuft viele Arbeitsschritte, zu Beginn benötigt es eine

Das Leporello hatte insgesamt eine Länge von 8 Metern, bestehend aus jeweils 6-seitigen Einzelteilen. Format 10 × 15 cm, gedruckt auf 170 g-Karton. Foto: Jeremy Traun

gute Planung; Fehler summieren sich, alle Prozesse müssen gut ineinandergreifen. Akkordeon war ein solches Projekt, ein Semester, zwölf Teilnehmende, vier Wochenstunden. Ausgangspunkt war eine einfache inhaltliche Klammer, »One-Word-Poems«. Es sollte eine Leporello entstehen, mit frei gewählten Texten, selbstbestimmt und doch kollaborativ. Nahezu alle Aspekte einer Produktion im Buchdruck kamen vor, von der Formatwahl zur Planung des Materials, Auflagen- und Terminplanung, es wurde von allen gestaltet, gesetzt, gedruckt und gebunden. Und am Ende war eine Auflage von 25 Exemplaren gefertigt.

Makulaturen

Ein vollkommen anderes, weitaus künstlerischeres Projekt ist »Makulaturen«. In der Handsatz- und Hochdruckwerkstatt der Augsburger Fakultät Gestaltung hatte sich über zehn Jahre ein großer Fundus an Makulaturen (Fehl- und Testdrucke, Ausschuss) in den Planschränken gesammelt. Die Idee entstand, das Material als Ausgangspunkt für ein Kunstprojekt zu nutzen, aus den unterschiedlichsten Materialien, Formaten, Papierfarben und -strukturen Künstlerheftunikate entstehen zu lassen. Das Ganze in Kooperation mit der Büchergilde Gutenberg, die die Auflage in ihr Programm aufnahm. Total individuell also und doch als gemeinschaftliches Projekt. Auch hier zwölf

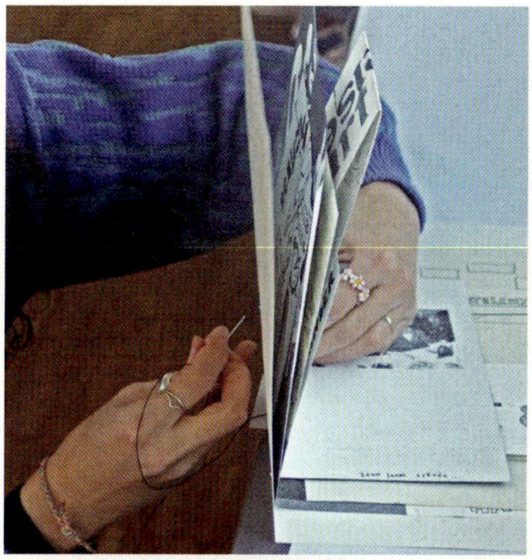

Gedruckt wurde auf zwei Abziehpressen der Augsburger Werkstatt, einer Asbern für das Spiel mit dem Büchergildesignet (aus Linol geschnitten) und einer Grafix für die weiße Textform im Blei.

Teilnehmende, vier Wochenstunden, ein Semester lang. Zu Beginn stellten alle aus den Makulaturen Hefte zusammen. Jeder heftete seine Exemplare und überarbeitete sie im Anschluss illustrativ – einzige Vorgabe war, schwarz-weiß zu arbeiten. Es entstanden am Ende 78 Unikate, in sehr persönlicher Machart, keines wie das andere. Bei der Büchergilde war die Auflage dann nach kaum mehr als einer Woche verkauft.

WEITERVERARBEITUNG

Foto: Jeremy Traun

Die Werkzeuge des Buchbinders, neben Lineal, Cutter, Ahle vor allem ein Falzbein, ein Leimpinsel und Heftmaterial.

Die Buchbinderei

Wir kommen zum letzten Schritt in der Herstellung unseres Druckproduktes – tatsächlich spricht man vom Fertigmachen oder, etwas vornehmer ausgedrückt, von der Weiterverarbeitung. Im Wesentlichen ist das die Arbeit des Buchbinders, er hat die entsprechenden Werkzeuge und Maschinen und, ganz wichtig, in seiner Werkstatt ist es sauberer als im Satz und Druck.

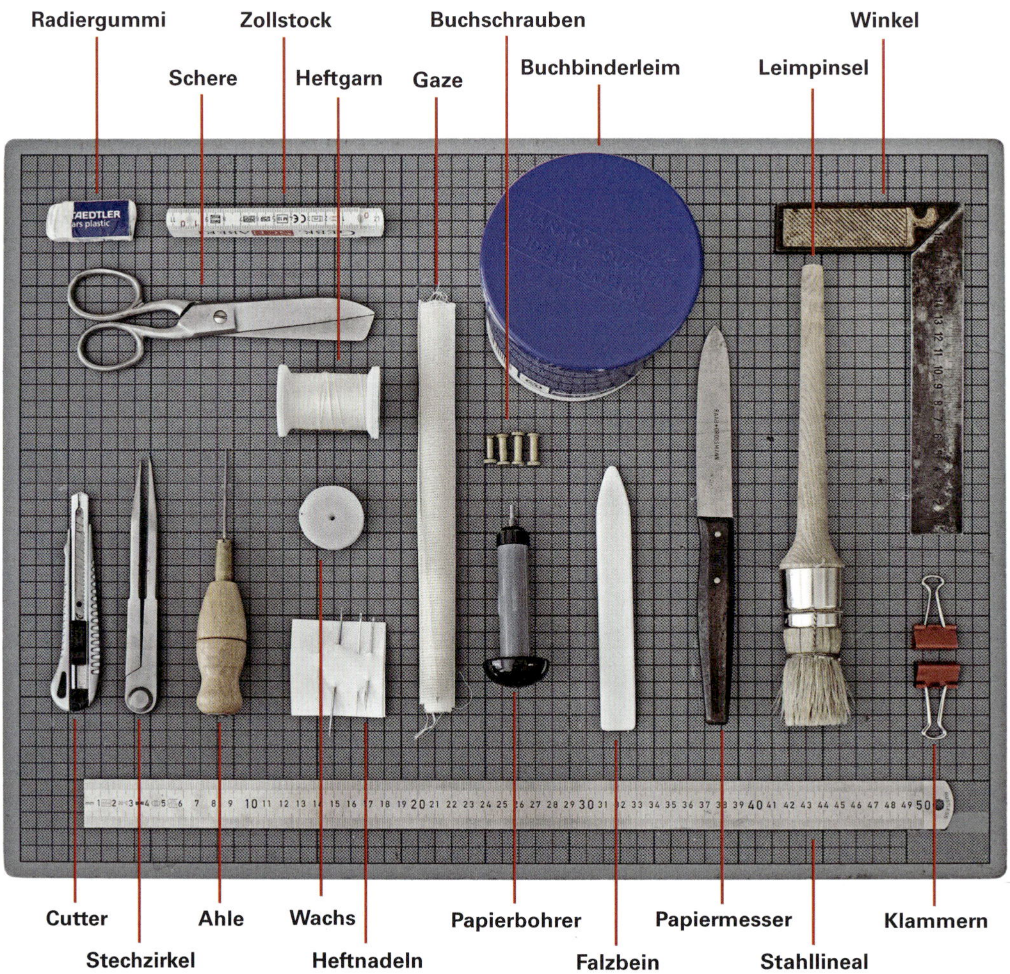

Für das Arbeiten braucht es nicht viel, ein paar Werkzeuge, eine Schneidematte, zwei drei Maschinen, vor allen Dingen eine gute Schneidemaschine, eine Nutmaschine, eine Buchbinderpresse und eventuell einen Papierbohrer.

Die Arbeitsschritte

Ganz grob handelt es sich beim Fertigmachen um folgende Arbeitsschritte, in etwa auch in dieser Reihenfolge:

- ↘ Vorschneiden
- ↘ Falzen
- ↘ Zusammentragen
- ↘ Heften
- ↘ Binden
- ↘ Endbeschnitt

Dazu kommen eventuell noch Arbeiten wie Lochen, Perforieren, Ritzen, Rillen, Nuten, Stanzen sowie das Veredeln von Oberflächen.

Gefalzt und/oder geheftet?

Welche der Arbeiten anfallen, hängt vom Produkt ab, ein Flyer wird anders bearbeitet werden als ein Heft, ein Buch oder eine Faltschachtel.

Etwas systematischer würde man zwischen den ungefalzten und gefalzten Produkten unterscheiden, bzw. zwischen den ungehefteten und gehefteten. Das wären dann die denkbaren Variationen:

- ↘ ungefalzt und ungeheftet: Postkarten, Visitenkarten, Plakate, Etiketten, Geschenkpapiere
- ↘ gefalzt und ungeheftet: Flyer, Klappkarten, Schutzumschläge, Mappen, Tragetaschen, Zeitungen
- ↘ gefalzt und geheftet: Broschüren, Kalender, Magazine, Bücher

Voraussetzungen für das Papier

Aus Sicht der Weiterverarbeitung gibt es ein paar Sachen, auf die ihr beim Papier beachten solltet.

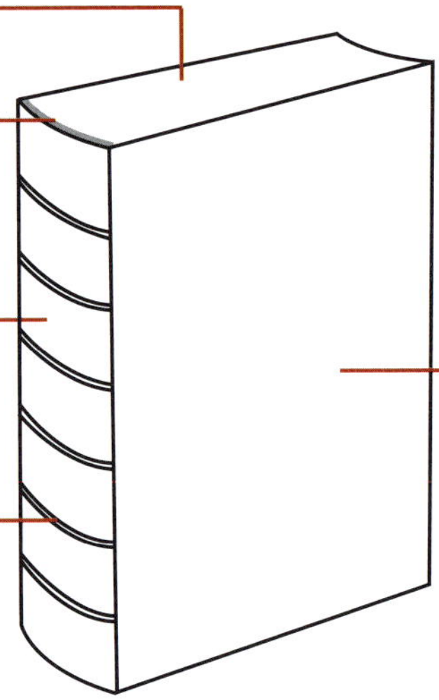

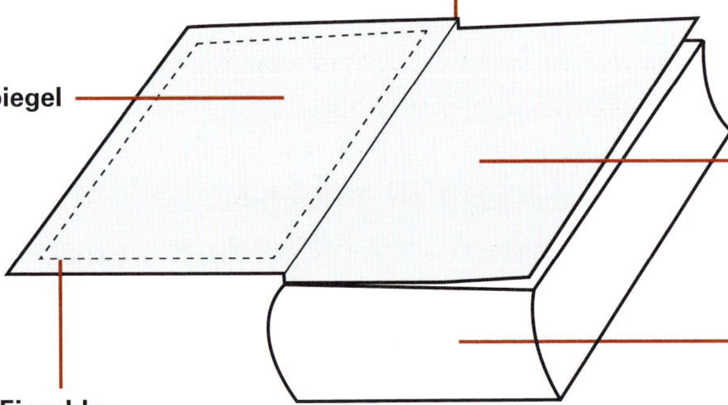

Das Buch in seiner ursprünglichsten Form. Ein sogenannter Deckenband besteht aus dem Einband und dem Buchblock; das Vorsatzpapier verbindet beide Teile.

- Die Laufrichtung: Bei gefalzten und geklebten Produkten muss die Papierlaufrichtung immer parallel zum letzten Falz, also zum Bund verlaufen, sonst kommt es zu Wellenbildung und Falten und das Aufschlagverhalten ist schlecht.
- Ein rechtwinkliger Schnitt ist wichtig, denn krumm geschnittenes Material falzt sich nicht gerade.
- Das Format muss für die Weiterverarbeitung ausreichend Beschnitt haben, 3 – 5 mm sind der Standard. Das ist besonders wichtig bei Produkten, die gefalzt werden.
- Planlage der Druckbögen: Sie sollten nicht tellern oder randwellig sein – falsches bzw. schwankendes Klima (Temperatur, Feuchtigkeit) in der Werkstatt sind dafür ursächlich.

Wissenswert
In der Welt der grafischen Industrie gilt bei Formatangaben die Regel immer zuerst die Breite, dann die Höhe. Anders ist das in der Bildenden Kunst, hier wird immer zuerst die Höhe genannt – die Galerie muss schließlich wissen, ob das Bild in der Höhe passt …

Die Verarbeitung

Der Arbeitsablauf unterscheidet sich je nachdem, ob gefalzt und geheftet werden muss.

Mehrseitige Sachen, wie etwa Broschuren, setzen sich immer mindestens aus zwei Bestandteilen zusammen, dem Umschlag und einem Innenteil. Sie bestehen meist aus unterschiedlichen Materialien, oft der gleichen Qualität, in unterschiedlicher Grammatur. Bei einem Festband (Deckenband, Hardcover) ist der Umschlag z. B. ein Einband. Die Buchdecke, der Überzug, kann bedruckt sein und aus verschiedensten Materialien wie Papier, Leinen oder Leder bestehen.

Der Innenteil oder Buchblock kann geklebt werden, fadengeheftet oder sogar klammergeheftet. Im 19. Jahrhundert wurde das Heftverfahren mit Klammern sogar für Festbände verwendet. Manchmal sieht man das noch in alten Büchern: Roststellen im Bund, das kam von diesen Klammern.

Der Buchblock

Einzelne Blätter lassen sich nur in Klebebindung verarbeiten, wenn man nicht auf Bindungen wie Spiralbindungen zurückgreifen möchte. Der Vorteil der Klebebindung ist aber, dass man sehr einfach einen Papierwechsel realisieren kann, es lassen sich Blätter an beliebiger Stelle einbinden.

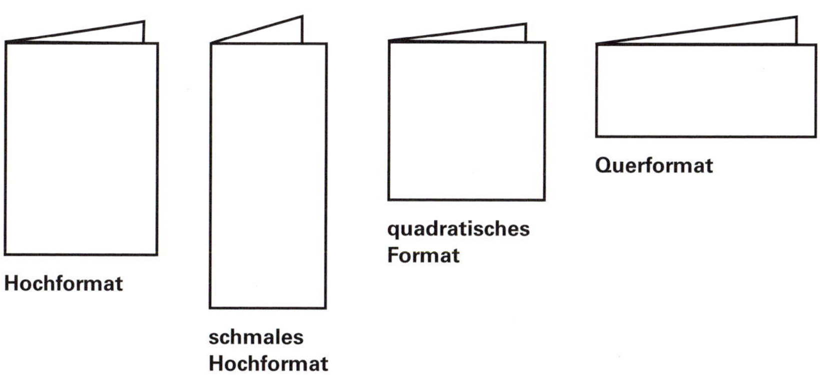

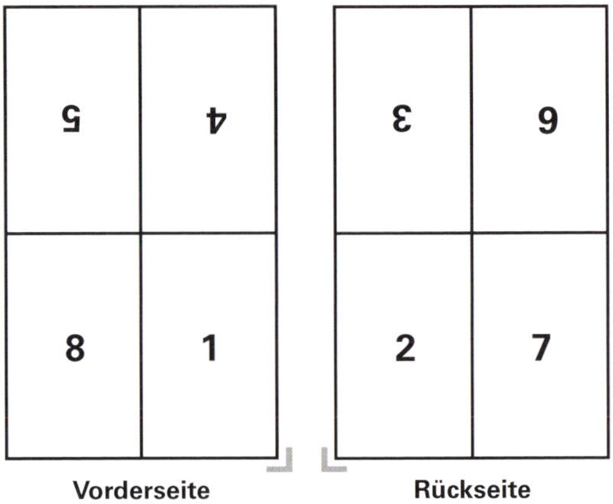

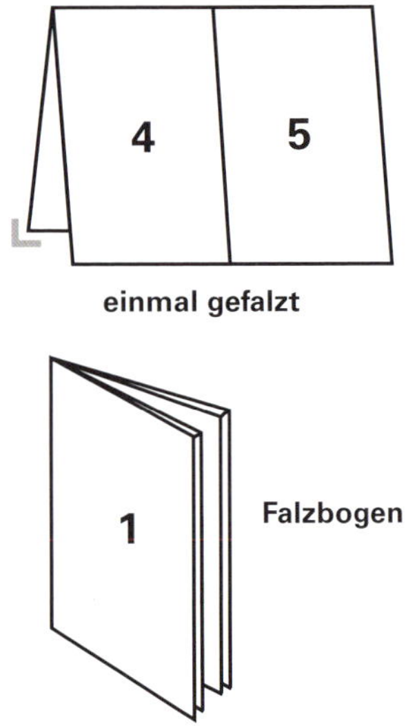

Kreuzfalz am Beispiel unserer Schwitters-Broschüre. Bei einer solchen Anordnung addieren sich die gegenüberliegenden Seiten immer zur selben Zahl, in unserem Fall der Zahl 9.

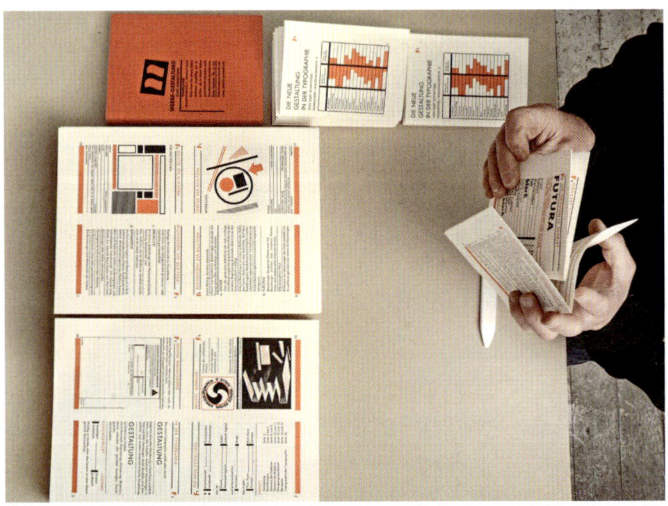

Tipps & Tricks
Falzbeine gibt es aus Horn bzw. Plastik und – etwas teurer, aber sehr zu empfehlen – aus Teflon. Diese hinterlassen beim Falzen überhaupt keine sichtbaren Spuren auf dem Papier.

Bei gehefteten Lagen werden immer Doppelseiten verarbeitet bzw. ineinandergesteckt, das können 8-seitige, 12-seitige oder 16-seitige Lagen sein. Wichtig ist, dass es sich immer um Vielfache von vier handelt.

Hat ein Buchblock eine größere Zahl von Lagen, eventuell sogar in größerer Auflage, muss nach dem Falzen zusammengetragen werden.

Formate

Ein Wort zu Formatangaben. Endformate von Druckprodukten geben immer zuerst die Breite und dann die Höhe an. Bei einem Hochformat läuft der Text parallel zur kurzen Seite, bei einem Querformat parallel zur langen Seite des Produktes. Und es wird immer das Format der Buchblocks genannt, im Fall von Festbänden wäre die Decke nämlich etwas größer.

Ein Druckprodukt »fertig machen«

Wir erklären das Fertigmachen Schritt für Schritt am Beispiel unserer Schwitters-Broschüre. Es handelt sich um ein 16-seitiges Heft, gedruckt zu zwei Bögen mit je 8 Seiten, 4 Seiten Schöndruck und 4 Seiten Widerdruck. Wie die Druckform und die Rohbogen aussahen, auch die korrekte Platzierung der Seiten, das hatten wir im Kapitel »Druckformen bauen« und im Kapitel »Es werde gedruckt!« beschrieben.

Da wir unsere Seiten bereits exakt mittig auf dem Druckbogen platziert hatten, können wir direkt mit dem Falzen beginnen, ohne vorheriges Zurechtschneiden. Es handelt sich um einen sehr einfachen Falz, einmal mal über Kreuz, einen sogenannten Zweibruch-Kreuzfalz.

Falzen

Mehrseitige Produkte entstehen in der Regel durch das einmalige oder mehrfache Falzen der bedruckten Planobögen; eine Ausnahme wäre der Druck von Einzelblättern, die man

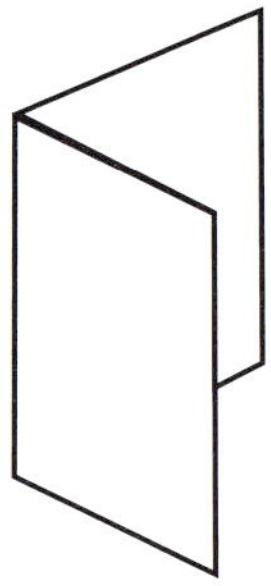

Einbruchfalz

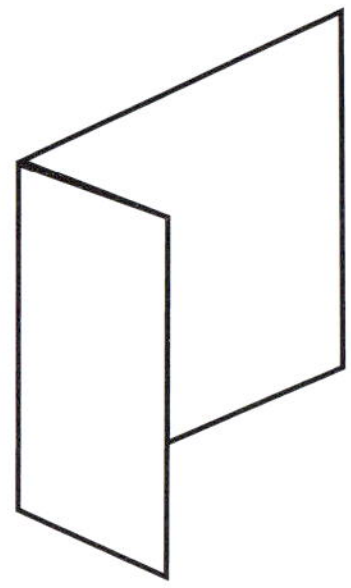

Asymmetrischer Falz

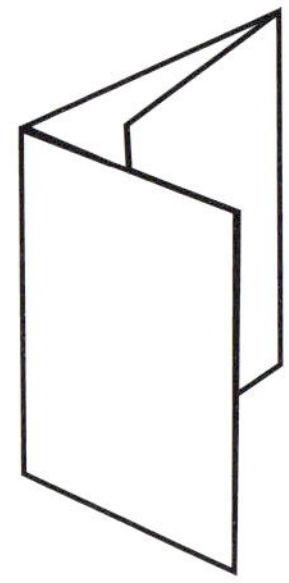

Wickelfalz

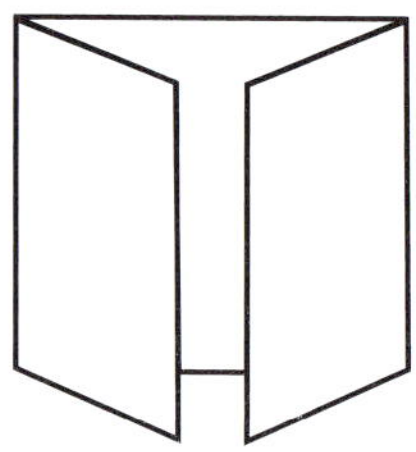

Fensterfalz

Leporellofalz

klebebindet. Einzelne Seiten des Druckbogens müssen also der Falzfolge entsprechend angeordnet sein, man sagt auch »ausgeschossen«. Das Falzen von Hand ist nur bei kleinen Stückzahlen sinnvoll, industriellere Produktionen werden mit Falzmaschinen verarbeitet. Buchbinder sprechen nie vom Falten, sondern vom Falzen, wenn es sich am Ende um ein formstabiles Produkt handelt.

Bei Falzarten unterscheidet man prinzipiell Kreuzfalz- und Parallelfalzarten. Ein einmal gefalzter Bogen wird Einbruchfalz genannt. Sind mehrere Falzbrüche erforderlich, sind verschiedene Falzfolgen möglich. Bei einem Kreuzfalz wird der einmal gefalzte Bogen rechtwinklig zum vorhergehenden Falz ein weiteres Mal gefalzt. Dagegen folgt bei einem Parallelfalz der Falz immer parallel zum vorhergehenden Falz. In der Praxis kommen vor allem bei Prospektfalzungen auch beide Falzarten gemischt vor.

- ↘ Der Kreuzfalz wird vor allem im Werkdruck, also für Broschüren und Bücher eingesetzt. Es wird grundsätzlich über die volle Bogenbreite oder -länge gefalzt.
- ↘ Parallelfalzungen gibt es vor allem im Akzidenzdruck.

Berufspoesie
Mit Anpappen bezeichnen die Buchbinder das Ankleben des Vorsatzes an die Buchdeckel.

Zusammentragen
So nennt man die Arbeit, die immer dann anfällt, wenn es sich um mehrere Bögen handelt. Das wird bei Broschüren und Büchern der Fall sein, kann aber auch bei Kartensets oder mehrteiligen Verpackungen vorkommen.

Im Fall der Schwitters-Broschüre war das Zusammentragen recht einfach, es waren nur die zwei achtseitigen Lagen ineinanderzustecken und nach dem Heften mit den Umschlägen zu versehen.

Heften oder Kleben?
Mehrseitige Produkte kann man heften oder kleben – von Spiralbindungen oder solchen mit Buchschrauben sehen wir in diesem Zusammenhang einmal ab. Prinzipiell können sowohl Broschuren also auch Deckenbände geklebt oder geheftet werden, das hängt einfach von den Belastungsbedingungen ab. Ein Schulbuch z. B. wird man immer fadenheften, da es gewissen Belastungen standhalten muss.

Wir unterscheiden zwei Hefttechniken:

- die Seitenheftung durch den Block, sie wird Blockbindung genannt,
- und die übliche Rückenheftung durch den Bund.

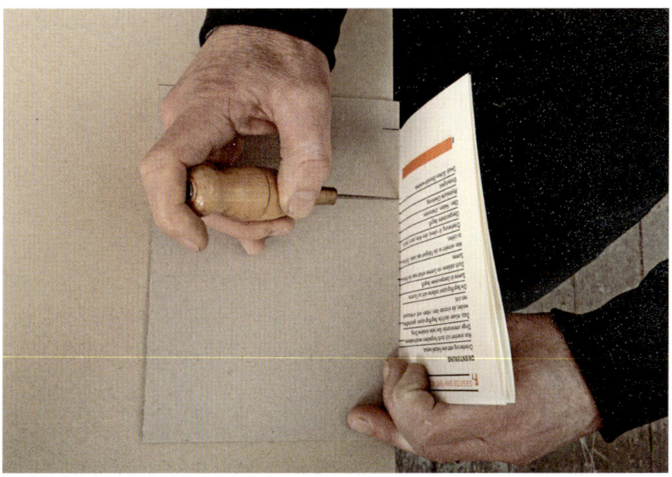

Vorstechen der Lagen mit der Ahle. Dafür macht man sich eine Schablone, auf der die Löcher markiert sind. Das geht gut über die Tischkante, und wichtig ist, dass man exakt in den Falz sticht.

Das Heftmaterial kann Heftfaden sein oder Draht. Fadenheftung ist die qualitativ beste und stabilste Hefttechnik. Einzelne Blätter sind absolut fest mit dem Buchrücken verbunden. Durch »Gelenke« im Rücken des Buchblocks lässt sich das Buch gut öffnen, es hat ein gutes Aufschlagverhalten. Unsere Schwitters-Broschüre hat eine ganz einfache Fadenbindung.

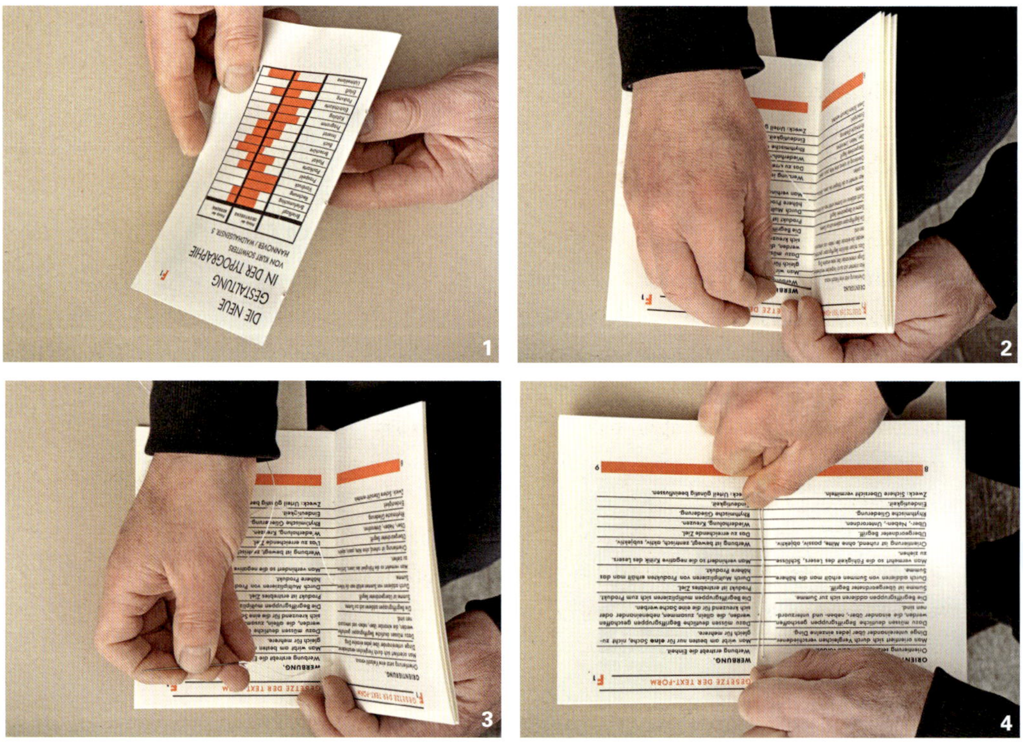

Heften der Broschüre

1 Unsere Schwitters-Broschüre bekommt eine einfache Fadenheftung, man sieht die drei vorgestochenen Löcher im gleichen Abstand.

2 Begonnen wird bei der Fadenknotenheftung immer in der Mitte innen, dort bleibt ein Fadenende stehen.

3 Faden durchziehen. Der Weg geht von innen nach außen und so fort, bis man wieder innen am mittleren Loch landet.

4 Abschließend innen verknoten, wichtig ist beim Heften, dass man immer sehr nah am Papier und parallel zieht, um den Faden zu straffen – sonst reißen die Löcher ein.

Berufspoesie
Anschmieren nennen Buchbinder das Auftragen des Leims mit einem dicken Pinsel, beim Kaschieren oder Binden von Büchern.

Klebebindung

Geklebt werden Buchblocks ab einer gewissen Rückenstärke, entweder mit Dispersionskleber oder Schmelzkleber (Hotmelt). Dispersionsklebstoffe haben eine hohe Beständigkeit und sehr gute Adhäsionseigenschaften an den Schnittflächen. Sie bilden einen elastischen Klebefilm, und das Abfallpapier ist recyclingfähig. Schmelzkleber bestehen dagegen aus Feststoff ohne Lösemittel, sie bilden einen zwar sehr stabilen, aber harten Klebefilm – man bekommt dadurch sehr »harte«, unelastische Bindungen. Die Laufrichtung des Papiers (parallel zum Bund bzw. Buchrücken) ist bei beiden Klebern wichtig, da Feuchtigkeit mit im Spiel ist.

Klebebindetechniken unterscheidet man darüber hinaus nach zwei Techniken: der Fächerklebebindung und der Blockbindung. Bei der Fächerklebebindung, nach ihrem Erfinder auch Lumbeck-Verfahren genannt, wird der Bund der zusammengetragenen Seiten glatt beschnitten. Der Buchblock wird dann auf etwa zwei Drittel fest zusammengepresst und der herausragende Teil zu beiden Seiten aufgefächert. Wenn nun Leim aufgetragen wird, kann der etwas in die aufgefächerten Seiten eindringen, was die Festigkeit des Buchblocks erheblich stärkt.

Blockbindung ist das einfachere Verfahren. Hier wird der Buchblock im Bund nur angefräst, bzw. aufgerauht, auch das vergrößert die Angriffsfläche des Leims.

Broschuren

Broschuren bzw. Softcover gibt es ohne, sowie mit Vorsatzpapieren. Ohne Vorsatz sind es die Folgenden:

- Weichbroschur
- Englische Broschur
  Bei der Englischen Broschur wird um den unbedruckten Kartonumschlag zusätzlich ein Schutzumschlag gelegt, der vorne und hinten mit Klappen versehen ist. Der Umschlag kann größer sein als der Buchblock, ähnlich wie beim Hardcover.

- Schweizer Broschur
  Die Schweizer Broschur hat einen Buchblock, der separat klebegebunden ist und dann in den Umschlag hinten eingeklebt wird; der Buchrücken bleibt frei und behält ein bedeckendes Fälzel.
- Klappenbroschur
  Die Klappenbroschur besitzt zusätzliche Klappen, die nach innen umgelegt werden.

Mit Vorsatzpapier wird eine Kartonierte Broschur, auch Steifbroschur genannt, hergestellt. Die Steifbroschur ist ein Zwitter, ein Mix aus Hardcover und Softcover. Deckelpappen und Buchblock werden getrennt hergestellt und verbunden wie bei einem Hardcover. Am Schluss wird dreiseitig beschnitten, die Pappenkanten sind also von außen sichtbar.

Deckenbände

Diese sogenannten Festbände bzw. Hardcover haben immer ein Vorsatzpapier, das den Buchblock mit der Einbanddecke verbindet. Es sind die Folgenden:

- Pappband
- Gewebeband
- Halbband

Schemadarstellung
Was passiert mit dem Material beim Rillen, Stauchen, Nuten?

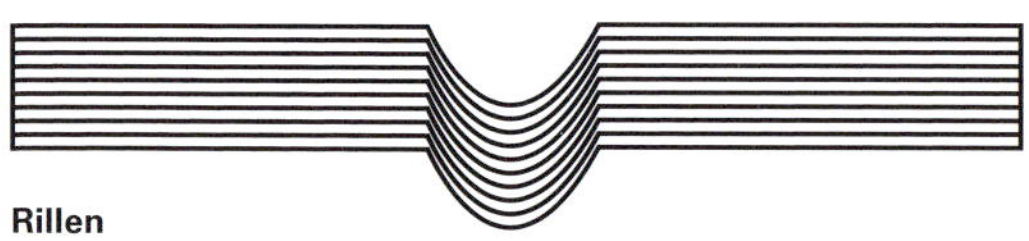

Rillen
Verdrängen und Pressen des Materials zu einer Rundung

Stauchen
Verdrängen und Pressen des Materials

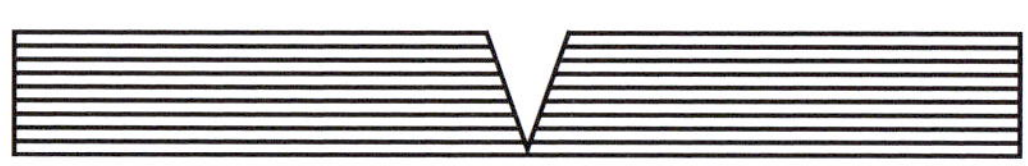

Nuten
Heraustrennen eines Materialspans

Rillen unseres Umschlags, er bekommt für einen besseren Falz eine Rille verpasst.

- Lederband
- Pergamentband
- Franzband

Pappbände haben keinen Umschlag, sie sind direkt auf dem Überzug bedruckt. Man findet diesen Buchtyp im Kinder- und Jugendbuchbereich, bei Schulbüchern und Fachbüchern. Überall, wo Bücher eine gewisse Belastbarkeit haben sollten.
Gewebebände sind mit Buchleinen bezogen, man kann die Einbanddecke prägen oder vorher bedrucken.
Halbbände stellen ein Mix aus Papierbezügen, Leinen, Leder oder Kunstleder dar. **Ganzlederbände**, **Pergamentbände** und **Franzbände** findet man fast ausschließlich in buchkünstlerischen Kontexten, da sie von sehr gut ausgebildeten Buchbindern gefertigt werden müssen.

Weitere Verarbeitungstechniken

Material, das ca. über 200 g/m² wiegt, läßt sich nicht ohne vorheriges Rillen oder Nuten sauber falzen.

Rillen, Stanzen und Perforieren

Umschläge aus Karton für Broschuren oder Faltschachteln sind typische Beispiele. Ein Broschurenumschlag wird zum Beispiel mindestens viermal gerillt. Rillen kann man von Hand mit dem Falzbein, oder besser noch mit einer Maschine, die eine saubere Anlage hat und wesentlich schneller ist.

Im Unterschied zum Rillen ist das Stanzen ein Trennverfahren; man benötigt es bei der Herstellung von Faltschachteln, Verpackungen, Displays, Etiketten, Beuteln o. Ä., immer dann, wenn man das Produkt nicht rechtwinklig aus dem Druckbogen schneiden kann. Das Material wird an gestanzten Stellen vollständig getrennt. Ein kleines Teilstückchen hält jedoch die Verbindung zum Werkstoff, damit die gestanzten Teile nicht aus dem Druckbogen herausfallen. Die einzelnen Nutzen bzw. Produkte werden nach dem Stanzen manuell oder maschinell herausgebrochen.

Der Kreis schließt sich

Die in unserem Buch beschriebene Hochdrucktechnik mit Tiegeln ist auch heute noch gängige Praxis für das Stanzen. Heidelberger Tiegel findet man daher noch in vielen Druckereien, zwar fehlen dann die Farbwerke, aber im Prinzip arbeiten diese Maschinen noch wie zu früheren Zeiten.

Stanzlinien sind Stahlbänder, die entsprechend der Produktform in eine Sperrholzplatte eingesetzt sind. Die Linien sind von Gummipolstern umgeben, die das Abheben des gestanzten Druckbogens von der Stanzform ermöglichen. Mit Bandstahlschnitten kann gerillt, geritzt oder perforiert werden.

Perforieren ist wie das Stanzen ein Trennverfahren. Im Gegensatz zum Stanzen bleibt aber die Verbindung zwischen den Bogenteilen am Fertigprodukt bestehen. Durch das Perforieren ist ein leichtes Abtrennen von Teilstücken bei Formularen, Blocks, Kalenderblättern, Eintrittskarten oder Briefmarken möglich.

Prägen

Ein ebenfalls dem Hochdruck sehr verwandtes Verfahren ist das Prägen, auch hier überlappen sich Druckverfahren und Weiterverarbeitungstechniken. Prägen kann man entweder ohne Folie, das wären dann Blindprägungen, oder mit Heißfolien. Wann man prägt, das hängt ganz vom jeweiligen

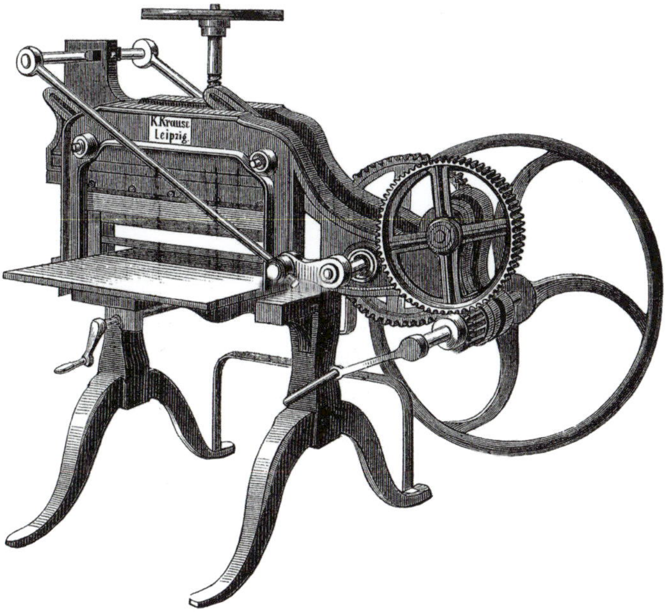

Schneidemaschine Spätestens, wenn ihr kleinere Broschüren oder Bücher fertigen möchtet, kommt ihr um eine größere Schneidemaschine nicht herum. Hat man einen Stapelschneider nicht in der Werkstatt, hilft der Weg zum nächsten Buchbindebetrieb. Im Bild eine gut 100 Jahre alte Maschine von Krause; mit scharfen Messern schneiden diese Maschinen noch vollkommen sauber.

Verarbeitungsweg ab. Ein Bucheinband wird z.B. geprägt, wenn die Buchdecken fertig sind, aber noch vor dem Einhängen des Buchblocks.

Veredelung

Eine nachträgliche Papierveredelung hat neben der Bedeutung für die Gestaltung vor allen Dingen eine schützende Funktion. Buchumschläge bekommen z.B. fast immer eine Folienkaschierung, um unempfindlicher gegen Staub und Schmutz zu sein und damit der Umschlag vor Abrieb geschützt ist. Eine Variante ist das Lackieren mit UV-Lacken, das kommt allerdings nur in industrieller Fertigung vor.

Schneiden

Das ist meist der letzte Schritt, praktisch jedes Druckprodukt muss am Ende auf Format bzw. sauber beschnitten werden. Papierscheren, Papierschneidemesser und Pappscheren werden nur für das Schneiden einzelner Blätter oder für Teile (z.B. Buchdeckel aus Graupappe) verwendet, das findet eher im Fertigungsprozess statt. Bereits vor dem Druck sind eventuell schon Rohbögen auf das geplante Druckformat zuzuschneiden. Dieses Schneiden größerer Papiermengen bzw. -stapel und den Endschnitt macht man mit halb- und vollautomatisch arbeitenden Schneidemaschinen, sogenannten Stapel- oder Planschneidern.

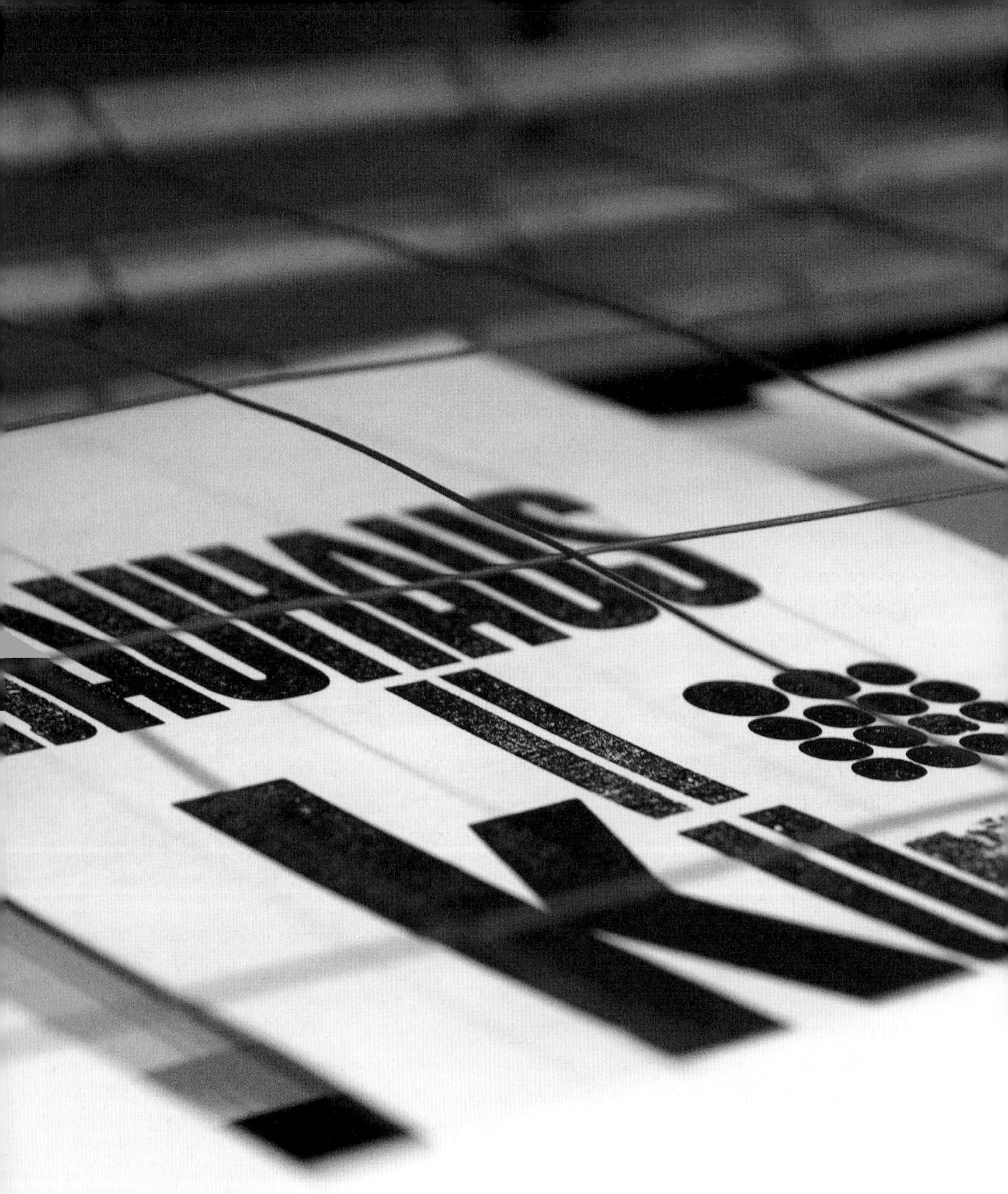

In unserem Buch haben wir an vielen Stellen versucht, den Blick für Schrift und ihre Verwendung im Blei zu schärfen; das ist uns, so hoffen wir, gelungen.

Vielleicht sind euch beim Lesen die beiden von uns verwendeten Schriften aufgefallen? Die Wahl war nicht zufällig.

Die Genzsch Antiqua

Die Textschrift ist die Genzsch Antiqua, eine der frühesten breit ausgebauten Schriften mit Renaissancehintergrund in Deutschland. Sie erschien ab 1907 bei Genzsch & Heyse in ursprünglich acht Schnitten. Entwerfer war Friedrich Bauer, einer der kundigsten Schriftspezialisten seiner Zeit. Ein Blick in unser Literaturverzeichnis zeigt euch das anschaulich, wir haben dort einige seiner Bücher genannt. Von ihm stammten eine Vielzahl herausragender Lehrwerke und er war unter anderem Chefredakteur des Klimsch-Jahrbuchs, dem wichtigsten Referenzwerk für die Druckindustrie der ersten Hälfte des 20. Jahrhunderts.

Die Genzsch verschwand mit dem Ende des Bleisatzes und erlebte erst gut 60 Jahre später eine Wiedergeburt als digitaler Font, in einem Redesign aller Schnitte. Erschienen ist sie bei der Lazydogs Typefoundry in München.

Genzsch Antiqua Digital gibt es sie in sieben Schnitten: normal, halbfett, fett, kursiv, halbfett kursiv, schmalhalbfett, schmalfett.

Die Univers

Unsere Auszeichnungsschrift, die Univers von Adrian Frutiger, hat eine nicht weniger bedeutende Geschichte. Denn sie ist wohl eine der allerletzten Schriften, die noch vollständig und in vielen Schnitten für den Bleisatz entworfen und gegossen wurde.

Otl Aicher setzte sie als Schrift für die Olympischen Spiele in München 1972 ein und sie entwickelte sich in der Folge zu einem echten Bestseller, zuerst im Übergang zum Fotosatz, dann ab Ende der 80er Jahre auch im digitalen Satz. Die Univers passt in ihren Proportionen ganz wunderbar zur Genzsch, ein gutes Team also und eine schöne Brücke von »früher« zu »heute«.

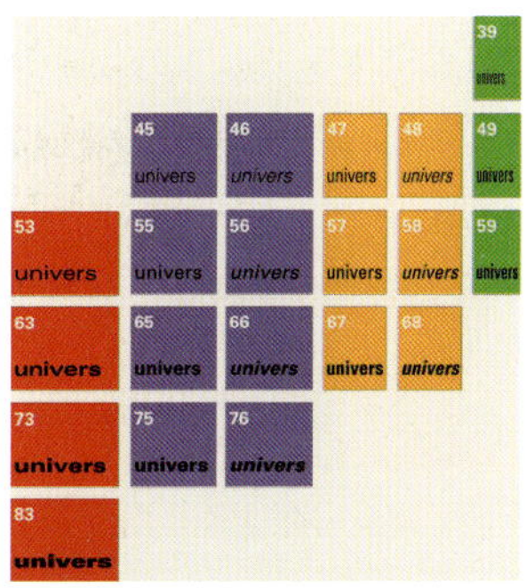

Univers Als Schriftfamilie von Beginn an als System entworfen und bis heute stetig erweitert.

Bildquellen und Dank

Ein paar Worte zur Bebilderung und den vielen tätigen Ratgebern unseres Projektes.

Bilder

Die Fotos, die unseren Arbeitsprozess in der Werkstatt zeigen, entstanden während der zwei Wochen dauernden Produktion der Schwitters-Broschüre. Wir konnten dankenswerterweise die sehr umfangreich ausgestattete Werkstatt von Conny Hügelschäffer in Volkach nutzen, der Kollege verantwortete auch ganz meisterlich den Druck auf einem Heidelberger Tiegel.

Die Fotografie übernahm während dieser Wochen Lars Kuhfuß aus Würzburg, dafür danken wir ihm sehr.

Zu den darüber hinaus verwendeten Bildern, Illustrationen, technischen Darstellungen, Grafiken ist zu sagen, dass es sich, soweit nicht anders genannt, um Material aus den Archiven der Autoren handelt.

Rat und Tat

Mit fachlichem Rat und als Testleser unseres Buches haben uns eine Reihe von Kollegen und Kolleginnen geholfen, sie gaben uns wertvolle Hinweise und Empfehlungen. Das sind: Willi Beck, Conny Hügelschäffer, Heiko Jegodtka, Karl Kretschmer, Dafi Kühne, Dieter Meier, Ria Mücke, Annette Vogel, Oliver Linke, Brigitte Voit, Ulrike Stoltz.

Zwei Exkurse wurden uns von Ulrike Stoltz und Uta Schneider (‹usus›), sowie von Dafi Kühne mit entsprechendem Bildmaterial bereitgestellt.

Eine große Schriftspende für unsere Schwitters-Broschüre kam von Rainer Gerstenberg, kleinere Schriftbestandteile aus der Werkstatt der Designschule München und der Handsatzwerkstatt »fliegenkopf« (Christa Schwarztrauber).

Allen sei dafür herzlich gedankt!

Unsere Quellen

Reinhold Bamme **Der Titelsatz, seine Entwicklung und seine Grundsätze.** Verlag des Deutschen Buchgewerbevereins, Leipzig 1918.

J. Baß **Das Buchdruckerbuch.** Deutscher Fachzeitschriften- und Fachbuchverlag, Stuttgart 1953.

Friedrich Bauer **Anfangsgründe für Schriftsetzer.** Verlag Klimsch & Co., Frankfurt a./M. 1932.

Friedrich Bauer **Anfangsgründe für Buchdruckerlehrlinge.** Verlag Klimsch & Co., Frankfurt a./M. 1928.

Friedrich Bauer **Handbuch für Buchdrucker.** Klimschs Graphische Bibliothek Band IX. Verlag Klimsch & Co., Frankfurt a./M. 1921.

Friedrich Bauer **Handbuch für Schriftsetzer.** Verlag Klimsch & Co., Frankfurt a./M. 1904.

Gustav Bohadti **Die Buchdruckletter.** Im Deutschen Verlag der Ullstein A.G., Berlin 1954.

Hans Rudolf Bosshard **Technische Grundlagen der Satzherstellung.** Verlag des Bildungsverbandes Schweizerischer Typografen, Bern 1980.

Chr. Hostmann-Steinberg'sche Farbenfabriken **Praktische Winke.** Celle 1963.

Leo Davidshofer, Walter Zerbe **Satztechnik und Gestaltung – Schweizerisches Fach- und Lehrbuch für Schriftsetzer.** Hrsg. v. Bildungsverband Schweizerischer Buchdrucker 1952.

Konrad Driendl **Die Meisterprüfung im Druckgewerbe.** Otto Blersch Verlag, Stuttgart 1968.

Paul Fritzsche **Der Schriftsetzer.** Fachbuchverlag GmbH, Leipzig 1952.

Fritz Genzmer **Das Buch des Setzers. Kurzgefaßtes Lehr- und Handbuch für den Schriftsetzer.** Deutscher Verlag, Berlin 1954.

Fritz Genzmer **Umgang mit der schwarzen Kunst.** Fachverlag Schiele & Schön, Berlin 1966.

Kurt Göppel **Die Bleizeit.** BVD Druck+Verlag AG Zürich 2015.

Roland Golpon **Schriftsetzer – Wissen und Können für die Abschlußprüfung.** Verlag Beruf + Schule, Itzehoe 1981.

Josef A. Heilmayer **Lehrbuch für Buchdrucker. Satz.** Verlag Hölder-Pichler-Tempsky A.G., Wien 1923.

Hans Michael Heynen **Schriftform und Monogramm.** Rühle-Diebener-Verlag, Stuttgart 1980.

Rudolf Hostettler **The Printer's Terms.** Französisch, Deutsch, Englisch, Niederländisch. Verlag Zollikofer & Co., St. Gallen 1949.

Georg Kandler **Alphabete – Erinnerungen an den Bleisatz.** Minner-Verlag, Kornwestheim 1995.

Georg Kandler **Alphabete – Erinnerungen an den Bleisatz, Band 2.** Minner-Verlag, Kornwestheim 2001.

Fritz Kolling / Depp Dußler **Moderne Setzerei. Ein Lehrbuch für ein erweitertes Wissen und Können des Schriftsetzers.** Ullstein Fachverlag, Frankfurt a./M., Berlin 1967.

Herbert Koschlick **Drucktechnik im Buchdruck.** Verlag Wilhelm Knapp, Halle/Saale 1952.

Josef Käufer **Das Setzerlehrbuch – Die Grundlagen des Schriftsatzes und seiner Gestaltung.** Otto Blersch Verlag, Stuttgart 1956.

Rudolf Lohse **Handbuch des Druckers für die Verarbeitung von Druckfarben.** Fachbuchverlag GmbH, Leipzig 1952

Walter Mehnert **Die Gehilfenprüfung als Schriftsetzer.** Otto Blersch Verlag, Stuttgart 1961.

Mehnert/Thiele **Die Gehilfenprüfung als Buchdrucker.** Otto Blersch Verlag, Stuttgart 1949.

Walter Mehnert **Kleine Papierkunde.** Interessen-Gemeinschaft von Papiergroßhändlern (Hrsg.), Berlin 1970.

Walter Mehnert **Ratgeber für das Buchdruckgewerbe.** Verlag Werner Degener, Hannover 1948.

Willi Mengel **Druckschriften der Gegenwart.** Klassifiziert nach DIN 16518. Otto Blersch Verlag, Stuttgart 1966.

Richard L. Niel **Satztechnisches Taschenlexikon.** 2. Auflage, Druck und Verlag »Steyrermühl«, Wien 1925.

Michael Nitsche, Leonhard Trondt **Polygraph Wörterbuch für die Druckindustrie: Deutsch-Englisch, Englisch-Deutsch. Polygraph Dictionary of the Graphic Arts. German-English, English-German.** Polygraph Verlag 1987.

M. Rauch **Wie soll ich zurichten? Ein Leitfaden für Buchdrucker.** Selbstverlag, Stuttgart 1930.

M. Rauch **Wie soll ich Formatmachen und Formschließen?** o. J., Selbstverlag, Stuttgart.

Albert Rahmer **Schriften. Handbuch der Druckschriften.** Industriegewerkschaft Druck und Papier, Stuttgart 1974.

Josef Schlosse **Die Werkstatt der Typografie.** 1949, Otto Blersch Verlag, Stuttgart.

Schnellpressenfabrik AG Heidelberg (Hrsg.) **Winke für den Maschinenmeister. Eine Zusammenstellung von drucktechnischen Ratschlägen.** o. O. 1956.

Alois Schütz, Wilhelm Neubert **Die Druckmaschinen des Grafischen Gewerbes. Band 1: Die Flachformmaschinen des Hochdrucks.** A. d. Reihe »Der grafische Betrieb – Wissen und Praxis«, Band 8. Verlag Wilhelm Knapp, Halle (Saale) 1951.

Willi Schumann **Wie entwerfe ich Akzidenzen?** 3. Lieferung, Selbstverlag, Leipzig o.J.

Erich Staeck **Rechenbuch für die Druckindustrie.** Verlag Dokumentation, Pullach und Berlin 1970.

Arthur W. Unger **Lehrbuch für Buchdrucker: Druck.** Verlag von Alfred Hölder, Leipzig und Wien 1910.

Alexander Waldow **Die Lehre vom Akzidenzsatz.** 4. vermehrte und verbesserte Auflage, Verlag Julius Mäser, Leipzig 1904.

Johann Jakob Weber **Katechismus der Buchdruckerkunst.** 7. Auflage, Verlagsbuchhandlung J. J. Weber, Leipzig 1901.

Hans-Jürgen Wolf **Geschichte der Druckpressen.** Interprint, Frankfurt a./M. 1974.

Victor Zimmermann **Praktische Winke für den Umgang mit Satz und Schrift.** o. J., D. Stempel AG, Frankfurt a./M.

Georg Zürcher **Allgemeine Berufskunde für Buchdrucker.** Verlag Grafische Fachbücher, Bern 1953.

Zum Weiterlesen

Elizabeth L. Eisenstein **Die Druckerpresse – Kulturrevolutionen im frühen modernen Europa.** Springer, Wien/New York 1997.

Max Caflisch **Schriftanalysen Band 1 + 2. Untersuchungen zur Geschichte typografischer Schriften.** Typotron, St. Gallen 2003.

Glen U. Cleeton et al **General Printing. An Illustrated Guide to Letterpress Printing with Hundreds of Step-by-Step Photos.** First Edition 1941, Reissued. Liber Apertus Press, Saragota 2006.

Friedrich Forssman, Ralf de Jong **Detailtypografie – Nachschlagewerk für alle Fragen zu Schrift und Satz.** Verlag Hermann Schmidt, Mainz 2002.

Simon Garfield **Just My Type – A Book About Fonts.** Profile Books, London 2010. Deutsche Ausgabe **Just My Type – Ein Buch über Schrift.** Ullstein, Berlin 2012.

Jaspert/Berry/Johnson **Encyclopaedia of Typefaces.** Octopus Publishing Group Ltd, London 2008.

Albert Kapr **Fraktur – Form und Geschichte der gebrochenen Schriften.** Verlag Hermann Schmidt, Mainz 1993.

Robert Klanten/Hendrik Hellige **Impressive. Printmaking, Letterpress and Graphic Design.** Gestalten, Berlin 2011

Gerald Lange **Printing Digital Type on the Hand-Operated Flatbed Cylinder Press.** Bieler Press 2004.

Simon Loxley **Type is Beautiful – The Story of Fifty Remarkable Fonts.** Bodleian Library, Oxford, 2016.

Paul Maravelas **Letterpress Printing: A Manual for Modern Fine Press Printers.** Oak Knoll Press 2006.

Paul McNeil **The Visual History of Type.** Laurence King Publishing Ltd., London 2017.

Joep Pohlen **Letterfontäne. Über Buchstaben.** Taschen, Köln 2015.

Cathie Ruggie Saunders & Martha Chiplis **For the Love of Letterpress – A Printing Handbook for Instructors & Students.** Bloomsbury, London 2013.

David S. Rose **Introduction to Letterpress Printing.** Five Roses Press, New York 2003.

Richard-Gabriel Rummonds **Printing on the Iron Handpress.** Oak Knoll Press 1998.

Daniel Sauthof et. al. **Schriften erkennen – Eine Typologie der Satzschriften.** Verlag Hermann Schmidt, Mainz 1996.

Fred Smeijers **Counterpunch – Making type in the sixteenth century, designing typeface now.** Hyphen Press, London 2011

Technische Universität Darmstadt, Gewerbelehrerstudium Druck und Medien **Atlas zur Geschichte der Schrift in 7 Bänden.** Lehrdruckerei Technische Universität, Darmstadt 2001.

Jan Tschichold **Meisterbuch der Schrift – Ein Lehrbuch.** Otto Maier Verlag, Ravensburg 1965.

Jessica C. White **Letterpress Now. A DIY Guide to New and Old Printing Methods.** Lark Crafts, New York 2013.

Netzwerke, Recherchen, Museen und Bezugsquellen

Netzwerke

Arbeitskreis Druckgeschichte
www.arbeitskreis-druckgeschichte.de

Drukwerk in de Marge
www.drukwerkindemarge.org

Gilde Gutenberg
www.gildegutenberg.blogspot.com

International printing heritage network
www.aepm.eu

Letterpress Commons
www.letterpresscommons.com

Offsetdrucker.net
www.offsetdrucker.net

Verein für die Schwarze Kunst e.V.
www.verein-fuer-die-schwarze-kunst.de

Recherchen

Briar Press
www.briarpress.org

British Letterpress
www.britishletterpress.co.uk

Buchdruckereien
www.metapaper.io/de/druckereien

Drukwerk in de Marge
www.drukwerkindemarge.org

FAG Form-Test
www.proofpress.ch

Fonts In Use
www.fontsinuse.com

German Graphic Designers
www.germandesigners.net/designers

Klingspor-Museum
www.klingspor-museum.de

Letterform Archive
www.letterformarchive.org

Monoskop
www.monoskop.org

Monotype Recherche
www.alembicpress.co.uk

Schriftproben
www.staatsbibliothek-berlin.de/die-staatsbibliothek/projekte/schriftmuster-digital

Schriftproben international
www.library.typographica.org/specimen-books-of-metal-wood-type

Typografie Wiki
www.typografie.info

Werkstätten
www.verein-fuer-die-schwarze-kunst.de/freunde

Museen *Eine Auswahl*

Atelier Bodoni, Frauenfeld (Schweiz)
www.waldgut.ch

Basler Papiermühle, Basel (Schweiz)
www.baslerpapiermuehle.ch

Deutsches Museum, München
www.deutsches-museum.de

Deutsches Technikmuseum Berlin
www.technikmuseum.berlin

Deutsches Zeitungsmuseum, Wadgassen
www.deutsches-zeitungsmuseum.de

Gutenberg-Museum, Mainz
www.mainz.de/microsite/gutenberg-museum

Klingspor-Museum, Offenbach a. M.
www.klingspor-museum.de

Kulturhuef Grevenmacher, Grevenmacher (Luxemburg)
www.kulturhuef.lu

Hessisches Landesmuseum, Darmstadt
www.hlmd.de

Museo Bodoniano, Parma
www.museobodoniano.it

Museum der Arbeit, Hamburg
www.museum-der-arbeit.de

Museum für Druckkunst, Leipzig
www.druckkunst-museum.de

Museum Plantin-Moretus, Antwerpen (Belgien)
www.museumplantinmoretus.be

Nederlands Steendrukmuseum, Valkenswaard (Niederlande)
www.steendrukmuseum.nl

Norsk Grafisk Museum, Stavanger (Norwegen),
www.iddismuseum.no

Pavillion Presse, Weimar
www.pavillon-presse.de

Spielkartenfabrik, Stralsund
www.spiefa.de

Typorama, Bischofszell (Schweiz)
www.typorama.ch

Bezugsquellen

Bleisatzmagazin Rheinland
www.bleisatzmagazin-rheinland.de

Böttcher
www.boettcher.de

Buch-Kunst-Papier
www.buch-kunst-papier.de

Dorndruck
www.dorndruck.de

Druckart Riehen
www.bleisatz.ch

DruckChemie
www.druckchemie.com

Drucken & Lernen
www.drucken-und-lernen.de

Epple Druckfarben
www.epple-druckfarben.com

Gerstaecker
www.gerstaecker.de

Gravieranstalt Brandt & Comp.
www.brandt-und-co.de

Kaschke Grafische Maschinen
www.kgm-kaschke.de

Kirchhoff Grafischer Fachhandel
www.grafischer-fachhandel.de

Leo
www.leos-nachfolger.de

Maschinensucher
www.maschinensucher.de

Netzwerk Druckgrafik
www.netzwerk-druckgrafik.de

parts4print
www.parts4print.eu

Progravur
www.progravur.ch

Sauer
www.sauer-roller.com

Süddeutsches Bleisatzkontor
www.bleisatzkontor.de

Tiegelakademie
www. tiegelakademie.de

Kleines Wörterbuch Deutsch – Englisch

Abliegen *to set off*
Ablegen *store*
Abstapeln *piling*
Ahle *bodkin*
Andruck *proof print*
Anführung *quote*
Anlage (Druck) *head dead bar*
Anordnung *composition*
Auflage *print run*
Aufzug *packing*
Aufzugstauen *tympan paper*
Ausgleichen (Schrift) *kerning*
Ausschießen *imposition*
Ausschließen *justification*
Beschnitt *bleed*
Blindmaterial *spacing material*
Blocksatz *flush setting*
Druck *print*
Druckfarbe *ink*
Druckform *form*
Durchschuss *leading*
Einzug *paragraph indent*
Falzbein *bone folder*
Farbstein *ink disc*
Farbwalzen *rollers*
Farbwerk *carriage*
Flattersatz *ragged setting*
Frosch *gauge pin*
Fundament *press bed*
Geviert *em quad*
Greifer *gripper*
Handsatz *hand composition*
Hurenkind *widow line*
Impressum *colophon*
Kolumnenschnur *form string*
Laufrichtung *paper grain*
Laufweite *leading*
Makulatur *misprints*
Mittellänge *x-height*
Oberlänge *ascender*
Papieranlage *feed board*
Papierauslage *delivery board*
Prägung *blocking*
Quadraten *quad*
Reglette *reglet*
Satzschiff *galley*
Satzspiegel *type area*
Schließen *lock-up*
Schließplatte *imposing stone*
Schließrahmen *chase*
Schließschlüssel *quoin key*
Schließzeug *quoin*
Schnittmarken *crop marks*
Schrift *typeface*
Schriftgröße *pointsize*
Schrifthöhe *type high*
Schriftkasten *type case*
Schriftlinie *base line*
Schriftschnitt *font*
Schusterjunge *orphan*
Setzen *to set*
Signatur *nick*
Spatien *spacing material*
Stand machen *registration*
Stand *register*
Steg *furniture*
Tiegeldruckpresse *platen press*
Trennstrich *hyphen*
Unterlänge *descender*
Winkelhaken *composing stick*
Zeilenbreite *line length*
Zurichten *make-ready*
Zylinderpresse *cylinder press*

Abbreviatur *Abkürzung eines oder mehrerer Wörter*

Abklatsch *Ein einfacher Korrekturabzug, der mithilfe einer Bürste erstellt wird*

Ablegen / Abliegen ☞ *Seite 144, 209*

Abnudeln ☞ *Seite 50*

Absatz *Textabschnitt*

Abziehpresse ☞ *Seite 236 ff.*

Achtelpetitspatium *Einpunktzwischenraum, der achte Teil des acht Punkt großen Petitgrades*

Adlatus ☞ *Seite 55*

Ahle *Werkzeug zum Korrigieren im Satz und Ausbinden des Satzes mit der Kolumnenschnur*

Akkolade *Geschweifte Klammer*

Akzent *Betonungszeichen (diakritische Zeichen) wie Akut, Gravis, Zirkumflex, Tilde, Trema, Cedille*

Akzidenz *Kleindrucksache, also z. B. Visitenkarten, Postkarten, Anzeige*

Akzidenzsatz *Satz von Kleindrucksachen, Handsatz*

Aldinen ☞ *Seite 58*

Aldus ☞ *Seite 58*

Aldusblatt *Ein Zierstück in Form eines Herzens. Der venezianische Frühdrucker Aldus Manitius verwendete es häufig, daher bekam es seinen Namen.*

Alineazeichen *Absatzzeichen (lat.: a linea = von der Linie an), in Frühdrucken oft rot eingefärbtes Zeichen zur Kennzeichnung eines Absatzes:* ⸿

Alinieren *Linie halten, auf Schriftlinie stellen*

Alphabet *(semit.) alef = Rind, bet = Haus, daraus wurde (griech.) Alpha, Beta. Die fünf Alphabete des europäischen/vorderasiatischen/nordafrikanischen Kulturkreises sind das griechische, lateinische, kyrillische, hebräische und arabische Alphabet.*

Andruck *Probedruck zur Überprüfung der Qualität der Druckform. Der Andruck sollte möglichst nah am Auflagendruck sein, das Papier und die Farbgebung möglichst identisch darstellen.*

Anführungszeichen *Es gibt sie als deutsche Anführungen „ " oder Französische » «, diese wiederum als Spitzen innen oder Spitzen außen « ».*

Anhang *Der Anhang eines Buches (Appendix) enthält u. a. ein Literatur- und Quellenverzeichnis, ein Stichwortverzeichnis, Register, Tafeln, Pläne und Anmerkungen zum Text.*

Anschnitt *Ein Bild anschneiden bedeutet, dass das Bild vom Papierrand begrenzt wird und damit in den Beschnitt ragt.*

Antiquaschrift ☞ *Seite 52*

Apostroph *Auslassungszeichen*

Arabische Ziffern *Um 1200 n. Chr. in Europa aufgekommene Ziffern indischen Ursprungs*

At-Zeichen *Ligatur @*

Aufzug ☞ *Seite 241, 253 ff.*

Ausbinden ☞ *Seite 121*

Ausbringen / Austreiben ☞ *Seite 117*

Ausgleichen ☞ *Seite 124 f.*

Aushänger *Der letzte Kontrollbogen im Druck. Der Aushänger dient der Bindefreigabe.*

Auslassungszeichen *Drei Punkte im Satz (auch Ellipse genannt), die einen Teil eines Wortes oder ein bzw. mehrere Wörter ersetzen.*

Auspunktieren *Ausfüllen einer Zeile mit Punkten*

Ausschießen ☞ *Seite 166 ff.*

Ausschlachten ☞ *Seite 144*

Ausschließen ☞ *Seite 114 ff.*

Ausschuss *Fehlerhafter Druckbogen, auch Makulatur*

Austreiben *Den Satz erweitern*

Auszeichnen *Bezeichnet das Hervorheben von Textteilen durch Wechsel des Schriftschnitts*

Autorkorrektur *Korrektur des Verfassers nach Erstellung des Satzes*

Banderole *Buchbinde, Buchschleife, Streifband um Bücher, auch Bauchbinde*

Barock-Antiqua ☞ *Seite 56 f., 65*

Beihefter *Beilage, die mitgeheftet wird*

Bengel ☞ *Seite 224*

Beschnitt *In der Regel drei- oder umseitiges Beschneiden des Druckproduktes an den Beschnittmarken*

Beschnittmarke *Linienstücke, die das Papierformat der fertigen Drucksache anzeigen*

Bibliographie *Bibliographische Angaben eines Buches enthalten Auflage, Erscheinungsjahr, Seitenzahl, Format, Umschlagart, Preis und ISBN.*

Bindestrich *Trennstrich, Divis*

Bleilaus *Heimlicher Mitbewohner in Bleisatzwerkstätten*

Blindmaterial ☞ *Seite 40 ff.*

Blindtext ☞ *Seite 154*

Blitzer *Bei Passerungenauigkeit im Mehrfarbendruck auftretender andersfarbiger Zwischenraum*

Blockade *Auffällige Markierung fraglicher Stellen im Satz als Blickfang (Fliegenkopf)*

Blockbuch ☞ *Seite 221*

Blocksatz *Satzart, bei der alle Zeilen gleich breit laufen*

Bogen *Ausgangsformat (Rohbogen), aus dem sich durch Falzen und Schneiden das Endformat ergibt.*

Bogensignatur *Kennzahl auf den fortlaufenden Druckbögen*

Borgis *Schriftgrad von 9 Punkt*

Broschur *Bindeart mit Papier- oder Kartonumschlag*

Brotschrift ☞ *Seite 22*

Bruch *Falz, Faltung*

Buchblock ☞ *Seite 292 f.*

Buchdecke ☞ *Seite 293*

Buchdruck *Synonymer Gebrauch für Hochdruck*

Buchrücken *Trägt üblicherweise den Autornamen, Titel und das Verlagssignet*

Buchschnitt *Die drei sichtbaren Seiten des Buches, Kopfschnitt, Vorderschnitt, Fußschnitt*

Bundsteg *Raum zwischen den zwei sich gegenüberliegenden Seiten in Büchern*

Cicero ☞ *Seite 21*

Cornut *In den Buchdruckereien ein nach den Lehrjahren ausgelernter, aber ungegautschter Lehrling*

Defekte *Vorrätige Buchstaben als Reserve zum Einlegen in den Kasten*

Deleatur *Tilgung, Korrekturzeichen*

Dickte *Die Dickte ist die Breite eines Buchstabens. Vor- und Nachbreite bestimmen den Buchstabenabstand und damit die Laufweite der Schrift.*

DIN-Formate *Papierformate in einem Seitenverhältnis von 1 : √2, bzw. 1 : 1,41. Durch Halbieren der längeren Seite wird das nächstkleinere Format erreicht.*

Divis *Trennstrich*

Divisorium *Querstück am Tenakel*

Drittelsatz ☞ *Seite 114*

Druckbogen *Der ungefalzte Papierbogen aus der Druckmaschine*

Druckerzeichen *Herkunftsnachweis und Erkennungszeichen von Druckereien und Verlagen (Signet). Das älteste bekannte Druckerzeichen stammt von Peter Schöffer aus dem Mainzer Psalter von 1457.*

Druckfreigabe *Imprimatur, Blaupause, Aushängebogen*

Durchschießen *Im Satz das Vergrößern der Abstände zwischen den Schriftzeilen: Durchschuss durch Blindmaterial (Regletten). Beim Druck das Zwischenlegen von unbedruckten Papierbögen, um das Abliegen des frischen Drucks zu vermeiden.*

Durchschuss *Bezeichnung für den Abstand zwischen den Zeilen, der Zeilenabstand ergibt sich aus der Schriftgröße plus Durchschuss.*

Editorial *Vorwort, Vorbemerkung des Herausgebers einer Zeitschrift*

Egyptienne ☞ *Seite 66*

Eierkuchen *Verquirlter (Blitz) oder zusammengefallener Satz*

Einband *Der Einband umschließt mit seinen Buchdeckeln den Buchblock.*

Einschießen *Um ein Abziehen zu verhindern, wird nach dem Druck zwischen jeden Druckbogen ein Makulaturbogen gelegt.*

Ellipse *Auslassungspunkte*

Englische Linie *Zur Mitte hin anschwellende Linie*

Epilog *Schlusswort, Nachwort, Ausklang*

Et-Zeichen *Das lateinische e-t für »und« bildet die Ligatur &.*

Fadenheftung *Heftart*

Fadenzähler *Lupe mit fünf- bis zwölffacher Vergrößerung zur Beurteilung von Bildvorlagen und Drucken*

Fahne *Abzüge des noch nicht umbrochenen Satzes (Fahnensatz)*

Falzarten *Seite 296*

Falzbein *Flaches glattes Werkzeug der Buchbinder aus Bein (Elfenbein)*

Falzmarke *Markierung zum Falzen einer Drucksache*

Fisch *Seite 100*

Flachdruck *Seite 220 f.*

Flattermarken *Stufenförmig am Rücken der Falzbögen angeordnete Druckmarkierungen*

Flattersatz *Die Zeilen im Flattersatz sind unterschiedlich lang und laufen frei aus.*

Fleisch *Seite 30*

Fliegendes Blatt *Zwischen Einband und Buchblock befindliches Vorsatzblatt*

Fliegenkopf *Seite 101*

Fließtext *Größere Textmenge in der Grundschrift*

Foliant *Buch im Folioformat*

Formelsatz *Satz mathematischer, technischer oder chemischer Formeln*

Formsatz *Ein Satz, der sich an einer Form ausgerichtet bzw. eine solche nachbildet*

Formschlüssel *Schließzeug-Schlüssel, der zum Spannen und Lösen des Schließzeuges beim Formschließen dient*

Fortdruck *Der eigentliche Auflagendruck nach dem Einrichten und Abstimmen in der Druckmaschine*

Fraktur *Seite 70, 71*

Französische Anführungen *Guillemets, sie gibt es mit Spitzen außen und Spitzen innen.*

Frontispiz *Illustration gegenüber der Titelseite eines Buches*

Frosch *Seite 108*

Frühdruck *Seite 54 f.*

Fundament *Seite 162, 224 ff.*

Fußnote *Anmerkung zum Text am Fuß der Kolumne, am Kapitelende oder am Ende des Werks, in kleinerem Schriftgrad als der Grundschrift gesetzt.*

Gänsefüßchen *An- und Abführungen („“) im deutschen Schriftsatz*

Garalde *Englische und französische Bezeichnung für »Französische Renaissance-Antiqua«*

Garamond *Seite 52, 58*

Garnitur *Die Gesamtheit der Grade eines Schriftschnitts*

Gasse *Seite 14*

Gautschen *Auspressen des Wassers bei der Papierherstellung*
Lossprechungsritual für angehende Gesellen nach Buchdruckersitte

Gebrochene Schrift *Seite 70, 86 ff.*

Gedankenstrich *Halbgeviertstrich*

Gehrung *Linieneckstücke aus Messing, die im Winkel von 45 Grad angeschnitten sind*

Gemeine *Kleinbuchstaben*

Geviert *Seite 40*

Geviertstrich *Doppelt so langer Strich wie der Gedankenstrich, Streckenstrich*

Glatter Satz *Fortlaufender, in der Grundschrift auf Block ausgeschlossener Satz*

Glyphe *Grafische Darstellung eines Schriftzeichens innerhalb eines Schriftschnitts – im Blei entspricht das der Letter.*

Grab *neuzuschaffender Wortzwischenraum*

Grad *auch Schriftgrad; Größe einer Schrift*

Grammatur *Gewicht von Papier, üblicherweise in g/m² angegeben*

Grauwert *Der Grauwert bezeichnet ein ausgewogenes Schrift- und Satzbild*

Greiferrand *Seite 167*

Groteskschrift *serifenlose Linear-Antiqua*

Grundlinie *Schriftlinie*

Grundschrift *Vorherrschende Schriftgröße und Schriftart einer Drucksache*

Guillemets *Französische Anführungen » «*

Gutenberg *Seite 53, 146, 222*

Haarlinie *Sehr feine Linie*

Hadern *Lumpen und Stoffabfälle, aus denen hochwertiges Papier, z. B. Büttenpapier, hergestellt wird*

Halbgeviertstrich *Strich von der Breite eines Halbgevierts*

Handgießinstrument *Seite 146*

Handsatz *sämtliche manuell gesetzten Bleisatzformen*

Hängender Einzug *Die erste Zeile des Textes wird auf volle Satzbreite gesetzt, alle folgenden Zeilen sind links eingezogen.*

Heften *Bogenteile oder Lagen werden mit Drahtklammern, Faden, Zwirn, Kordel, Spirale oder Kamm verbunden.*

Hochzeit *Seite 112*

Hochdruck *Seite 219, 221 ff.*

Holzschnitt *Seite 221*

Hurenkind *Seite 152*

Impressum *Druckvermerk in Büchern, Zeitungen und Zeitschriften*

Imprimatur w *Seite 142*

Inch *Englische Bezeichnung für Zoll = 2,54 cm*

Incipit *Incipit wird der erste Satz in Handschriften und Frühdrucken genannt, weil er mit diesen Wörtern eingeleitet wird.*

Index *Tiefstehender Buchstabe in kleinerem Schriftgrad*

Initial *Anfangsbuchstabe eines Absatzes, größer als die Grundschrift, hat oft die Höhe von zwei oder mehr Zeilen und ist manchmal verziert*

Inkunabeln *Frühdrucke, Wiegendrucke aus der Frühzeit des Buchdrucks zwischen der Fertigstellung der Gutenberg-Bibel im Jahr 1454 und 1500*

Japanische Bindung *Bindung durch den Buchblock, Blockbindung, Querbindung*

Jungfrau *fehlerloses Satzstück*

Justieren *Seite 153*

Kapitalband *Am Kopf und am Fuß des Buchblocks angeklebtes Stoffbändchen als Staubschutz und zur Zierde*

Kapitälchen *Großbuchstaben (Versalien) in Höhe der Mittellänge der Kleinbuchstaben*

Karton *Papiergewicht zwischen 150 g und 600 g*

Kaschieren *Verbinden mehrerer Lagen gleicher oder verschiedener Materialien*

Kaufmanns-Und *Siehe Et-Zeichen*

Kegel *Seite 30 f.*

Kegelhöhe *Seite 31*

Klassizistische Antiqua *Seite 56 f., 66*

Klebebindung *Seite 299*

Klebeumbruch *Seite 154 f.*

Klischee *Seite 159 ff.*

Klopfholz *Seite 176*

Kolophon *Druckvermerk am Ende eines Buches*

Kolumne *Buchseite, Druckseite, Schriftsatz im Umfang einer Druckseite, Druckspalte*

Kolumnenschnur *Seite 18, 121*

Kolumnentitel *Text über der Kolumne*

Kompress *Eng gesetzt, das kann sich auf die Laufweite beziehen, im Blei auf den Zeilenabstand, undurchschossene Zeilen*

Konkordanz *Seite 21*

Kopfschnitt *Schnitt an der Oberseite eines Buches*

Korrekturzeichen *Seite 143*

Kreuzbruchfalz *Seite 294*

Kustode *Wort oder Silbe am Fuß einer Buchseite als Verbindung zur folgenden- Seite, wo sich das Wort wiederholt*

Lage *Mehrere ineinanderliegende gefalzte Bögen oder Bogenteile*

Langes »s« *Bis in die Mitte des 18. Jahrhunderts war das lange »s« in Antiquaschriften üblich und blieb als Ligatur in Form des »ß« in Deutschland bis heute erhalten.*

Laufrichtung *Seite 190 f.*

Laufweite *Die Laufweite der Schrift wird durch die Buchstabenabstände bestimmt. Im Blei ist sie prinzipiell fest und kann lediglich erweitert oder, in Ausnahmefällen, durch Unterschneiden verringert werden.*

Lebender Kolumnentitel *Text über der Kolumne, der sich stichwortartig auf den Seiteninhalt bezieht. Oft werden als lebender Kolumnentitel Kapitel- (links) und Abschnittstitel (rechts) eingesetzt.*

Leerzeile *Zeile ohne Satz, aufgefüllt mit Blindmaterial*

Legende *Bildlegende, Zeichenerklärung, erklärender Text zu den auf Abbildungen, Karten usw. verwendeten Zeichen*

Leiche *fehlendes Wort im Schriftsatz*

Leporello *Falzart, Zickzackfalz*

Lesbarkeit *Die Verständlichkeit eines Textes*

Lesebändchen *Stoffband, oft aus Seide, das am oberen Kapitalband des Buches befestigt ist.*

Leserlichkeit *Die Erkennbarkeit von Zeichen, Schrift und Text*

Ligatur *Verbindung von Schriftzeichen*

Linear-Antiqua *Seite 66 f.*

Linien *Seite 37 f.*

Logotype *Aus einem grafischen Element (Signet) und kurzem Text bestehendes Zeichen*

Lückenbüßer *Seite 155*

Majuskel *Großbuchstabe, Versalien*

Makulatur *Fehldruck, unbrauchbarer Druckbogen, Ausschuss*

Manuskripthalter *Seite 20, 107*

Marginalie *Randnote, Randbemerkung, Anmerkung am Kolumnenrand*

Maschinensatz *mit Setzmaschinen erstellte Bleisatzformen*

Mater *Seite 147*

Matrize *Seite 178 ff.*

Mediävalziffern *Ziffern mit Ober- und Unterlängen aus einer Mediävalschrift*

Mengentext *Haupttext von Büchern, Zeitschriften, gesetzt in der Grundschrift*

Metteur *Der für den Umbruch verantwortliche Setzer*

Minuskel *Kleinbuchstabe, Gemeine*

Minuskelziffer *Mediävalziffer*

Mittellänge *Höhe eines Kleinbuchstabens ohne Ober- und Unterlänge, m-Höhe, x-Höhe*

Monogramm *Einzelne Buchstaben eines Namens grafisch dargestellt*

Nachbreite *Abstand zwischen Buchstabenbild und der rechten Kegelgrenze des Buchstabens*

Nagelprobe *Seite 190*

Nudel *Seite 51*

Nut *Beim Deckenband Verbindung zwischen Buchdeckel und Buchrücken, Falz*

Nutzen *Anzahl der Drucke oder Druckblätter auf einem Papierbogen*

Oberlänge *Bei den Kleinbuchstaben über die Mittellänge hinausragende Buchstabenteile*

Offizin *Frühere Bezeichnung für eine größere Buchdruckerei*

Offsetdruck *Seite 220*

Opazität *Undurchsichtigkeit des Papiers oder der Farbe*

Pachulke *Seite 222*

Paginierung *Seitenzahlen*

Paketsatz *Satz, der noch umbrochen werden muss*

Papierformate *siehe DIN-Formate*

Papiergewicht *siehe Grammatur*

Papiervolumen ☞ *Seite 192*

Papyrus ☞ *Seite 184*

Pergament ☞ *Seite 184*

Pica ☞ *Seite 28*

Plakadur ☞ *Seite 27*

Porte-page *Unterlage im Bleisatz (oft aus Karton), um Satz zu transportieren oder zu lagern und zu stapeln*

Prime *Die erste Kolumne des Druckbogens*

Proportionale Ziffern *Ziffern, die im Unterschied zu Tabellenziffern unterschiedliche Vor- und Nachbreiten aufweisen*

Punkt (typografischer) ☞ *Seite 21*

Punze *Nichtdruckene Stelle im Buchstabenbild*

Quadraten ☞ *Seite 40 f.*

Quadräteln ☞ *Seite 47*

Quetsche ☞ *Seite 14*

Randausgleich ☞ *Seite 103*

Rausatz *Flattersatz, bei dem Silbentrennungen erlaubt sind*

Recto *Rechte, ungerade Seite in einem Buch*

Registerhaltigkeit ☞ *Seite 153*

Reglette ☞ *Seite 42 f.*

Renaissance-Antiqua ☞ *Seite 52 ff., 64 f.*

Reproduktion *Herstellung von Druckformen zur Wiedergabe von Bildern*

Revision *Vorabdruck, der mit der Korrektur verglichen wird (revidieren), letzte Überprüfung und Korrektur vor Beginn des Auflagendrucks*

Ries *Verpackungseinheit von sortengleichem Planopapier*

Rohbogen *Unbeschnittener Druckbogen*

Rohsatz *Noch nicht weiterverarbeiteter Satz*

Römische Zahlen *Die römischen Ziffern bestehen aus sieben verschiedenen Zeichen: I = 1, V = 5, X = 10, L = 50, C = 100, D = 500, M = 1000*

Rubrik *Überschrift eines Abschnitts, Artikels oder Kapitels (Rubrikzeile), früher in Rot, rubrum) gedruckt*

Satzschiff ☞ *Seite 110*

Satzspiegel *Die bedruckte Fläche einer Druckseite*

Schaftstiefelgrotesk ☞ *Seite 87*

Schiff ☞ *Seite 110*

Schließplatte ☞ *Seite 239*

Schließrahmen ☞ *Seite 172 ff., 224 ff.*

Schließzeug ☞ *Seite 239*

Schmitz ☞ *Seite 276 ff.*

Schmuckfarbe *Sonderfarbe (z. B. HKS, Pantone), Echtfarbe*

Schmutztitel *Die erste Seite eines Buches nach dem Vorsatz, meist mit Angabe des Autors und des Titels versehen*

Schnitt *Schriftschnitt (Schriftfamilie). Schnitt des Buchblocks (z. B. Kopfschnitt).*

Schnittmarken *Linienmarkierungen, an denen entlang das Papier geschnitten wird*

Schöndruck *Erster Druckgang eines Druckbogens*

Schreibschrift ☞ *Seite 68*

Schriftbild *Der druckende Teil einer Schrift*

Schriftfamilie *Gesamtheit der Schriftschnitte des gleichen Typs mit unterschiedlichem Charakter (z. B. normal, kursiv, halbfett, fett, schmalfett usw.)*

Schriftgießer *Arbeiter in einer Schriftgießerei* ☞ *Seite 81 ff., 146 f.*

Schrifthöhe ☞ *Seite 28*

Schriftkegel ☞ *Seite 30 f.*

Schriftklassifikation ☞ *Seite 64 ff.*

Schriftlinie ☞ *Seite 33 f., 123*

Schusterjunge ☞ *Seite 152*

Schweizerdegen *jemand, der gleichzeitig Setzer und Drucker ist*

Serife *Betontes Ende eines Stamm- oder Haarstrichs, Kennzeichen von Antiquaschriften*

Serifenbetonte Linear-Antiqua ☞ *Seite 66*

Setzkasten ☞ *Seite 22 ff.*

Setzlinie ☞ *Seite 18, 113*

Siebdruck ☞ *Seite 220 f.*

Signatur ☞ *Seite 31, 33*

Spalte *Vertikale Unterteilung einer bedruckten Seite in Textspalten, einspaltig oder mehrspaltig*

Spationieren ☞ *Seite 122*

Spatium ☞ *Seite 42*

Sperren *Gleichmäßiges Erweitern der Buchstabenabstände einer Schrift*

Spiegelstrich *Halbgeviertstrich*

Spieß ☞ *Seite 41*

Spitzkolumne *Hervorhebung der ersten Wörter einer Kolumne*

Steg ☞ *Seite 43, 239*

Stehsatz *Satz, der für eine spätere Wiederbenutzung aufbewahrt wird*

Stempel ☞ *Seite 147*

Stempelschneider ☞ *Seite 84, 147*

Streckenstrich *Geviertstrich*

Strichstärkenkontrast ☞ *Seite 66*

Stumpf *Die erste Zeile eines Absatzes beginnt ohne Einzug oder die letzte Zeile ist fast gefüllt.*

Stumpffein ☞ *Seite 38*

Tabellensatz ☞ *Seite 128 ff.*

Tabellenziffern *Ziffern (Mediävalziffern, Versalziffern) mit der einheitlichen Breite von einem Halbgeviert, um die Ziffern innerhalb einer Tabelle (Tabellensatz) genau untereinanderzustellen*

Tenakel ☞ *Seite 20, 107*

Tiefdruck ☞ *Seite 220*

Tiegel ☞ *Seite 226 ff.*

Titelei *Die Seiten vor dem eigentlichen Textbeginn eines Buches*

Toter Kolumnentitel *Seitenzahl*

Typengreif ☞ *Seite 19*

Typometer ☞ *Seite 28 f.*

Überhang ☞ *Seite 125*

Überschließen *Passen nicht alle Wörter in eine Zeile, z. B. im Gedichtsatz, so wird der Rest der Zeile in die Zeile darüber gesetzt und nach rechts ausgeschlossen.*

Übersetzer ☞ *Seite 32*

Umbrechen ☞ *Seite 156 f.*

Umbruch ☞ *Seite 156 f.*

Umschlagen ☞ *Seite 168*

Umstülpen ☞ *Seite 168*

Unterlänge ☞ *Seite 31*

Unterschneiden *Verringern des Buchstabenabstandes*

Vakat *Leere Seite*

Versalhöhe *Höhe der Großbuchstaben*

Versalien *Großbuchstaben, Majuskeln*

Versalziffern *Ziffern in der Höhe der Versalien*

Verso *Linke, gerade Seite in einem Buch*

Vignette ☞ *Seite 38 f.*

Vorschlag *Abstand vom Kopf einer Seite bis zum Beginn des Textes*

Waisenkind ☞ *Seite 152*

Walzenlehre *Justierstab für Auftragswalzen* ☞ *Seite 241*

Werksatz *Satz von Büchern*

Widerdruck *Zweiter Druckgang*

Wiegendruck *siehe Inkunabeln*

Winkelhaken ☞ *Seite 18, 108 f.*

Witwe ☞ *Seite 152*

x-Höhe *Mittellänge*

Zeilenabstand ☞ *Seite 42*

Zeilenfall *Verhältnis von Einzelzeilen zueinander*

Zeilenhacker ☞ *Seite 20*

Zeug *Lettern und Blindmaterial aus Blei, das sich zum Druck nicht mehr eignete*

Zeugkiste *Aufbewahrungskiste für aussortiertes Material*

Zurichtung ☞ *Seite 263 ff.*

Zwiebelfisch ☞ *Seite 100*

Zwischenschlag *Leerraum zwischen Satzspalten*

Impressum

Wir hoffen, dass Sie Freude an diesem Buch haben und sich Ihre Erwartungen erfüllen. Ihre Anregungen und Kommentare sind uns jederzeit willkommen. Bitte bewerten Sie doch das Buch auf unserer Website unter www.rheinwerk-verlag.de/feedback.

An diesem Buch haben viele mitgewirkt, insbesondere:
Lektorat Ruth Lahres
Korrektorat Petra Bromand, Düsseldorf
Herstellung Vera Brauner
Typografie und Layout Heike Schnotale und Michael Wörgötter
Einbandgestaltung und Coverabbildung Heike Schnotale und Michael Wörgötter
Satz Heike Schnotale und Michael Wörgötter
Fotografie Lars Kuhfuß, Würzburg
Druck mediaprint solutions, Paderborn

Dieses Buch wurde gesetzt aus der LD Genzsch Antiqua (10/14 pt) und der Univers LT in Adobe InDesign. Gedruckt wurde es auf Bilderdruckpapier Magno Volume (115 g/m²). Hergestellt in Deutschland.

Bibliografische Information der Deutschen Nationalbibliothek:
Die Deutsche Nationalbibliothek verzeichnet diese Publikation in der Deutschen Nationalbibliografie; detaillierte bibliografische Daten sind im Internet über http://dnb.dnb.de abrufbar.

ISBN 978-3-8362-8770-8
1. Auflage 2023

Informationen zu unserem Verlag und Kontaktmöglichkeiten finden Sie auf unserer Verlagswebsite www.rheinwerk-verlag.de. Dort können Sie sich auch umfassend über unser aktuelles Programm informieren und unsere Bücher und E-Books bestellen.